编译原理
及编译程序构造

（第4版）

云 挺　秦振松　薛联凤　编著

东南大学出版社
·南京·

内 容 提 要

本书介绍编译理论基础及其实现方法,强调语言的形式化定义、编译技术的各种概念及实现过程的具体方法。介绍过程以算法为核心,力求简单明了地反映编译的基础知识。从形式语言理论角度讨论词法分析和语法分析技术,为计算机软件工作者开发大型软件打下良好基础。

本书以理论联系实际为宗旨,内容深入浅出,重点突出,并结合构造 EL 语言的编译程序介绍一种常用而又简单的编译方法。

本书可作为高等院校计算机专业的本科或专科教材,也可作为硕士研究生入学考试及计算机软件技术人员的参考书。

图书在版编目(CIP)数据

编译原理及编译程序构造 / 云挺,秦振松,薛联凤
编著.—4 版. —南京 : 东南大学出版社,2023.6
 ISBN 978 - 7 - 5766 - 0399 - 6

Ⅰ. ①编… Ⅱ. ①云… ②秦… ③薛… Ⅲ. ①编译程
序-程序设计 Ⅳ. ①TP314

中国版本图书馆 CIP 数据核字(2022)第 225299 号

责任编辑:夏莉莉 　**责任校对**:韩小亮 　**封面设计**:王 玥 　**责任印制**:周荣虎

编译原理及编译程序构造(第4版)
Bianyi Yuanli Ji Bianyi Chengxu Gouzao(Di-si Ban)

编　　著	云　挺　秦振松　薛联凤	
出版发行	东南大学出版社	
社　　址	南京市四牌楼 2 号(邮编:210096　电话:025 - 83793330)	
经　　销	全国各地新华书店	
印　　刷	广东虎彩云印刷有限公司	
开　　本	787 mm×1 092 mm　1/16	
印　　张	20.25	
字　　数	500 千字	
版　　次	2023 年 6 月第 4 版	
印　　次	2023 年 6 月第 1 次印刷	
书　　号	ISBN 978 - 7 - 5766 - 0399 - 6	
定　　价	48.00 元	

本社图书若有印装质量问题,请直接与营销部调换。电话(传真):025 - 83791830

第4版前言

近几年的教学实践证明,本教材的内容和框架都赢得了口碑,受到广大读者的欢迎,且被许多院校选用。但是随着高性能体系结构的推陈出新,对支持多源语言多目标的编译技术的研究显得尤为重要,而且我们的书籍既可以作为在校大学生的教材,又可以作为准备考研学生的辅导书,为了跟踪学科发展方向,更好地为广大读者服务,编者对图书作了修订工作。

本次修订了经典习题解析,在解析过程中强化了记法分析、语法分析、语义分析、中间代码生成等知识的应用,可以满足教师教学和学生自学及考研需求。

本次修订工作主要由薛联凤老师完成。

书中若有不妥之处,请读者批评指正。

前　言

　　编译原理及编译程序构造是计算机专业的一门很重要的专业基础课,它在计算机的系统软件中占有十分重要的地位,是计算机专业学生的一门主修课,也是硕士研究生入学考试的课程之一。通过 30 多年的研究与开发,该课程在理论上已臻成熟、技术上日趋完善。有关“编译”方面的书籍很多,内容也很丰富,然而,编者通过多年的教学实践,发现现有书籍存在一些不足之处:有的注重于理论完整性,概念多且抽象;有的偏向于具体语言的编译方法,缺乏普遍性;有的内容太多,重点不突出;有的是译文或原文。这些书籍对于初学者来说是比较难学的,原因是这些书籍缺乏理论联系实际,而该课程又恰恰是理论基础坚实、形式化程度高,同时又是实践性很强的一门课程。因此,理论与实践相联系便是编者编撰这本书的宗旨。

　　由于这门课所涉及的内容相当广泛,我们只能从中选择最基本的内容介绍之。为了读者参阅其他书籍方便,文中尽量采用国内公认的有关这门课的术语与符号。本书既注重理论基础又注意理论联系实际,在讨论具体实现时都给出了简明算法并通过实例揭示算法的真正含义。为了加深读者对构造编译程序的理解,书末附有 EL 语言编译程序构造的实践指导供读者在阅读本书之余上机实践用。

　　全书共分 10 章:第 1 章对编译程序的几个主要组成部分作一概述,使读者对全书有一大致了解;第 2 章介绍编译的基础知识,包括对文法的形式化定义、文法与语言关系及语言的识别方法等;第 3 章介绍有限自动机、正规文法和正规式三者关系,并在此基础上介绍词法分析;第 4—6 章介绍预测分析、优先分析和规范分析三种语法分析方法;第 7 章介绍翻译方法,以自下而上语法制导翻译为主兼顾介绍自上而下语法制导翻译,强调如何实现自动翻译过程;第 8 章讨论运行时的数据区存储管理;第 9、10 章介绍中间代码优化与目标代码生成。

　　本书拟讲授 64～72 学时,带“＊”的章节只供选用。若本书用于专科教学,可放慢教学进度,语法分析选两种介绍,优化一章仅介绍优化概念一节。学习本书的读者须有程序设计语言(如 Pascal 或 C 等)、数据结构、离散数学方面的知识。

　　本书的编写曾得到复旦大学 钱家骅 老师的鼓励和支持,在此表示深深悼念。编者曾得到众多同行的支持与鼓励,并吸收到各方面的宝贵意见,在此向他们表示感谢。编者特别感谢孙志挥老师、周佩德老师以及本课程小组的各位老师对编写、出版本书所给予的支持,感谢张幸儿老师、夏德深老师对本书提出许多宝贵意见。

　　限于编者水平,错误与不妥之处欢迎读者批评与指正。

编　者

1995 年 11 月

目　　录

Ⅰ

3 词法分析

4 自上而下语法分析

5 优先分析法

9 代码优化

1 引 论

本章扼要叙述全书的主要内容,编译程序与高级程序设计语言的关系,简单介绍编译程序几个阶段所完成的任务及编写编译程序的主要方法,最后阐述理论联系实际的重要性。

1.1 程序设计语言与编译

计算机是人们用来进行信息处理的工具。要让计算机进行信息处理,就得把问题告诉给计算机,让计算机按照人的命令进行信息处理。如何把信息传给计算机? 这就要用程序设计语言来实现。

1) 计算机程序设计语言

在计算机领域里,通常人们把计算机可以直接接受的语言(代码)称作机器语言。机器语言是由二进制数(0,1序列)组成的,是唯一可以在机器上执行的语言。由于它难读、难写,又与硬件环境关系太密切,现在几乎不为用户直接使用,但在硬件设计、工业控制场合还是需要的。

汇编语言是对机器语言的一大改进。它用记忆符表示指令的操作码,用标识符表示操作数的地址,这就大大方便了书写与阅读。汇编语言仍然与硬件关系太密切,每一种机器有一套甚至几套汇编语言,给使用者带来困难。汇编语言不能被机器接受,必须通过汇编程序转换成机器语言之后,才为计算机所接受。

高级程序设计语言是当今使用者普遍采用的一种语言,它彻底摆脱了对硬件的依赖性,它是易读、易写、不易出错的一种语言,而且便于算法交流。但是,这种语言也不为计算机所接受,必须通过编译程序变换成机器语言才能为计算机所接受。现代计算机系统一般含有不止一种高级语言的编译程序,供用户按不同用途进行选择。高级语言编译程序是计算机系统软件的最重要组成部分之一,也是用户最直接关心的工具之一。

根据不同用途产生了各种不同特点的高级程序设计语言,其中具有代表性的计算机语言有 20 多种,如:

- 面向算法的 ALGOL、Pascal、Modula 语言;
- 面向系统的 C 语言;
- 面向数值计算的 FORTRAN、BASIC 语言;
- 面向数据处理的 COBOL、dBASE、FoxBASE、FoxPro 语言;
- 面向对象的程序设计语言 C++;
- 面向字符串处理的 SNOBOL 语言;
- 面向人工智能的 PROLOG、LOGLISP、LISP 语言;
- 功能较强、较为通用的 Ada 语言和 PL/1 语言等。

1

2) 程序设计语言的转换（Conversion）

翻译（Translation）是指在不改变语言的语义条件下，由一种语言翻译成另一种语言，它们在逻辑上是等价的，如 Pascal→C、中文→英文、高级语言→汇编语言等。

编译是专指从高级语言转换为低级语言（如高级语言→汇编语言或高级语言→机器语言，也可以是高级语言→汇编语言→机器语言），然后对编译出来的目标程序进行运行、计算。通常编译过程分两个阶段或三个阶段：前一阶段由编译程序（或包含汇编程序）完成，后一阶段由运行子程序配合完成。编译过程可用图 1.1 表示，它分为编译时与运行时两个阶段的编译过程（图 1.1(a)），或者分为编译时、汇编时和运行时三个阶段的编译过程（图 1.1(b)）。

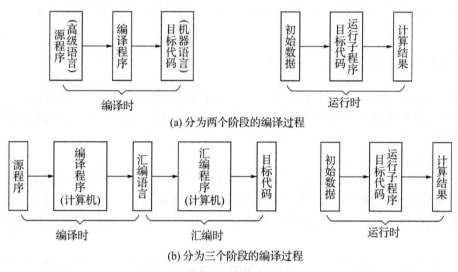

(a) 分为两个阶段的编译过程

(b) 分为三个阶段的编译过程

图 1.1　编译过程

解释（Interpretion）是指接受某高级语言的一个语句输入，进行解释并控制计算机执行，而且马上得到结果，然后再接受一个语句，重复上述过程直至源程序处理结束。也就是它把解释与运行融为一体，不再分解释时与运行时。解释程序执行过程的示意图如图 1.2 所示。解释好比口头翻译，输入一句翻译一句，输入完翻译也完成，并不把源程序转换成目标代码，所以第二次翻译时又得按此过程重新做一遍，因此它是低效的一种方法。对于要反复执行的程序不宜采用解释方法，但用解释方法也有不少优点：直观易懂，解释程序结构简单易于实现，易于实现人机会话等。例如 BASIC 语言就是一种结构简单、易学易用的会话型语言，一般采用解释方法实现。

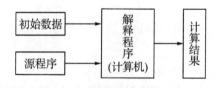

图 1.2　解释程序执行过程

解释程序与编译程序的结构大同小异，本书主要介绍编译程序构造的理论基础及其实现方法，这些内容绝大部分也适用于后者。对详细的解释程序构造方法，读者可参阅有关书籍。

1.2 编译程序概述

编译程序的工作即从输入源程序开始到输出目标程序为止的整个过程,是非常复杂的。一般来说,这整个过程可以划分成五个阶段:词法分析、语法分析、中间代码生成、优化和目标代码生成(有时也分成六个阶段,在语法分析之后加上一个语义分析,不过这个阶段也可归入中间代码生成阶段来完成),如图 1.3 所示。

在一些微、小型机中,在对编译质量要求不高的场合,可跳过中间代码生成和优化两个阶段,在语法分析后直接生成目标代码。这时的语义分析可归入目标代码生成阶段来完成。

下面试以一个包含有错误语句的 Pascal 程序段为例,来看看这五个阶段的工作过程。

假定程序写为:

```
1    program EXAMPLE;
2      var y,c,d:integer;
3          x,a,b:real;
4      begin
5        x:=a+b*50;
6        y:=c+)d*(x+b;
7      end.
```

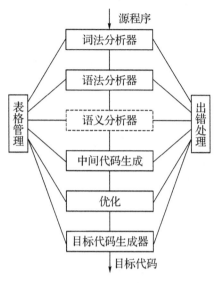

图 1.3 编译阶段

1.2.1 词法分析

单词是高级语言中有实在意义的最小语法单位,而单词又由字符组成。每一种高级语言都定义一组字符集。单词有的由单字符组成,如+,-,*,/等;有的由两个字符组成,如:=,>=等;有的由一个或多个字符组成,如常数、标识符、基本字或标准标识符等。从输入的源程序字符串中逐个地把这些单词识别出来,并转化成机器比较容易使用的内码形式,这是词法分析的主要任务。一般内码可以用二元式(类号,内码)表示。如上面的一段程序可以通过词法分析识别出以下五类单词:

基本字	program,var,integer,real,begin,end
标识符	a,b,c,d,x,y,EXAMPLE
整常数	50
运算符	+,*,:=
界限符	;,:,(,),.

其中,基本字、运算符、界限符的数目对于一种语言而言是一定的,对每一个赋予它一个类号,可以做成一一对应。而标识符与常数是由用户任意使用的,其数目无限。解决办法是给标

3

识符分配一个类号,不同的标识符用它的符号表入口地址(或变量地址)来区分,将这些地址当作内码给出。同样,将常数分为若干类:整型常数、实型常数、字符常数、布尔常数,然后也用它们的常数表入口地址作为内码给出。在这个过程中需要查造符号表和常量表并进行出错处理。

总之,词法分析就是扫描源程序字符串,按词法规则识别出正确的单词,并转换成统一规格(类号,内码)交语法分析使用。

1.2.2　语法分析

语法分析阶段的任务是组词成句。每一种语言都有一组规则,称之为语法规则或文法。按照这些文法,可以由单词组成语法单位,如短语、语句、过程和程序。语法分析就是通过语法分解,确定整个输入串是否能构成语法上正确的句子和程序等。

语法规则写成 Backus-Naur-Form 式,简称 BNF。其形式是 A∷＝B│C,读做"A 定义为 B 或 C"。

下面是赋值语句的语法规则,A 是 Assignment 的缩写,意思是赋值语句,称 A 为规则的开始符号,而 V,E,T,F,C 分别是变量、表达式、项、因子、常数的意思。每一行称作一个规则:

$$A∷＝V：＝E$$
$$E∷＝T│E＋T$$
$$T∷＝F│T＊F$$
$$F∷＝V│(E)│C$$
$$V∷＝标识符$$
$$C∷＝常数$$

当然,还有其他语句的语法规则,如条件语句、循环语句、过程调用语句和说明语句等规则。上面的 EXAMPLE 程序的第 2、3 行是说明语句。语法分析对说明语句的处理主要是填写符号表,而对一般语句的处理则是构造语法树。

语法分析有两种方法:推导(derive)和归约(reduce)。以推导为例,推导是从文法的开始符号开始,按照语法规则,每次选择某规则右部的一个候选式取代左部直至识别了句子或者找出错误为止。

下面就以上述程序的第 5、6 行语句为例,看看它们的分析过程。采用最右推导,语句x：＝a＋b＊50 的分析如下:

$$A⇒V：＝E⇒V：＝E＋T⇒V：＝E＋T＊F⇒V：＝E＋T＊C⇒V：＝E＋T＊50$$
$$⇒V：＝E＋F＊50⇒V：＝E＋V＊50⇒V：＝E＋b＊50⇒V：＝T＋b＊50$$
$$⇒V：＝F＋b＊50⇒V：＝V＋b＊50⇒V：＝a＋b＊50⇒x：＝a＋b＊50$$

这个过程可以用一棵倒立的语法树来描述(见图 1.4(a))。把语法树末端符从左到右连接起来,正是要求识别的语句,所以该语句为正确的语句。

再看另一语句 y：＝c＋)d＊(x＋b 的分析过程:

$$A⇒V：＝E⇒V：＝E＋T⇒V：＝E＋F⇒V：＝E＋V⇒V：＝E＋b⇒V：＝T＋b$$
$$⇒V：＝T＊F＋b⇒V：＝T＊V＋b⇒V：＝T＊x＋b$$

再也无法继续往下推导了,这表明这时的"("号是错的,即输入串有错。如果也画成语法树(见

图 1.4(b)),按其从左到右的末端符连接再也不是被识别的句子。

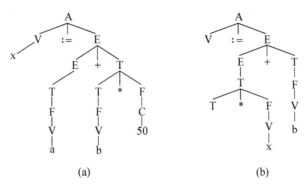

图 1.4 语法树

1.2.3 中间代码生成

中间代码是在语法分析正确的基础上,按照相应语义规则产生的一种介于源语言与目标代码之间的代码,这种代码不依赖于机器但又便于产生依赖于机器的目标代码。中间代码有多种形式:四元式、三元式和逆波兰式等。其中用得最广的是四元式。源语句 $x:=a+b*50$ 转换成中间代码形式是:

$T1:=inttoreal(50)$	/∗整常数转换成实常数的四元式表示法∗/
$T2:=b*T1$	/∗或写作(∗ ,b,T1,T2)∗/
$T3:=a+T2$	/∗或写作(+,a,T2,T3)∗/
$x:=T3$	/∗或写作(:=,T3,_,x)∗/

中间代码是为后续的优化和目标代码生成提供方便,因此中间代码的选择往往与所采用的优化技术和计算机硬件结构有关。

1.2.4 优化

优化的任务在于对前一阶段产生的中间代码进行加工变换,以期在最后阶段能产生出更为高效(省时间、省空间)的目标代码。譬如上面的中间代码可变换成如下两句四元式代码:

$T1:=b*50.0$

$x:=a+T1$

优化主要包括:删除公共子表达式、合并已知量、删除无用赋值、循环优化等。优化所依据的原则是程序的等价变换规则。例如,把程序段

```
FOR K:=1 TO 100 DO
    BEGIN
        M:=I+10 * K
        N:=J+10 * K
    END;
```

转换成的四元式和经优化后产生的四元式用下表表示：

转换成四元式	经优化后产生四元式
(1) K：=1	(1) K：=1
(2) if K>100 goto (9)	(2) T_1：=10*K
(3) T_1：=10*K	(3) R：=10*100
(4) M：=I+T_1	(4) if T_1>R goto (9)
(5) T_2：=10*K	(5) M：=I+T_1
(6) N：=J+T_2	(6) N：=J+T_1
(7) K：=K+1	(7) T_1：=T_1+10
(8) goto (2)	(8) goto (4)
(9) …	(9) …

显然,经优化后循环体缩小了,原来要做 701 条指令现在只做 503 条指令;原来要做 300 次加法,200 次乘法,现在只做 300 次加法,2 次乘法。

编译程序所产生的目标代码质量的高低,主要取决于代码优化程序功能的强弱。当然,若要求的优化结果质量越高,所付出的代价也就越大,因此只能根据具体情况,适可而止。

1.2.5　目标代码生成

这一阶段的主要任务是把中间代码程序转换为具体机器的指令序列。转换过程需涉及具体机器的指令系统以及寄存器分配等硬件功能。例如,上述经优化后的中间代码可生成如下用汇编语言表示的目标代码：

```
LOAD      R2,b
MUL       R2,50.0
LOAD      R1,a
ADD       R1,R2
STORE     R1,x
```

1.2.6　表格与表格管理

编译的五个阶段都需要与表格打交道,用以记录源程序的各种信息以及编译过程中的各种状况,以便后继阶段使用,也即在编译过程的各个阶段都有查造表、填表等功能。一般而言,与编译的头三个阶段有关的表格有：

- 符号表:登记源程序中的常量名、变量名、数组名、过程名等的性质、定义和引用状况;
- 常数表:登记源程序中出现的各种类型字面常数(直接量)的值;
- 标号表:登记源程序中出现的标号的定义和引用情况(此表可与符号表合并);
- 分程序入口表:登记过程的层号、分程序符号表的入口(指分程序结构的语言)等;

- 中间代码表:记录四元式序列的表。

这些表的格式一般分为两栏,如下所示:

NAME(名字)	INFORMATION(信息)

例如,对于 FORTRAN 程序段:

```
     SUBROUTINE INCWAP(M,N)
10       K=M+1
         M=N+4
         N=K
         RETURN
         END
```

能构造如下表格:符号表(表1.1)、常数表(表1.2)、入口名表(表1.3)、标号表(表1.4)以及四元式序列表(表1.5)。有时入口名表也可以并入符号表。

表 1.1　符号表

	NAME	INFORMATION
1	M	哑元、整型、变量地址
2	N	哑元、整型、变量地址
3	K	整型、变量地址

表 1.2　常数表(CT)

	值
1	1
2	4

表 1.3　入口名表

NAME	INFORMATION
...	...
INCWAP	二目子程序、四元式序号 1

表 1.4　标号表

NAME	INFORMATION
...	...
10	四元式序号 4

表 1.5　四元式序列表

序号	OP	ARG_1	ARG_2	RESULT
1	link	–	–	–
2	actpar	INCWAP	1	M
3	actpar	INCWAP	2	N
4	+	M	1	K
5	+	N	4	M
6	:=	K	–	N
7	paract	INCWAP	1	M
8	paract	INCWAP	2	N
9	return	–	–	–

其中符号表记录了源程序中出现的三个变量名 M、N 和 K 的有关性质；CT 表记录了常数 1 和 4 的值（已经是内部二进制代码）；入口名表记录了子程序名 INCWAP 的入口地址，即为四元式表的序号 1；标号表记录了标号 10 对应的四元式序号 4；四元式序列表记录了源程序翻译成的四元式序列，其中：

(link,_,_,_)	表示保护返回地址和有关寄存器内容，它相当于宏
(actpar,INCWAP,1,M)	表示传递第一个实变元到 M 单元
(actpar,INCWAP,2,N)	表示传递第二个实变元到 N 单元
(+,M,1,K)	表示 K:=M+1
(+,N,4,M)	表示 M:=N+4
(:=,K,_,N)	表示 N:=K
(paract,INCWAP,1,M)	表示把 M 送回到第一实变元所指地址单元
(paract,INCWAP,2,N)	表示把 N 送回到第二实变元所指地址单元
(return,_,_,_)	表示恢复寄存器内容，并把控制返回到调用程序

注意：在四元式表中实际上不是直接写上操作数（或结果数）的名字而是填上有关表格的入口地址或序号。

当着手为某种语言在某个机器上设计编译程序时，首先必须根据用户的整体要求（例如对于优化方面的要求），审慎地选择中间代码，周密地考虑各种全局性名表（即各个阶段都要用到的表格）的信息安排。这些事情出了差错必导致后来的大返工，甚至招致失败。

在编译过程中，随着源程序的不断被改造，编译的各阶段常常需要不同的表格。例如，语法分析阶段和目标代码生成阶段所需要的表格就有很大差别。由于各种信息是被保存在各种不同表格中，因此编译过程的绝大部分时间是花在查表、造表和更新表格的事务上。所以，选择一种好的表格结构和查找算法对于构造编译程序来说是至关重要的。

在大多数的编译程序中，表格的构造、查找和更新通常是由一组专门的程序来完成的，这组程序称为表格管理程序。对编译程序而言它们是工具，是事先编制好、供需要时调用的。这部分内容在数据结构课程中学过，本课程不再详细介绍。

1.2.7 出错处理

如果源程序有错误，编译程序应设法发现错误，并把有关的出错信息报告给用户，这部分的工作是由专门的一组程序（叫做出错处理程序）完成的。一个好的编译程序应该能最大限度地发现源程序中的各种错误，指出错误的性质和发生错误的位置（用源程序的行号、列号定位），并且能将错误所造成的影响限制在尽可能小的范围内，使得源程序剩余部分能继续被编译下去，通常是跳过所在语句，接着分析后继语句，以便进一步发现其他可能的错误。如果能让机器自动地校正错误，那当然最好，迄今为止许多人花了很大力气做这件事，但收效甚微。因为，有的错误甚至是无法自动改正的。

查错也是不容易的，往往一个错误掩盖另一个错误或者一个错误诱发多个错误，所以查错

8

也没有形式化的办法解决,本书也不打算深入探讨查错与纠错问题。

1.2.8 遍

遍是编译程序从外部介质(磁盘或其他外部存储器)读取源件(源程序或中间代码),经过加工获得某种结果件(中间代码或目标代码)并将其送回外部介质的过程。所以,遍与阶段的含义毫无关系。

有的编译程序把编译的五个阶段工作结合在一起,通过对源程序的从头到尾扫描完成编译的各项工作,把源程序翻译成可在机器上运行的目标程序。这种编译程序称作一遍扫描。它的内部结构不再分成五个阶段,而是互相穿插进行,如图1.5所示。它是以语法分析为核心,当分析需要源程序的单词时,向扫描器发出取单词的调用命令,扫描器送回单词的信息(类号,内码);当分析进行到归约时,调用语义子程序,产生目标代码并返回有关信息,让语法分析继续进行。

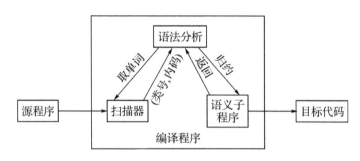

图 1.5 一遍扫描编译过程

有的编译程序需要多遍扫描才能完成,至于采用何种方式是根据具体情形决定的,一般是由语言本身的性质、机器的内存大小、目标代码形式以及设计人员的多少而决定的。

有些语言允许对一些过程、标号、变量名等采用先使用后定义的方式。这些语言至少需要两遍扫描,因为第一遍是确定这些东西的地址,第二遍才能生成引用这些地址的目标代码。多遍扫描结构可以节省内存空间,提高目标代码质量,使编译的逻辑结构清晰。但多遍扫描会出现一些重复性工作,而且每遍都要读写外部介质,编译时间较长。所以,在内存许可的情况下,还是遍数尽可能少些为好。

〔例1.1〕一个语句翻译的整个过程。

position：= initial ＋ rate * 60

↓

词法分析器

↓

id1：= id2 ＋ id3 * 60

↓

语法分析器

↓

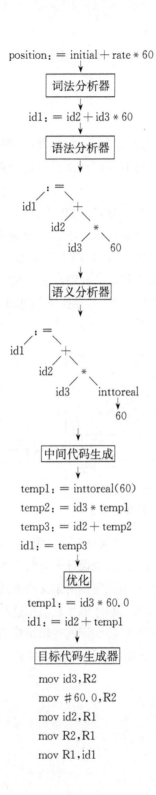

语义分析器

中间代码生成

temp1：= inttoreal(60)
temp2：= id3 * temp1
temp3：= id2 ＋ temp2
id1：= temp3

↓

优化

temp1：= id3 * 60.0
id1：= id2 ＋ temp1

↓

目标代码生成器

mov id3,R2
mov ♯60.0,R2
mov id2,R1
mov R2,R1
mov R1,id1

符号表

1	position	···
2	initial	···
3	rate	···
	···	···

1.3　编译程序生成

编译程序是可以在机器上直接执行的程序,所以它必定是机器语言程序,也即由二进制代码序列组成的。编译程序的作用是将高级语言书写的源程序变换成目标程序,可用图1.6表示。

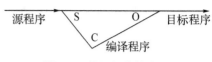

图1.6　编译程序的作用

编译程序生成方式有如下六种:

(1) 直接用机器语言编写编译程序。机器语言是早期编写编译程序的唯一工具,但由于机器语言难读难写,现在几乎没有人再用它。

(2) 用汇编语言编写编译程序。由于汇编语言太依赖于硬件环境,且程序过于冗长,现在也不常用。不过由于它通过汇编程序产生的目标程序效率比较高,所以在编译程序核心部分常用它编写。其过程用图1.7表示。

(3) 高级语言编写。这是目前普遍采用的一种编写编译程序方法,但只能选择面向算法的语言或面向系统的语言如Pascal、C语言等作为编写工具。采用高级语言编写可以节省大量的程序设计时间,而且构造出的编译程序结构良好,易于阅读、修改和移植。其过程如图1.8表示。

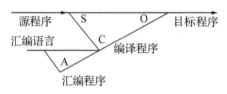

图1.7　用汇编语言编写编译程序

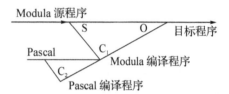

图1.8　用高级语言编写编译程序

图1.8是用Pascal语言编写Modula语言的编译程序的过程。

(4) 编译工具。现在人们已经建立了多种编制部分编译程序或整个编译程序的有效工具。有些能用于自动产生词法分析器,如Lex语言及其实现。有的可用于自动产生语法分析器,如YACC,可用于自动产生LALR分析表。有的甚至可用来自动产生整个编译程序。用来构造编译程序的工具有:编译程序-编译程序、编译程序产生器、翻译程序书写系统等。它们是按照对源语言和目标语言的形式描述而自动产生编译程序的。

(5) 自编译。这是由瑞士苏黎世理工学院的N. Wirth教授提出的,他构造了Pascal语言编译程序。其过程如下:首先选择语言S^1的一个很小子集S^n(通常是语言的核心部分),手工构造(即用汇编语言编写)S^n的编译程序C^n,然后用S^n语言来编写比C^n能力强一些的编译程序C^{n-1},那么C^{n-1}就可以用来编译比S^n能力强的S^{n-1}语言。这样通过自展,就像滚雪球一样,越滚越大,最后形成人们所期望的整个编译程序,也就是说生成S^1语言的编译程序C^1。这个过程用图1.9表示。

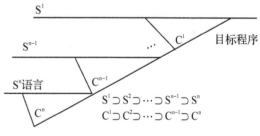

$$S^1 \supset S^2 \supset \cdots \supset S^{n-1} \supset S^n$$
$$C^1 \supset C^2 \supset \cdots \supset C^{n-1} \supset C^n$$

图1.9　Pascal自编译过程

(6) 移植。即把某型号机器上的某语言的编译程序移植到另一种型号机器上,或者在一台老型号机器上为一台新型号的机器配上适当的编译程序。移植方法有多种,比如找一个适当的中间语言,它能为两种型号机器所接受,那么甲机软件先变换成中间语言,然后乙机将中间语言变换成乙机软件。当然,要找一个通用的中间语言实际上办不到,所以移植也只能在几种语言几种机型之间进行。

1.4　编译程序构造

要在某台机器上为某语言构造一个编译程序,必须掌握下述三方面的内容。

(1) 源语言。对被编译的源语言(如 Pascal 子集或其他新定义语言),要深刻地理解其结构(语法)、含义(语义)和用途(语用)。

(2) 目标语言。假定目标语言是机器指令语言,那么就必须搞清楚硬件的系统结构和操作系统的功能,因为语言是在某操作系统支持下才能运行的。特别是输入输出指令,它的具体操作是由操作系统完成的,编译程序要为这些操作提供必要的参数、格式等。还有存储分配、外部设备管理、文件管理等都与操作系统密切相关。

(3) 编译方法。把一种语言程序编译成另一种语言程序的方法很多。本书介绍的几种语法分析方法都是前人使用的卓有成效的方法,可根据需要任选其一使用。

本书并不以某特定的机器作为编译程序的实现对象,因为那样将过分依赖于硬件系统与机器指令系统,不利于抓住本质问题进行学习。本书也不打算介绍某具体程序语言的编译,因为这不具有普遍性与通用性。但由于 Pascal 语言是本专业学生必修的前导课程,所以我们在讲解语言翻译时,举了较多的 Pascal 语句编译的例子,以加深学生对 Pascal 语言的理解,以期达到举一反三的效果。

由于编译程序是一个极其复杂的系统,故在讨论时,只好把它肢解开来,一部分一部分地研究。因此,学习中应注意前后联系,切忌用静止的、孤立的观点看待问题。作为一门技术性课程,学习时务必注意理论联系实际。我们在介绍每一部分时,都首先介绍基本思想,实现算法,并给出相应的类 Pascal 表示法,然后举例说明。为了对这些算法加深理解,一般还给予一定作业。有条件的读者,最好能通过上机,将这些算法用具体语言实现之。

编译课程是一门理论性和实践性都很强的专业基础课程。要学好编译这门课,最好的办法是随着课堂的教学亲自编制部分或全部编译程序。当然,要完成大型语言的编译程序的构造是不可能的,那需要若干人和若干年才能做到。但编写某种语言的子集或模拟性语言的编译程序还是有可能的。本课程的实践要求构造一个编译程序,其处理的源语言是一个简化的 Pascal 语言(称 EL 语言)。编译程序采用 Pascal 语言或 C 语言编制。通过课程实践来加深对本课程的了解,并掌握一些主要算法的应用。EL 语言及课程实践有关内容见书后附录。

要完整地构造一个编译程序并不是一件容易的事情,它不仅需要具备较多的硬件与软件知识,并需要掌握现有的软件工具的使用,而且更重要的是要有丰富的实践经验。

习　题

1-1　何谓源程序、目标程序、翻译程序、编译程序和解释程序? 它们之间可能有何种关系?

1-2　一个典型的编译系统通常由哪些部分组成? 各部分的主要功能是什么?

2 编译基础知识

1956 年语言学家 Chomsky 提出形式语言理论,这大大促进了程序设计语言的研究与发展,也促进了编译理论的发展。形式语言理论已成为计算机科学的一个重要组成部分。编译原理的主要内容可以归结为应用形式语言理论,并将它贯穿于词法分析与语法分析两个阶段。也就是说,我们主要介绍正规文法和上下文无关文法及其对应的有限自动机和下推自动机,并说明它们在构造编译程序中的应用。

2.1 字母表与符号串

(1) 字母表是符号的非空有穷集合。符号是语言中最基本的不可再分的单位。字母表习惯上用 Σ、V 或其他大写字母表示,如 $V_1 = \{a,b,c\}$,$V_2 = \{+,-,0,\cdots,9\}$,$\Sigma = \{x \mid x \in ASCII$ 字符$\}$ 等都是字母表。

符号串是字母表中符号组成的有穷序列。例如 $a,b,c,abc,acb,bc,\cdots$ 是 V_1 上的符号串;$1\,250,+2,-1\,835,\cdots$ 任何一个整数都是 V_2 上的符号串;显然,任何一个英文句子、程序设计语言的句子都是 Σ 上的符号串。

(2) 不含有任何符号的串称作空串,记作 ε。

(3) 字母表上符合某种规则构成的串称作句子。

语言是字母表上句子的集合,例如 mov R,c;he is a good student 等是 Σ 上的句子。虽然 add 1,2;peanut ate monkey 没有任何意义,但它们符合句子的定义,因此也是 Σ 上的句子。

今后我们约定:用 $a,b,c,\cdots$ 表示符号;用 $\alpha,\beta,\gamma,\cdots$ 表示符号串;用 $A,B,C,\cdots$ 表示其集合。

此外,为了讨论问题方便,有时也给上述记号加下标,如 $a_1,b_1,c_1,\cdots$,或者 $\alpha_1,\beta_1,\gamma_1,\cdots$,或者 $A_1,B_1,C_1,\cdots$ 等扩大标记符号。

2.1.1 符号串集合的运算

这里主要介绍符号串集(简称串集)的乘积(又称联结)。

设串集 $A = \{\alpha_1,\alpha_2,\cdots\}$,$B = \{\beta_1,\beta_2,\cdots\}$,那么乘积 AB 定义为 $AB = \{\alpha\beta \mid \alpha \in A \text{ and } \beta \in B\}$。例如,设 $A = \{a,b\}$,$B = \{c,e,d\}$,则 $AB = \{ac,ae,ad,bc,be,bd\}$,可见串集的乘积仍然是串集,串集的自身乘积称作串集的方幂。

串集 A 的各次方幂定义如下:$A^0 = \{\varepsilon\}$,$A^1 = A,\cdots,A^n = AA^{n-1}$($n > 0$)。设串集 A 的元素有 m 个,写作 $|A| = m$,则 $|A^0| = 1$,$|A^1| = m,\cdots,|A^n| = m^n$。

例如:设 $A = \{a,b,c\}$,则 $A^0 = \{\varepsilon\}$,$|A^0| = 1$;$A^1 = \{a,b,c\}$,$|A^1| = 3$;$A^2 = \{aa,bb,cc,ab,bc,\cdots\}$,$|A^2| = 3^2 = 9,\cdots$

13

可见,字母表 A 的 n 次方幂是字母表 A 上所有长度为 n 的串集。

2.1.2　符号串的前缀、后缀及子串

设 x 是一个符号串,我们把从 x 的尾部删去若干个(包括 0 个)符号之后所余下的部分称为 x 的前缀。仿此,也可定义一个符号串的后缀。例如,若 x＝abc,则 ε,a,ab 及 abc 都是 x 的前缀,而 ε,c,bc 及 abc 都是 x 的后缀。若 x 的前缀(后缀)不是 x 的本身,则将其称为 x 的真前缀(真后缀)。

从一个符号串中删去它的一个前缀和一个后缀之后所余下的部分称为此符号串的子串。

例如,若 x＝abcd,则 ε,a,b,c,d,ab,bc,cd,abc,bcd 及 abcd 都是 x 的子串。可见,x 的任何前缀和后缀都是 x 的子串,但其子串不一定是 x 的前缀或后缀。

2.1.3　字母表的闭包与正闭包

字母表 A 的闭包是字母表 A 的各次方幂之并,记作 A^*,$A^* = A^0 \cup A^1 \cup A^2 \cdots$,其含义是由 A 上符号组成的所有串的集合(包括空串 ε)。

如果不包含空串 ε 则得到 A 的正闭包,用 A^+ 表示,即 $A^+ = A^* - \{\varepsilon\}$,其含义是由字母表 A 上的符号组成的所有串(不包括空串 ε)的集合。而语言是字母表上符合某种规则的语句组成的,所以字母表上的语言是字母表上正闭包的子集。

2.2　文法与语言的关系

2.2.1　文法的直观概念

为了便于理解定义文法和语言时所采用的方式,我们不妨以一个由某些英语单词构成的句子为例来讨论。

我们可首先将"句子"作为此语言的第一个语法实体,并用如下的语法规则加以描述:

(1)〈句子〉::＝〈主语〉〈谓语〉

(2)〈主语〉::＝〈形容词〉〈名词〉

(3)〈谓语〉::＝〈动词〉〈宾语〉

(4)〈宾语〉::＝〈形容词〉〈名词〉

(5)〈形容词〉::＝young ｜ pop

(6)〈名词〉::＝men ｜ music

(7)〈动词〉:＝like

其中,每个尖括号括起来的是一个语法成分,属于非终结符;符号"::＝"相当于"→",其含义是"定义为……";"｜"是"或者"的意思。这 7 个式子称为文法规则。

上一节提到的"某种规则",其全体称作文法,用文法定义语言。程序设计语言的文法与自然语言中的文法含义差不多。下面先看一棵自然语言的语法树(见图 2.1)。

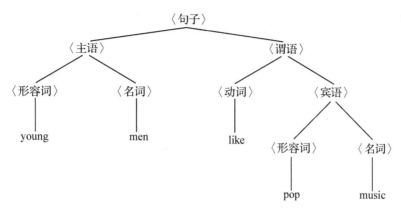

图 2.1 自然语言语法树

这是一棵倒立树,树根是〈句子〉。由于〈句子〉可以由〈主语〉、〈谓语〉组成,故可以表示成〈句子〉→〈主语〉〈谓语〉这条规则,其中"→"读作"产生"。下面先介绍几个有关文法术语的概念作为进一步讨论的基础。

(1)非终结符

由尖括号括起来的词称作语法成分或语法实体,它表示一定的语法概念。具体地说,凡出现在规则左部的那些符号称作非终结符。非终结符集合用 V_N 表示。

(2)终结符

语言中不可再分割的字符串(包括单个字符组成的串),如 young,men,pop,…它们是组成句子的基本单位。终结符集合用 V_T 表示。

(3)开始符号

〈句子〉是一个特殊的非终结符号,它表示了所定义的是什么样的语法范畴,如果这里定义了〈句子〉,开始符号就是〈句子〉;如果定义的是〈程序〉,开始符号就是〈程序〉。在编译中定义这些〈句子〉,〈程序〉,…是为了识别这些语法范畴,所以开始符号有时又称识别符号。

(4)产生式

产生式是用来定义符号串之间关系的一组规则(语法规则),产生式形式为 A→α,其中,箭头(在 Backus 范式中用::=表示)左边的 A 是非终结符号,俗称左部符号;箭头右边的 α 是终结符、非终结符组成的符号串,又称产生式右部。所以 A→α 是关于 A 的一条产生式规则,读作 A 产生 α 或左部产生右部。

对于图 2.1 的语法树,可写出这么一组产生式规则:

    〈句子〉→〈主语〉〈谓语〉   ①

    〈主语〉→〈形容语〉〈名词〉   ②

    〈谓语〉→〈动词〉〈宾语〉   ③

    〈宾语〉→〈形容词〉〈名词〉   ④

    〈形容词〉→young ｜ pop   ⑤

    〈名词〉→men ｜ music   ⑥

    〈动词〉→like   ⑦

其中,〈形容词〉→young｜pop 产生式规则中的 young,pop 称作右部的候选式,"｜"符号读作

"或"。所以这个产生式读作〈形容词〉产生"young"或者"pop"。

（5）推导与归约

使用产生式的右部取代左部的过程称为推导，反之，将左部取代右部的过程称作归约。每次使用一个规则以其右部取代符号串的最左非终结符称作最左推导，最左推导的逆过程称作最右归约。

所用规则

例如，〈句子〉→〈主语〉〈谓语〉　　　　　①

最左推导　→〈形容词〉〈名词〉〈谓词〉　②

→young〈名词〉〈谓语〉　　　　⑤

→young men〈谓语〉　　　　　⑥

→young men〈动词〉〈宾语〉　③

→young men like〈宾语〉　　⑦

→young men like〈形容词〉〈名词〉　④

→young men like pop〈名词〉　⑤

→young men like pop music　⑥

最右归约

同样，可以采用最右推导，即每次使用一个规则以产生式右部取代符号串最右非终结符，最右推导的逆过程称作最左归约。

最左推导和最右推导统称为规范推导；最右归约和最左归约统称为规范归约。在词法分析、语法分析中通常采用最左推导或最左归约。

总之，分析过程可归纳为推导和归约两种方法：

①推导是从开始符号开始，通过规则的右部取代左部的过程，最终能产生一个语言的句子。

②归约是从给定源语言的句子开始，通过规则的左部取代右部的过程，最终到达开始符号。

由上面给出的产生式，当通过选择不同候选式规范推导时，还可以产生如下许多句子：

young music like pop men

pop men like young music

young men like young music

……

这些句子都是按规则推导出来的，当然都是语法上正确的句子，只不过在语义上它们不为人们所接受而已，所以它们属于没有意义的语句，作为程序设计语言也有类似问题。

（6）句型、句子与语言

假定 G 是一个文法，S 是它的开始符号，从文法的 S 开始，每步推导（包括 0 步推导）所得到的字符串 α 称作句型，一般写作 $S \overset{*}{\rightarrow} \alpha$，其中 $\alpha \in (V_N \cup V_T)^*$。仅含终结符的句型称作句子。由 S 开始通过 1 步或 1 步以上推导所得到的句子集合称作语言（这里暂时不考虑语义），记作 L(G)：

$$L(G) = \{\alpha \mid S \overset{+}{\rightarrow} \alpha, \text{且 } \alpha \in V_T^*\}$$

16

（7）文法规则的递归定义

文法规则的一个重要特点是它的递归定义,它能在有限的字母表上利用有限的语法规则生成无限多句子的集合。例如,设$\Sigma=\{0,1\}$,语法规则是:

〈整数〉→〈数字〉〈整数〉|〈数字〉

〈数字〉→0|1

采用推导分析,可以反复使用〈数字〉〈整数〉来取代〈整数〉,最后使用〈数字〉取代〈整数〉,然后使用0或1取代〈数字〉,这样便获得一个任意长的二进制数字串。从上面的规则可见,非终结符〈整数〉的定义中包含了非终结符〈整数〉自身,这种定义方式称为递归定义。使用递归定义时必须小心,因为有可能永远产生不出句子。

例如,语法规则:

〈整数〉→〈数字〉〈整数〉   〈数字〉→0|1

是无用的。无论你使用什么样的推导也产生不出句子,这是因为本规则没有提供结束推导的规则。而前一规则包含了一个出口规则

〈整数〉→〈数字〉

它提供了终止递归的手段。

（8）文法规则的另一种表示法

上面的语法规则是用Backus表示法(仅仅在表示法中"∷="用"→"代替)表示的,有时还采用扩充的Backus表示法。扩充的Backus表示法还使用了下列括号。

(i) 重复次数的指定——{ }的使用

例如,定义〈标识符〉的Backus表示法是

〈标识符〉→〈字母〉|〈标识符〉(〈字母〉|〈数字〉)

这可以构成任意长度的以字母开始的字母、数字串。如果现在要求定义的标识符长度只能为1~6,则规则表示成:〈标识符〉→〈字母〉{〈字母〉|〈数字〉}$_0^5$,如果标识符可以任意长(即长度≥1),则不用上下角标的数字指明,直接写成:〈标识符〉→〈字母〉{〈字母〉|〈数字〉}。

(ii) 任选符号——[ ]的使用

当规则中某符号至多出现一次,则用"["与"]"将该符号括在里面,这表示可以选也可不选这个符号。例如,〈整数〉→[＋|－]〈数字〉{〈数字〉}表示整数是由可带符号或不带符号的数字串组成。

(iii) 提因子符号——( )的使用

当规则右部的若干候选式中有公共因子时,允许外提,将不同部分留在"("与")"内。例如,规则

U→aX|aY|aZ

可改写成U→a(X|Y|Z)。注意,若圆括号内不含若干候选项,例如(E),则圆括号为终结符。

（9）元语言符号

上面的文法规则表示法中,除了终结符和非终结符外还有一些其他符号,如"→"和"|",与扩充的Backus表示法中各种括号等,它们是用来说明文法符号之间关系的,称之为元语言(meta language)符号。

2.2.2 文法与语言的形式定义

Chomsky 对文法进行分类,将文法分为 0 型、1 型、2 型、3 型等四种类型,其文法差别在于对产生式施加的限制不同。

Chomsky 将文法 G 定义为四元组 $G=(V_N,V_T,P,S)$,其中:

V_N——非终结符号集合;

V_T——终结符号集合;

P——产生式的有穷集合,产生式的一般形式为 $\alpha \rightarrow \beta$;

S——文法开始符号,$S \in V_N$。

为了讨论方便,令 $V=(V_N \cup V_T)$,称作文法符号的集合。

定义:对文法 G 的 P 产生式加上如下第 i 条限制,就得到第 i 型文法:

0.P 中产生式 $\alpha \rightarrow \beta$,其中 $\alpha \in V^+$ 并至少含有一个非终结符,$\beta \in V^*$;

1.P 中产生式 $\alpha \rightarrow \beta$,除可能有 $S \rightarrow \varepsilon$ 外均有 $|\beta| \geqslant |\alpha|$,若有 $S \rightarrow \varepsilon$,规定 S 不得出现在产生式右部,或者

$1'$.P 中产生式 $\alpha \rightarrow \beta$,除可能有 $S \rightarrow \varepsilon$ 外有 $\alpha A\beta \rightarrow \alpha \gamma \beta$,其中 $\alpha,\beta \in V^*$,$A \in V_N$,$\gamma \in V^+$;

2.P 中的产生式具有形式 $A \rightarrow \beta$,其中 $A \in V_N$,$\beta \in V^*$;

3.P 中的产生式具有形式 $A \rightarrow \alpha B$,$A \rightarrow \alpha$,或者 $A \rightarrow B\alpha$,$A \rightarrow \alpha$,其中 $A,B \in V_N$,$\alpha \in V_T^*$。

从上面的定义可见 0 型文法限制条件最少,3 型文法限制条件最多,所以 0 型文法强于 1 型文法,1 型强于 2 型,2 型强于 3 型。或者说 0 型文法包含 1,2,3 型文法;1 型文法包含 2,3 型;2 型文法包含 3 型文法。

定义:i 型文法生成的语言称为 i 型语言,记作 L(G),$L(G)=\{\omega | \omega \in V_T^*$ 且 $S \xrightarrow{+} \omega\}$:

0 型文法又称短语文法,有时也称无限制文法,因为它对产生式几乎没有限制;

1 型文法又称长度增加文法,可以证明 1 型与 $1'$ 型是等价的,由 $1'$ 型文法可见 A 能推导出 γ 是在 α,β 这个上下文环境下才能完成的,所以又称作上下文有关文法,写作 CSG(它是 Context-Sensitive Grammar 的缩写);

2 型文法又称上下文无关文法,记作 CFG(它是 Context-Free Grammar 的缩写);

3 型文法又称正规文法,右线性文法或左线性文法,记作 RG(它是 Regular Grammar 的缩写)。

识别 0 型语言的自动机称作图灵机(TM),识别 1 型语言的自动机称作线性界限自动机(LBA);识别 2 型语言的自动机称作下推自动机(PDA);识别 3 型语言的自动机称作有限状态自动机(FA)。程序设计语言的语法和词法规则主要与上下文无关文法和正规文法有关,所以与它们相应的识别自动机是下推自动机与有限状态自动机,这两类自动机将在后面有关章节中详细讨论,而图灵机与线性界限自动机已超出本书范围,不作介绍。文法的 Chomsky 分类表见表 2.1。

表 2.1 文法的 Chomsky 分类表

文法类型	文法名称	语言名称	自动机名称
0	短语文法	递归可枚举语言	图灵机
1	上下文有关文法	上下文有关语言	线性界限自动机
2	上下文无关文法	上下文无关语言	下推自动机
3	正规文法	正规语言	有限状态自动机

下面举一些有关这四种类型文法的例子,并指出它所能产生的语言是什么。

〔例 2.1〕设 $G_1 = (\{S\}, \{a, b\}, P, S)$

其中 P:(0) S→aS

(1) S→a

(2) S→b

显然这是 3 型文法(当然也属于 0,1,2 型文法——以下相同处,不另加说明),它所能产生的语言是什么呢?若选(0)号产生式,由于它是递归定义,所以利用(1)、(2)产生式作为出口规则以终止递归,这样它可产生的语言是 $\{a^i(a|b)|i \geqslant 1\}$;若仅选(1)、(2)产生式,它可产生的语言是 $\{a|b\}$。所以 G_1 产生的语言是

$$L(G_1) = \{a^i(a|b)|i \geqslant 1\} \bigcup \{a|b\} = \{a^i(a|b)|i \geqslant 0\}$$

〔例 2.2〕设 $G_2 = (\{S\}, \{a, b\}, P, S)$

其中 P:(0) S→aSb

(1) S→ab

这是 2 型文法,其中(0)式是递归定义。若选(0)式,因为非终结符 S 可以多次地由右部取代,并利用(1)式作为出口规则以终止递归,当然它产生的语言是 $\{a^n b^n | n \geqslant 2\}$;若仅选用(1)式,它产生的语言是 $\{ab\}$。所以文法产生的语言可表示为 $L(G_2) = \{a^n b^n | n \geqslant 1\}$。

再来看,利用推导过程究竟能推出什么句子,S→aSb→aaSbb→…→$a^n b^n$,它推出的是 a 的个数与 b 的个数完全相等的串。其中非终结符 S 具有自嵌套特性,所以又称 G_2 是自嵌套的上下文无关文法。2 型文法扣除正规文法部分本质上是自嵌套的,或者说,任何 2 型文法如不包含自嵌套性质,就等价于正规文法。

〔例 2.3〕设 $G_3 = (\{S, A, B\}, \{a, b\}, P, S)$

其中 P: (0) S→AB

(1) S→Ba

(2) A→aS

(3) A→a

(4) B→BS

(5) B→bA

(6) B→b

这仍然是 2 型文法。产生式(4)是直接递归定义的,而产生式(0)虽没有直接递归定义,但若它与(2)式一起考虑,显然它们是间接递归定义的。该文法产生的语言不容易用简单形式表示。但根据语言的定义,从文法开始符号开始利用规则能推导出的句子都属于该文法的语言,比如:S→AB→aSB→aBaB→abaB→abab 或 S→Ba→BSa→bASa→baSa→baBaa→babaa。

上面推导时选择的候选式是任意的,所以产生的句子可能很多,但它们都属于 G_3 的语言。如果已知有个句子,问该句子是否属于该文法的语言? 这里只能用试探法。如果由该文法能推出,就是,否则不是。显然试探法不是好方法,应寻找一种有效的方法,这就是本书要介绍的重点内容。

〔**例 2.4**〕 设文法 $G_4 = (\{S,A,B\},\{a,b,c\},P,S)$

其中 P: (0) S→aSAB

(1) S→abB

(2) BA→AB

(3) bA→bb

(4) bB→bc

(5) cB→cc

这是 1 型文法,因为存在左部不是一个非终结符的规则,而且有|左|≤|右|,即长度增加文法。可能有人认为它不像上下文有关文法。对此,把(2)式 BA→AB 改造成如下三个产生式:(2.1) BA→BC,(2.2) BC→AC,(2.3) AC→AB,其中 C 是新引进的非终结符。改造之后,文法与原先的等价,但改造之后的文法与上下文有关文法的定义相吻合,所以 G_4 为上下文有关文法。

该文法生成什么样的语言也不易看出来,让我们推导几个句子看看吧:

S→aSAB→aabBAB→aabABB→aabbBB→aabbcB→aabbcc

S→abB→abc

S→aSAB→aaSABAB→aaabBABAB→aaabABBAB→aaabbBBAB→aaabbBABB

→aaabbABBB→aaabbbBBB→aaabbbcBB→aaabbbccB→aaabbbccc

...

可见,由 G_4 文法生成的语言是 $L(G_4) = \{a^n b^n c^n \mid n \geqslant 1\}$。这意味着生成 a 的个数、b 的个数、c 的个数相等的串必须用 1 型文法才能产生。比如生成任何长度的等边三角形,必须使用 1 型文法。

在程序设计语言中也存在一些语句需要使用上下文有关文法的例子,比如标号的定义与引用。由于有规则〈标号〉→〈标识符〉的存在,在分析的过程中可以把〈标识符〉直接归约成〈标号〉,但这必须在标识符之后跟":"(定义性标号)或保留字 GOTO 之后跟标识符(引用性标号)的环境下才能归约。也即更恰当的规则应该写作 CSG 形式:

〈标号〉:→〈标识符〉:

或

GOTO〈标号〉→GOTO〈标识符〉

〔**例 2.5**〕 设 $G_5 = (\{S,A,B,C,D,E\},\{0,1\},P,S)$

其中 P: (0) S→ABC   (1) AB→0AD

(2) AB→1AE   (3) AB→ε

(4) D0→0D   (5) D1→1D

(6) E0→0E   (7) E1→1E

(8) C→ε   (9) DC→B0C

(10) EC→B1C   (11) 0B→B0

(12) 1B→B1

G_5 文法的产生式 $\alpha \rightarrow \beta$ 有 $\alpha \in V^+$，$\beta \in V^*$，所以它是 0 型文法。该文法产生的语言$L(G_5)$ 可表示为 $L(G_5) = \{\omega\omega \mid \omega \in (0,1)^*\}$，也就是说它可以生成前后两个完全相同的串。这在程序设计语言中也经常见到，譬如变量名的说明与使用，形参与实参的一一对应等。由于这些功能必须用 0 型文法产生，必须用图灵机才能识别，实现起来困难比较大，所以宁可将它留到语义分析阶段去解决。

在词法分析和语法分析中仅讨论上下文无关文法(CFG)和正规文法(RG)，并且还对产生式加了两点限制：

a. 不存在 P→P 产生式，因为它的存在除了增加二义性外没有任何用处；

b. 产生式中出现的非终结符 P 必须是可达的，并且能推出终结符串，即存在 $S \xrightarrow{*} \alpha P \beta$，$P \xrightarrow{+} \gamma$，$\gamma \in V_T^*$，$\alpha, \beta \in V^*$。

如不满足这两点要求，应先改写文法，使之满足要求。这种文法又称化简了的文法。另外，为了简洁起见，今后在表示文法时只写出产生式序列而不再列出四元组，并规定第一个产生式左部的符号为开始符号。

2.3　文法构造与文法简化

2.3.1　由语言构造文法的例子

在某些情况下，人们以某种形式给出有关语言的描述，如何为此语言构造一个文法使得它生成的语言正好满足这个语言的描述呢？如果能够构造，那么这将加深我们对文法与语言关系的理解，也加深对文法分类的理解。这里以例子形式给出，并仅限于讨论构造 3 型文法和部分 2 型文法。

〔例 2.6〕设 $L_1 = \{a^{2n}b^n \mid n \geqslant 1$ 且 $a,b \in V_T\}$，试构造生成 L_1 的文法 G_1。

解：设 $n=1,2,\cdots$，则 L_1 的句子为 aab,aaaabb,$\cdots$，每个句子 a 的个数总比 b 的个数多一倍。当 $n=1$ 时直接用产生式 S→aab，当 $n \geqslant 2$ 时句子的串长总是以 $|aab|=3$ 增长的，因此，写成递归定义的产生式：S→aaSb。所以构造出的文法 G_1 的产生式 P 为：

(0) S→aaSb

(1) S→aab

〔例 2.7〕设 $L_2 = \{a^i b^j c^k \mid i,j,k \geqslant 1$ 且 $a,b,c \in V_T\}$，试构造生成 L_2 的文法 G_2。

解：这是由 a,b,c 字母组成的串，其中 a,b,c 的数目分别大于等于 1，且 a 排在前面，b 居中，c 为串尾，可以构造 3 组产生式分别生成 a,b,c 串。所构造的文法 G_2 的产生式 P 为：

(0) S→aS∣aB

(1) B→bB∣bA

(2) A→cA∣c

其中，(0)式是用于产生 a 的串，若要获得 n 个 a 的串，便使用 S→aS 产生式进行 $n-1$ 次递归取代，最后使用 S→aB 产生式的右部取代结束递归。同样，(1)式用于产生 b 的串，(2)式用于产生 c 的串。

〔例 2.8〕设 $L_3 = \{\omega \mid \omega \in (a,b)^*$ 且 ω 中含有相同个数的 a 和 b\}，试构造生成 L_3 的文

法 G_3。

解：由于 L_3 中允许包含空串，所以有产生式(0) S→ε。串 ω 可以是 a 打头，也可以是 b 打头，所以还应有如下产生式：(1) S→aA 和(2) S→bB。其中，A,B 为非终结符，表示串 ω 的余下部分，A 推出的串中 a 的个数应比 b 的个数少 1。同样地，B 推出的串中 b 的个数应比 a 的个数少 1。在给出 A(或 B)产生式时一方面应满足上述要求，另一方面应该有出口产生式，有递归定义产生式，同时还允许继续以 a 打头。因此可以给出关于 A 的如下产生式：

    (3) A→b

    (4) A→bS

    (5) A→aAA

其中，(4)式的作用是由 S 推出的符号串中，a 与 b 个数已相等，但串长还不满足句子的要求时应从 S 开始重新推导，即递归推导。(5)式表示，若还是 a 打头，表示串中少两个 b，所以 a 后应跟两个 A。关于 B 的产生式也可用类似方法写出。

最后得到 G_3 的产生式 P 如下(已将(3) A→b,(4) A→bS 合并成 A→bS 一条，有关 B 产生式也做类似合并)：

    (0) S→ε   (4) A→aAA

    (1) S→aA   (5) B→aS

    (2) S→bB   (6) B→bBB

    (3) A→bS

当然也可以使用嵌入式，将 L_3 语言写成 G'_3 文法。其中 P′为：

    (0) S→ε

    (1) S→aSbS

    (2) S→bSaS

对文法 G'_3 的产生式必须从递归定义上加以理解。

〔**例 2.9**〕设 $L_4=\{ω|ω∈(0,1)^*$ 且 ω 中 1 的个数为偶数$\}$，试构造文法 G_4。

解：实际上，这是一个包含有偶数个 1 的二进制数字串(包括空串)，所以有产生式

    (0) S→ε

串 ω 可以是 0 打头，但 0 的个数不加限制，所以有递归产生式(1) S→0S。串 ε 也可以是 1 打头，这时应有产生式(2) S→1A，其中 A 是非终结符，表示 ω 的余下部分必须有一个 1，当然夹进多少个 0 也不加限制。所以，A 的产生式应该是：

    (3) A→0A

    (4) A→1S

其中，(4)式表示字符串 ω 已经是偶数个 1，但串长还不一定满足要求。因此，回到 S 重新推导。最后得到 G_4 的产生式 P 如下：

    (0) S→ε   (3) A→0A

    (1) S→0S   (4) A→1S

    (2) S→1A

2.3.2　文法的简化

由例 2.8 可知，同一语言可用不同的文法来描述。直观上看，当然应当选择产生式的个数

最少,最符合语言特征的来描述。因此,写出的文法要求简化,去掉多余的产生式。如果文法中某个产生式在推导过程中永不被使用,或不能从中导出终结符串的话,则称该产生式是多余的。另外形如 P→P 的产生式对推导也不起作用,也是多余的。对于多余的产生式应予以删除。所谓"永不被使用的产生式"表示该产生式左部的非终结符是不可达的。因此,可以拟定一个简单算法来找出这些多余的产生式。下面举一例说明如何寻找。

〔**例 2.10**〕化简下述文法,删除无用产生式。

(0) S→Be　　　　　　(5) B→Ce

(1) S→Ec　　　　　　(6) B→Af

(2) A→Ae　　　　　　(7) C→Cf

(3) A→e　　　　　　(8) D→f

(4) A→A

解:首先寻找有无形如 P→P 的产生式,有,产生式(4)就是,可以删掉。其次寻找有无不可达的非终结符,发现 D 是不可达的,因为从 S 开始任何通路的推导都到达不了 D,所以(8)式也可删。再看是否有非终结符不能导出终结符串,发现 E、C 都导不出终结符,所以凡是包含有 E、C 的产生式(不管是左部还是右部)统统删掉。所以,(1)、(5)、(7)式被删除,剩下的产生式重新编号得:

(0) S→Be　　　　　　(2) A→Ae

(1) B→Af　　　　　　(3) A→e

上面为 L_3 语言写出的两个文法(G_3,G_3'),它们都已化简了,尽管 G_3 的条数多于 G_3',但用上面的算法 G_3 是化简不到 G_3' 的。

2.3.3　构造无 ε 产生式的上下文无关文法

在有些语法分析中要求无 ε 产生式的上下文无关文法,如何把一个含有 ε 产生式的上下文无关文法改造成无 ε 产生式的文法?

首先,定义无 ε 产生式文法必须满足两个条件:

(1) 如果 P 中含 S→ε,则 S 不出现在任何产生式的右部,其中 S 为文法的开始符号;

(2) P 中不再含有其他任何 ε 产生式。

设 $G=(V_N,V_T,P,S)$ 是含 ε 的文法,$G'=(V_N',V_T,P',S')$ 是与 G 等价的无 ε 的上下文无关文法。从 G 到 G' 的变换算法如下:

(1) 由文法 G 推出满足如下定义的非终结符集合:

$$V_0=\{A\,|\,A\in V_N\ 且\ A\xrightarrow{+}\varepsilon\}$$

(2) 再按下述步骤构造 G' 产生式集合 P'。

(a) 若产生式 $B\to\alpha_0 B_1\alpha_1 B_2\cdots B_k\alpha_k$ 属于 P,其中 $\alpha_j\in V^*(0\leqslant j\leqslant k)$,$B_i\in V_0$,那么将这些 B_i 以 ε 或 B_i 本身的两种形式替代,然后将有关 B 的所有产生式扣除 ε 产生式后加入 P' 中;

(b) 不满足(a)的 P 中其他产生式扣除 ε 产生式后也投入 P' 中;

(c) 如果 P 中有产生式 S→ε,则将它扣除并在 P' 中增加如下产生式:

$$S'\to\varepsilon\,|\,S$$

其中,S' 是新增加的开始符号(当然不会出现在任何产生式的右部),将它加入非终结符集合

V_N,使得 V_N 变成 V'_N;否则,$V'_N = V_N$,$S' = S$。

〔**例 2.11**〕设文法 $G_1 = (\{S\},\{a,b\},P,S)$,产生式 P 如下,请改造成无 ε 产生式的文法。

    (0) S→ε

    (1) S→aSbS

    (2) S→bSaS

解:(1) $V_0 = \{S\}$

    (2) P':S→aSbS|abS|aSb|ab

        S→bSaS|baS|bSa|ba

        S'→ε

        S'→S

所以改造之后文法 $G'_1 = (\{S',S\},\{a,b\},P',S')$

    P': S'→ε|S

          S→aSbS|abS|aSb|ab

          S→bSaS|baS|bSa|ba

〔**例 2.12**〕文法 G_2 有如下产生式 P,请改造成无 ε 产生式的文法。

    (0) S→aS|bB

    (1) B→bB|cA

    (2) A→cA|ε

解:(1) $V_0 = \{A\}$

    (2) P': A→cA|c

            B→cA|c

            B→bB

            S→aS|bB

所以改造之后文法 $G'_2 = (\{S,B,A\},\{a,b,c\},P',S)$

    P': S→aS|bB

          B→bB|cA|c

          A→cA|c

2.4　语法树与文法的二义性

2.4.1　语法树

在本章的开始,我们用一棵倒立的树结构来表示自然语言的句子结构(图 2.1)。这棵树称为语法树。在程序设计语言中也经常用语法树来描述句子结构,用它来反映语法分析过程显得直观、形象。此外,用它来判定文法的二义性也非常方便。

设有一个 2 型文法 $G = (\{S,A,B\},\{a,b\},P,S)$,其中 P:

    (0) S→aB   (4) A→bAA

    (1) S→bA   (5) B→aBB

（2）A→a （6）B→bS

（3）A→aS （7）B→b

假定采用最左推导，并生成句子 aabbab，则其推导过程如下：

S→aB→aaBB→aabSB→aabbAB→aabbaB→aabbab

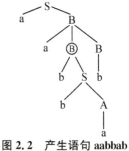

图 2.2 产生语句 aabbab
的语法树

按此推导序列构造（图 2.2）语法树（其中ⓑ结点加圈是为了下面说明方便）。语法树是一棵倒立树，根在上方，根结点的标记就是文法的开始符号 S；叶在下方。树上的每一结点标记都是 $V(=V_N\cup V_T)$ 中的一个符号。对应于 L(G)中的句子必定至少存在一棵语法树。

下面引进关于语法树的五个术语：

（1）子树——语法树中除了叶结点（没有子孙的结点）以外的任意一个结点连同它的所有的子孙结点构成一棵子树。

（2）修剪子树——指剪去除子树根以外的其余部分（注意若有分叉树，不能只剪一枝，要几枝一起剪），该子树根成了语法树的新的末端符，这就是指归约。若修剪的是子树根的直接后代，就是按产生式进行直接归约；若修剪的是所有后代，那是指执行 1 步或 1 步以上的归约。

（3）句型——由树的末端符（叶结点也称作末端符）从左至右连成的串是该文法的一个句型。这里对句型的定义与 2.2.1 节中对句型的定义是一回事，前者从推导角度考虑，这里从归约（修剪语法树）角度考虑。

（4）短语——子树的末端符自左至右连成的串，相对于子树根而言称之为短语。确切地说，如果文法存在如下推导：

$$S \xrightarrow{+} \alpha A\beta \xrightarrow{+} \alpha\gamma\beta, \quad S,A\in V_N \quad \alpha,\beta,\gamma\in(V_N\cup V_T)^*$$

其中，A 为子树根，则 $A\xrightarrow{+}\gamma$ 中任意一步推导所得的串 γ 都称作 A 的短语。如果考虑图 2.2 中的ⓑ为子树根，则 bS，bbA，bba 都是ⓑ的短语。如果短语是由某子树根经过 1 步推导而获得，则称它为该子树根的简单短语，又称直接短语。

句型的短语是指该句型中哪些符号串可构成某子树根的短语。对图 2.2 中 aabbAB 这个句型，则 bA（相对于 S），bbA（相对于ⓑ），abbAB（相对于 B）和 aabbAB（相对于树根 S）是该句型的所有短语。

对于文法中的每一个句子都必定有最左和最右推导，但对于一句型来说，则不尽然，如：

S→aB→aaBB→aabSB→aabbAB→aabbAb

显然，推导 $S\xrightarrow{+}aabbAb$，即非最右推导，亦非最左推导。故句型既不可能是左句型，也不可能是规范句型。

（5）句柄——句型中最左简单短语。这里讲的句柄就是最左归约时所要寻找的简单短语，将它用产生式左部进行取代，以完成最左归约过程。如果一个句子的语法树已经构造好，那么每次归约时寻找句柄是很容易的。我们重画图 2.2 为图 2.3 的形式。第一次寻找的句柄是①，当它被归约（修剪）之后，第二次寻找的句柄是②……最后一次寻找的句柄是⑥，当它归约之后

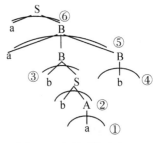

图 2.3 归约过程句柄

25

到达树根结点 S,则说明该句子是正确的句子。这些编号所对应的直接短语就是归约过程中所要寻找的句柄。

如果给定的句子按上述过程不能归约到达开始符号 S,则说明该句子是错的。实际上,在语法分析时找句柄并不那么容易,我们将在第 5 章以后详细介绍它。

2.4.2 文法的二义性

定义:如果文法的一个句子存在对应的两棵或两棵以上的语法树,则该句子是二义的,包含二义句子的文法是二义文法。

例如,设有表达式文法 G(E):

E→E+E|E*E|(E)|i

其中,$V_N = \{E\}$,$V_T = \{+, *, (,), i\}$,i 是变量或常数。设现有文法的一个句子(i*i+i),它可由两种不同的最左推导而得:

1) E→(E)→(E+E)→(E*E+E)→(i*E+E)→(i*i+E)→(i*i+i)

2) E→(E)→(E*E)→(i*E)→(i*E+E)→(i*i+E)→(i*i+i)

相应的语法树也有两棵(见图 2.4(a)与(b))。

可见 G(E)是二义文法,(i*i+i)是二义句子。从两棵不同语法树可见,它们归约的句柄次序也不相同,图 2.4(a)树包含"*"的句柄在先,图 2.4(b)树包含"+"的句柄在先,也即图 2.4(a)树先归约包含"*"运算符的句柄(即先做"*"法运算),图 2.4(b)树先归约包含"+"运算符的句柄(即先做"+"法运算)。因此,它给语法分析带来不确定性。如果能控制文法的二义性,即加入人为的附加条件,那么二义文法的存在并不是坏事,这将在第 6 章介绍。

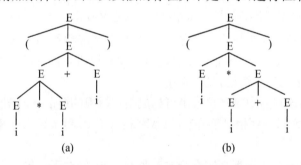

图 2.4 语句(i*i+i)对应的两棵语法树

为了便于语法分析,希望文法是非二义性的,也就是说希望能找到一个非二义文法,使得它生成的语言与二义文法生成的语言等价。但这并不一定都能找到,因为存在先天性二义的语言。对于 G(E)文法可找到与之等价的非二义文法如下:

E→T|E+T

T→F|T*F

F→(E)|i

使用这种文法对于上面的句子只有一种最左推导过程:

E→T→F→(E)→(E+T)→(T+T)→(T*F+T)→(F*F+T)→(i*F+T)

→(i*i+T)→(i*i+F)→(i*i+i)

26

对应的语法树也只有一棵,见图2.5。从语法树看,它之所以没有二义性,是"*"的层次总比"+"的层次来得低,即包含"*"的句柄总是先归约,这相当于表达式计算时"*"运算符的优先级总是比"+"来得高,这与"先乘除后加减"的约定相吻合。

在多数程序设计语言中 if 语句结构都采用如下的产生式:

S→if C then S else S

S→if C then S

S→O   /* 表示 S 可以是其他语句 */

其中,S 是开始符号,C 是条件表达式,O 表示其他语句,这个文法也是二义文法。比如对于句子 if C_1 then if C_2 then S_1 else S_2,有如下两棵树(图2.6)与之对应。为了消除此二义性,几乎所有程序设计语言都作这样的规定:else 应与其前面最靠近的但尚未被匹配的 then 相匹配,也就是说只能按图2.6(b)的语法树进行归约。

文法二义性问题是不可判定的,即不存在一种算法,能在有限步数内确切地判定一个文法是否为二义文法。若要证明文法是二义文法,只要举出一例即可;但是要证明文法不是二义文法,那么过程便结束不了。

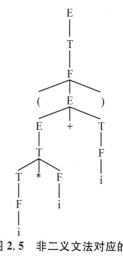

图 2.5 非二义文法对应的一棵语法树

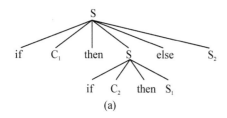

(a)

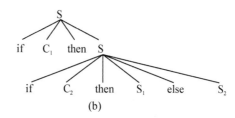

(b)

图 2.6 if 语句对应的两棵语法树

习 题

2-1 设有字母表 $A_1=\{a,b,c,\cdots,z\}$,$A_2=\{0,1,2,\cdots,9\}$,试回答下列问题:

(1) 字母表 A_1 上长度为 2 的符号串有多少个?

(2) 集合 $A_1 A_2$ 含有多少个元素?

2-2 写出字符串 abcd 的前缀、后缀、子串和子序列,以及真前缀、真后缀和真子串。

2-3 令文法 G_3 为

N→D|ND

D→0|1|2|3|4|5|6|7|8|9

(1) 给出句子 235 和 025 的最左推导和最右推导;

(2) G_3 文法定义的语言 $L(G_3)$ 是什么?

2-4 设文法 G_4 为

E→E+T|E-T|T

T→T*F|T/F|F

F→(E)|i

27

(1) 试写出文法 G_4 的 V_N，V_T 和元语言符号集；

(2) 给出 i＋i＊i、i＊(i－i)的最左推导和最右推导；

(3) 给出 i＋i＊i、i＊(i－i)的语法树；

(4) 句子 i－i＋i 中哪个算符优先？为什么？

2-5　设文法 G_5 为

　　　S→a|∧|(T)

　　　T→T,S|S

给出句子(((a,a)，∧，(a))，a)的最左和最右推导，画出最右推导的语法树，并指出最左规范归约过程每一步的句柄(在语法树上标出即可)。

2-6　已知文法 G_6 为

　　　1. S→AB

　　　2. S→DC

　　　3. A→aA

　　　4. A→ε

　　　5. B→bBc

　　　6. B→ε

　　　7. C→cC

　　　8. C→ε

　　　9. D→aDb

　　　10. D→ε

试给出下述句型或句子的最左推导过程和语法树：

　　　(1) aaabbbcc

　　　(2) aabbBcc

你能用简洁的语言描述该文法所定义的语言吗？

2-7　给出下述语言的正规文法。

　　　$L_1 = \{a^m b a^n | m,n \geqslant 0\}$

　　　$L_2 = \{\omega | \omega \in (0,1)^* 且 0,1 的个数都为偶数\}$

　　　$L_3 = \{\omega | \omega \in (0,1)^+ 且 \omega 中不包含两个相邻 1\}$

　　　$L_4 = \{\omega | \omega \in (0,1)^+ 且 \omega 中 1 的个数为奇数\}$

2-8　给出下述语言的上下文无关文法。

　　　$L_1 = \{a^n b^n c^m | n \geqslant 0, m \geqslant 0\}$

　　　$L_2 = \{\omega c \omega^R | \omega \in (a,b)^*, \omega^R 是 \omega 的反置，例如 \omega = aab, \omega^R = baa\}$

　　　$L_3 = \{a^m b^n c^n d^m | m,n \geqslant 1\}$

　　　$L_4 = \{\omega | \omega 是不以 0 开头的十进制奇数集\}$

2-9　试将如下两个上下文无关文法分别改写成正规文法。

(1) N—DN|D

　　　D→0|1

28

(2) P→AB

B→bB|b

A→M|N

M→aM|a

N→cN|ε

2-10 试化简下面的文法,其中 S 为文法开始符号。

S→E+T   E→E|S+F|T

F→F|FP|P   P→G

G→G|GG|F   T→T*i|i

Q→E|E+F|T|S   S→i

2-11 试把下述上下文无关文法等价地变换为无 ε 产生式的文法。

(i) $G_{11.1}$： (1) E→TE′

(2) E′→+TE′

(3) E′→ε

(4) T→PT′

(5) T′→*PT′

(6) T′→ε

(7) P→(E)

(8) P→i

(ii) $G_{11.2}$ (1) E→T+E|T

(2) T→FT|F

(3) F→P*F|P

(4) P→(E)|a|ε

2-12 对练习 2-4 的 G_4 证明 E+T*F*i+i 是它的一个句型,指出这个句型的所有短语、直接短语和句柄。

2-13 证明下列两个文法都是二义文法。

(1) S→aSbS|bSaS|ε

(2) S→iSeS|iS|i

3　词法分析

编译程序的词法分析的理论基础是有限自动机理论,而有限自动机理论与正规文法、正规式三者之间在描述语言方面有一一对应关系。了解了这三者之间的关系,词法分析程序的构造及词法分析程序的自动生成问题便迎刃而解了。因此,本章以介绍自动机理论为主并由此了解三者关系,而把词法分析器当作自动机理论的一种重要应用。

3.1　正规文法和有限自动机

本节旨在介绍正规文法(Chomsky 3 型文法)、正规集以及有限自动机之间的关系。它所涉及的内容是编译中词法分析和自动生成词法分析程序的理论基础。

3.1.1　正规文法、正规集与正规式

正规文法是描述正规集的文法,它可以用来描述程序设计语言的词法部分。根据 Chomsky 对正规文法的产生式定义,产生式必须是

$$A \rightarrow \alpha B \qquad A \rightarrow \alpha \qquad ,\alpha \in V_T^*$$

或者　　$A \rightarrow B\alpha \qquad A \rightarrow \alpha \qquad ,\alpha \in V_T^*$

前者称右线性文法,因为产生式右部的非终结符 B 在终结符串 α 的右边;后者称左线性文法,因为产生式右部的非终结符 B 在终结符串 α 的左边。在一个正规文法中不允许既用右线性文法又用左线性方法,只能任取其中之一来表示。由正规文法产生的语言称作正规集。正规集是集合,可以是有穷的也可以是无穷的,能否用一种形式化的办法来描述呢? 答案是肯定的,这就是正规式 Regular Expression(简称 Re)。

定义:设 A 是非空的有限字母表,$A = \{a_i | i = 1, 2, \cdots, n\}$,则:

(1) $\varepsilon, \varnothing, a_i (i = 1, 2, \cdots, n)$ 都是 Re;

(2) 若 α, β 是 Re,则 $\alpha | \beta, \alpha \cdot \beta, \alpha^*, \beta^*$ 也是 Re;

(3) Re 只能通过有限次使用 1,2 规则而获得。

这里涉及三种运算符:"|"读作"或",也可写作"+"或",";"·"读作"连接",通常省写;"*"读作"闭包",它为 0 次或 0 次以上有限次的自身乘积。这三种运算符的优先级是:"*"最高,"·"次之,"|"最低。当然括号可以改变优先顺序,这与数学中的用法相同。另外,其中 $\varnothing$ 称为空集(即集合中连空串 ε 也没有),也写作{ }。在程序语言中它没有意义,这里引进它仅仅是为了理论上的完备性,今后也不再讨论它。

〔**例 3.1**〕设 $A = \{a_i | i = 1, 2, \cdots, k\}$,则 $\varepsilon, a_1, a_1 a_2, a_1 | a_5 a_7, a_5 (a_3 | a_2)^*, \cdots$ 都属 A 上的 Re。

〔**例 3.2**〕设 $V = \{0, 1\}$,则 $\varepsilon, 0, 1, 0011, (01)^* 10, ((01)^* | 1)^*, \cdots$ 都是 V 上的 Re,也就是

说任何一个二进制字符串(包括空串)都是 V 上的 Re。

仅由字母表 $A=\{a_i|i=1,2,\cdots,k\}$ 上的正规式 α 所组成的语言称作正规集,记作 $L(\alpha)$。

设 α 和 β 是正规式,那么 $\alpha=\beta$ 当且仅当 $L(\alpha)=L(\beta)$。利用两个正规集相同,可以证明两个正规式等价。

〔例 3.3〕试证 $b(ab)^*=(ba)^*b$。

证明: $L(b(ab)^*)=\{b,bab,babab,\cdots\}$

         $L((ba)^*b)=\{b,bab,babab,\cdots\}$

由于正规集的前 n 项相同,可知它们的正规集是相等的,所以正规式 $b(ab)^*=(ba)^*b$。

定理 3.1:若 α,β,γ 是 Re,则下述等价式成立

(1) $\alpha+\beta=\beta+\alpha$ (交换律)

(2) $\alpha+(\beta+\gamma)=(\alpha+\beta)+\gamma$

    $\alpha(\beta\gamma)=(\alpha\beta)\gamma$ (结合律)

(3) $\alpha(\beta+\gamma)=\alpha\beta+\alpha\gamma$

    $(\alpha+\beta)\gamma=\alpha\gamma+\beta\gamma$ (分配律)

(4) $\varepsilon\alpha=\alpha\varepsilon=\alpha$

(5) $(\alpha^*)^*=\alpha^*$

(6) $\alpha^*=\alpha^++\varepsilon$ $\alpha^+=\alpha\alpha^*=\alpha^*\alpha$

(7) $(\alpha+\beta)^*=(\alpha^*+\beta^*)^*=(\alpha^*\beta^*)^*$

这个定理同样可由它们对应的正规集相等而得证。

定理 3.2:设 α,β,γ 是字母表 A 上的 Re,且 $\varepsilon\notin L(\gamma)$,则等价式

(1) $\alpha=\beta|\alpha\gamma$ 有唯一解   (2) $\alpha=\beta\gamma^*$

也即有 $\alpha=\beta|\alpha\gamma$ 当且仅当 $\alpha=\beta\gamma^*$。

这里不作详细证明,仅说明如下:(1)式是左递归表示法,α 通过 0 步或 0 步以上用 $\alpha\gamma$ 取代得到 $\alpha\gamma^*$,最后一步 α 用 β 取代获得 $\beta\gamma^*$ 即得(2)式。

与这个定理对应的还有一个右递归表示法,即 $\alpha=\beta|\gamma\alpha$ 当且仅当 $\alpha=\gamma^*\beta$。

〔例 3.4〕正规式 $\alpha=a^+b^+c^+$ 所代表的正规集为 $L(\alpha)$,它可以写作

    $L(\alpha)=\{abc,aabc,abbc,abcc,aaabc,aabbc,\cdots\}=\{a^ib^jc^k|i,j,k\geqslant 1\}$

由上一章例 2.7 可知这个语言是由文法 G_1 产生的,其产生式重写如下:

    $G_1:S\to aS|aB$ $B\to bB|bA$ $A\to cA|c$

可见,正规式与正规文法有密切关系,或者说由正规文法 G 可直接求得对应语言的正规式。方法是首先由正规文法 G 的各个产生式写出对应的正规方程式,获得一个联立方程组。这些方程式中的变元是非终结符,我们求解这个正规方程式组,最后得到一个关于开始符号 S 的解:$S=\omega,\omega\in V_T^*$,这个 ω 就是所求的正规式。下面举例说明。

〔例 3.5〕已知正规文法 G_1 的产生式,请求出它所定义的正规式。

解:由产生式可以写出它所对应的联立方程组:

    $S=aS|aB\cdots\cdots(1)$

    $B=bB|bA\cdots\cdots(2)$

$$A=cA \mid c\cdots\cdots\cdots(3)$$

根据定理 3.2,(1)式是右递归表示法,其解为

$$S=a^* aB=a^+ B\cdots\cdots\cdots(4)$$

同理,由(2)式获得其解

$$B=b^* bA=b^+ A\cdots\cdots\cdots(5)$$

由(3)式获得其解

$$A=c^* c=c^+\cdots\cdots\cdots(6)$$

将(6)式代入(5)式,再将(5)式代入(4)式,最后获得 $S=a^+ b^+ c^+$。

3.1.2　有限自动机

有限自动机(FA)是具有离散输入输出系统的数学模型。这种系统具有有限数目的内部状态,系统的当前状态概括了过去输入处理的信息。系统只需要根据当前所处的状态和面临的输入字符就可决定系统后继的行为。每当系统处理了当前的输入字符后,系统的内部状态也将发生变化。电梯控制装置就是有限自动机系统的一个例子。乘客只要揿他所要到达的层号作为输入信息,而电梯用当前所处层数与运动方向作为当前状态,就能决定是先满足当前乘客的要求,还是满足其他乘客的要求。电梯控制装置无须记住以前干过的工作。

数字逻辑电路中时序电路的设计、文本编辑中编辑程序的设计和编译程序中词法分析的设计都采用有限状态自动机。有限状态自动机的模型可用图 3.1 描述。

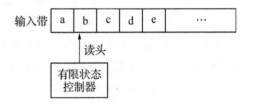

图 3.1　有限状态自动机的模型

模型由一条有限长度的输入带、一个读头和一个有限状态控制器组成。输入带存放输入字符串,每个输入字符占一个单元(一格)。读头从左到右扫描并读入每个输入字符。每读入一个字符,读头前进一格。有限状态控制器根据当前状态和读入字符转入下一个状态。

FA 与其他具体机器一样,它也有初始状态(初态)和终止状态(终态)。在初态下,读头指向输入带的最左单元,准备读入第一个字符;终态可以有若干个,如果读头已读入带上的最后一个字符,而状态又正巧进入某终态,这表示输入带上的输入串被接受,否则不被接受。

为了更好地研究和应用 FA,需要给出它的形式定义,下面分确定有限自动机和不确定有限自动机进行讨论。

1) 确定有限自动机(Deterministic Finite Automata,简写成 DFA)

定义:确定有限自动机 M 是一个五元组,$M=(S,\sum,f,s_0,Z)$

其中:S——有限状态集,它的每一元素 s 称为一个状态;

$\sum$——有穷字母表,它的每一元素为一个输入字符;

f——一个从 $S\times\sum$ 到 S 的单值映射(读作由状态 S 与字母表 $\sum$ 组成序偶到状态 S 的单值映射),$f(s,a)=s'$ 意味着在当前状态 s 情况下,读入字符 a 将转换到 s' 状态,其中 $s,s'\in S,a\in\sum$;

s_0——初始状态,$s_0\in S$;

Z——终止状态集,Z⊆S。Z可为空集,表示该DFA不接受任何东西。

DFA的映射关系可以由一个矩阵表示,该矩阵的行标表示状态,列标表示输入字符,矩阵元素表示f(s,a)的值,这个矩阵称为状态转换矩阵。

〔例3.6〕DFA M=({0,1,2,3},{a,b},f,0,{3})

其中f为:

f(0,a)=1　　　　f(0,b)=2
f(1,a)=3　　　　f(1,b)=2
f(2,a)=1　　　　f(2,b)=3
f(3,a)=3　　　　f(3,b)=3

所对应的状态转换矩阵如表3.1所示。

用矩阵表示映射关系便于计算机处理,但人们看起来不直观,而用状态转换图表示就比较直观。假定DFA M含有m个状态和n个输入字符,那么,这个图含有m个状态结点,每个结点最多只能有n条弧从结点射出并与别的结点相连接,每条弧上的标记是字母表∑上的一个字符。整个图只有一个初态结点,用"→"射入的结点表示初态。终态结点可以有若干个(也可能没有),用双圆圈表示。例如,例3.6所定义的DFA M,其相应的转换图如图3.2所示。由图可知它能识别∑上所有相继2个a或相继2个b的串。若M的初态结点同时又是终态结点,则空串ε可为M所识别。

表 3.1　状态转换矩阵

字符　状态	a	b
0	1	2
1	3	2
2	1	3
3	3	3

〔例3.7〕构造一个DFA M,它接受字母表{a,b,c}上以a或b开始的字符串,或以c开始但所含的a不多于一个的字符串。

解:根据题意可以画出状态转换图如图3.3所示。

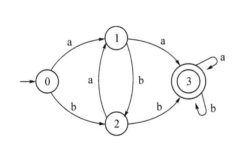

图 3.2　例3.6的状态转换图

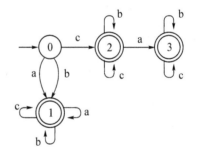

图 3.3　例3.7的状态转换图

由图3.3很容易写出这个DFA M=({0,1,2,3},{a,b,c},f,0,{1,2,3}),其中f:f(0,a)=1,f(0,b)=1,f(0,c)=2,f(1,a)=1,f(1,b)=1,f(1,c)=1,f(2,a)=3,f(2,b)=2,f(2,c)=2,f(3,b)=3,f(3,c)=3。

每读一个字符读头前进一格,状态前进至下一状态。我们称它作了1步动作,记作"⊢",同样,"⊢^{k}","⊢$^+$","⊢*"分别表示自动机作了k步、1步或1步以上和0步或0步以上的动作。

定义:串α∈∑*为DFA M=(S,∑,f,s₀,Z)所识别当且仅当(s₀,α)⊢*(ω,ε)且s∈Z。

33

这表示从初态出发,经过 0 步或 0 步以上动作,读完输入串且状态进入某终态,则该串被 M 所识别。能被 DFA M 所接受的字符串的集合称为 M 所能识别的语言,记作 L(M)。显然,不能被接受的字符串有两种情况:

(1) 读完输入串,状态不停在终态,即$(s_0,\alpha) \vdash^* (s',\varepsilon)$,其中 s' 不属于 Z;

(2) 在读过程中出现不存在的映射,使自动机无法继续动作。如例 3.7 中,当处于 3 状态时又读入 a,便无法继续动作。

〔例 3.8〕设 DFA M=$(\{s_0,s_1,s_2,s_3\},\{0,1\},f,s_0,\{s_0\})$,其中 f 画成状态转换图如图 3.4 所示。试问该 M 所识别语言是什么?

解:首先,我们要了解能被 M 接受的串是什么。这里暂时只能用枚举法,譬如串 110101 能被 M 所识别吗?

识别过程:$(s_0,110101) \vdash (s_1,10101) \vdash (s_0,0101) \vdash (s_2,101) \vdash (s_3,01) \vdash (s_1,1) \vdash (s_0,\varepsilon)$,识别成功。

再看串 01001 能被 M 所识别吗?识别过程:$(s_0,01001) \vdash (s_2,1001) \vdash (s_3,001) \vdash (s_1,01) \vdash (s_3,1) \vdash (s_2,\varepsilon)$,识别不成功,因为 $s_2 \notin Z$。由识别成功的例子可知该 DFA M 是用于接受偶数个 1 和偶数个 0 的串(当然包括空串)。

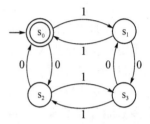

图 3.4 例 3.8 状态转换图

DFA 的确定性表现在映射函数 f 是单值映射,即每一次转向的状态是唯一的。如果 f(s,a) 的值不唯一,而是一个状态子集的话,那么这样的 FA 就称作不确定有限自动机。

2) 不确定有限自动机(Nondeterministic Finite Automata,简写成 NFA)

定义:NFA M 是一个五元组,M=$(S,\sum,f,S_0,Z)$

其中:S,$\sum$ 定义同 DFA;

　　　f——一个从 S×$\sum$ 到 S 子集的映射,即 f:S×$\sum \rightarrow 2^s$(s 为状态个数);

　　　S_0——初始状态集,它不能为空,即 $S_0 \subset S$;

　　　Z——可空终态集 $Z \subseteq S$。

〔例 3.9〕设 NFA M=$(\{q_0,q_1\},\{0,1\},f,\{q_0\},\{q_1\})$,f 的映射见如下矩阵或状态转换图:

字符\状态	0	1
q_0	q_0	q_1
q_1	q_0,q_1	q_0

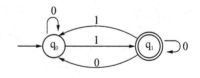

若当前状态是 q_1,当读进 0 时有两个映射状态 q_0、q_1,所以它不是单值映射而是多值映射,转向后的状态是不确定的。NFA 映射的含义可以表达成:$f(s'_0,a)=\{s_0,s_1,s_2,\cdots,s_k\}$,其中 $s_i \in S, s_i$ 是泛指 S 中某些状态,不是特指 $s_0 \sim s_k$ 状态,下同,$s'_0 \in S,\{s_0,s_1,\cdots,s_k\} \subseteq S,\{s_0,s_1,\cdots,s_k\} \in 2^s$。可见它是转向到 S 幂集的一个元素。

映射还可以扩展到对输入字符串,即 $f(s,\omega)=P,P \in 2^s$。例如:设 $\omega=ab,a,b \in \sum$,根据对读入字符的映射关系,有 $f(s,ab)=f(f(s,a),b)=f(\{s_0,s_1,\cdots,s_k\},b)=\bigcup_{i=1}^{k} f(s_i,b)=\{s_0,s_1,\cdots,s_j\} \in 2^s$。

于是也可以说 $f(s,\sum^{*})\in 2^s$，即映射 f 写作 $S\times\sum^{*}\to 2^s$。

任何两个有限自动机 M 和 M′，若它们识别语言相同，写作 L(M)=L(M′)，则称 M 和 M′ 等价。自动机理论中有一重要定理:判定任何两个有限自动机等价性的算法是存在的。

3) NFA 的确定化——子集法

设 L 是由一 NFA 接受的正规集，则存在一个 DFA 接受 L。

这是一条定理，此定理可用以下的构造算法加以证明。

由 NFA $M=(S,\sum,f,S_0,Z)$ 构造一个等价的 DFA $M'=(Q,\sum,\delta,I_0,F)$ 的算法如下:

(1) 取 $I_0=S_0$;

(2) 若状态集 Q 中有状态 $I_i=\{s_0,s_1,\cdots,s_j\}$,$s_k\in S,0\leqslant k\leqslant j$,而且 M 机中有 $f(\{s_0,s_1,\cdots,s_j\},a)=\bigcup_{k=0}^{j}f(s_k,a)=\{s_0,s_1,\cdots,s_t\}=I_t$,若 I_t 不在 Q 中，则将 I_t 加入 Q 中;

(3) 重复第(2)步，直至 Q 中不再有新的状态加入为止;

(4) 取 $F=\{I\mid I\in Q,$且 $I\cap Z\neq\varnothing\}$。

此过程可在有限的步数内完成，因为 M 机状态的幂集是有限的。

NFA 的确定化算法表明，对一个 NFA M 总可以构造一个等价的 DFA M′，这个过程可用表格法来描述。表格的列标仍是 $\sum$ 上的各个字符，表格的行标是 Q 中的各状态，开始仅包含 I_0 状态，随着算法的执行，Q 的状态逐渐增多直至不再增多为止。表格元素即为 δ 映射函数。下面用例子说明确定化过程。

〔**例 3.10**〕试把例 3.9 的 NFA 确定化。

解:确定化过程如下:

Q 中初态 $I_0=\{q_0\}$,当读入字符 0,1 时，按 NFA 映射函数有 $f(I_0,0)=\{q_0\}$,$f(I_0,1)=\{q_1\}$ 并填入表格相应位置。其中 $\{q_1\}$ 不在 Q 中，将它命名为 I_1 并加入 Q 中(即横向增加一个状态)，接着考察 Q 中的 I_1 在读入 0,1 时的映射，按 NFA 映射函数有 $f(I_1,0)=\{q_0,q_1\}$,$f(I_1,1)=\{q_0\}$ 并填入表格相应位置。其中 $\{q_0,q_1\}$ 不在 Q 中，将它命名为 I_2 并加入 Q 中，重复上述过程，求得 $f(I_2,0)=\{q_0,q_1\}$,$f(I_2,1)=\{q_0,q_1\}$ 并填入表格相应位置。这些状态集均已在 Q 中，算法结束。

此过程画成表格如表 3.2(a)所示，若以命名状态取代状态子集，重画转换矩阵如表 3.2(b)所示。

表 3.2　利用表格的确定化过程

Q ＼ $\sum$	0	1
$I_0=\{q_0\}$	$I_0=\{q_0\}$	$I_1=\{q_1\}$
$I_1=\{q_1\}$	$I_2=\{q_0,q_1\}$	$I_0=\{q_0\}$
$I_2=\{q_0,q_1\}$	$I_2=\{q_0,q_1\}$	$I_2=\{q_0,q_1\}$

(a)

δ	0	1
I_0	I_0	I_1
I_1	I_2	I_0
I_2	I_2	I_2

(b)

⇒

由表格获得的状态转换矩阵可以画成对应的状态转换图(如图 3.5 所示)。因 $I_1\cap\{q_1\}\neq\varnothing$,$I_2\cap\{q_1\}\neq\varnothing$,所以 $F=\{I_1,I_2\}$,于是

DFA $M=(\{I_0,I_1,I_2\},\{0,1\},\delta,I_0,\{I_1,I_2\})$

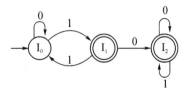

图 3.5　确定化后的状态转换图

NFA确定化的实质是以原有状态集上的覆盖片(cover)作为DFA上的一个状态,将原状态间的转换改为覆盖片间的转换,从而把不确定问题确定化。通常,经过确定化之后,状态数增加,而且可能出现一些等价状态,这时需要化简。

4) 确定有限自动机的化简

将确定的有限自动机进行化简(又称最小化),化简的条件是接受的语言必须相同。

定义:设 DFA M 中有两个状态 s 和 t,若 $(s,\omega) \vdash^* (s_1,\epsilon)$,$(t,\omega) \vdash^* (t_1,\epsilon)$ 且 s_1,t_1 都属于终态,$\omega \in V_T^*$,则称 s,t 为等价的,否则称可区分的。

最小化算法[又称划分法(Partition)]的原则是将 DFA M 中的状态划分成不相交的子集,在每个子集内部其状态都等价,而在不同子集间的状态均不等价(即可区分的)。最后,从每个子集中任选一状态作为代表,消去其他的等价状态。将那些原来射入其他等价状态的弧改射入相应的代表状态。

按照这个原则构造算法如下:

(1) 首先把状态集 S 分成终态集和非终态集,因为终态集可接受 ϵ,而非终态集则不能,所以它们是可区分的。这就是基本划分:$\Pi_0 = \{I_0^1, I_0^2\}$。设 I_0^1 属于非终态集,I_0^2 属于终态集。

(2) 假定经过 k 次划分后,已含有 m 个子集,记作 $\Pi_k = \{I_k^1, I_k^2, \cdots, I_k^m\}$。这些子集到现在为止都是可区分的,然后继续考察这些子集是否还可划分。设任取一子集 $I_k = \{s_1, s_2, \cdots, s_t\}$,若存在一个输入字符 a,使得 $f(I_k, a)$ 不全包含在现行 Π_k 的某子集中,例如 $f(s_1, a) = t_1$,$f(s_2, a) = t_2$,而 t_1, t_2 分属于 Π_k 的不同子集,这说明在 I_k 中有不等价的状态,它应该还可一分为二。对所有子集 I_k^m,读入字符 a 做一遍才完成这次划分。

(3) 重复步骤(2),直至所含的子集数不再增加为止。到此 Π 中的每个子集是不可再分了。也即每个子集内的状态是等价的,而不同子集间的状态是可区分的。

(4) 对每一个子集任取一个状态为代表,若该子集包含原有的初态,则此代表状态便为最小化后 M 的初态;若该子集包含原有的终态,则此代表状态便为最小化后 M 的终态。

此过程可以在有限步内结束,因为状态数是有限的。

〔例 3.11〕设有一 DFA 的状态转换图如图 3.6 所示,试化简之。

解:$\Pi_0 = \{\{0,1,2\}, \{3,4,5,6\}\}$

$\Pi_1 = \{\{0\}, \{1\}, \{2\}, \{3,4,5,6\}\}$

$\Pi_2 = \{\{0\}, \{1\}, \{2\}, \{3,4,5,6\}\} = \Pi_1$

划分结束。其中 Π_0 是将终态与非终态分成两个子集。再看 Π_1 划分:$f(\{3,4,5,6\},$ a)$=\{3,4,5,6\}$,$f(\{3,4,5,6\},$ b)$=\{3,4,$

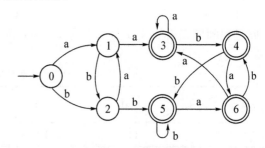

图 3.6 未化简 DFA

5,6\}$,所以子集 $\{3,4,5,6\}$ 已不可再分。而 $f(\{0,1,2\}, a) = \{1,3\}$,它既不包含在 $\{0,1,2\}$ 之中,也不包含在 $\{3,4,5,6\}$ 之中,因此应把 $\{0,1,2\}$ 一分为二。由于状态 1 经 a 弧到达终态 3,状态 0,2 经 a 弧到达非终态 1,所以将 $\{0,1,2\}$ 分成 $\{1\}$ 和 $\{0,2\}$ 两个子集。由于 $f(\{0,2\}, b) = \{2,5\}$ 也不包含在 Π_0 的两个子集中,所以 $\{0,2\}$ 也可一分为二,即 $\{0\}$ 和 $\{2\}$。至此,Π_1 划分成 4 个子集 $\{0\}, \{1\}, \{2\}, \{3,4,5,6\}$。

继续做 Π_2 划分,但 Π_2 已不可再分了,最后令 3 代表 $\{3,4,5,6\}$,把原来射向 4,5,6 的弧改射向 3,并删去 4,5,6 结点,这样便得图 3.7,为化简了的 DAF。

3.1.3 正规式与有限自动机之间的关系

3.1.1 节讲过正规文法与正规式有对应关系,这一节将要介绍正规式与有限自动机之间的关系。我们可以用如下两条定理来明确它们之间的关系。

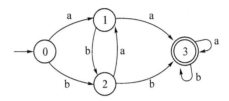

图 3.7 简化后的 DFA

定理 3.3:Σ 上的 NFA M 所能识别的语言 L(M) 可以用 Σ 上的 Re 来表示。

定理 3.4:对于 Σ 上的任何 Re α,存在一个 DFA M 使得 L(M)＝L(α)。

证明定理 3.3:对于 Σ 上的 NFA M,我们来构造一个 Re α,使用 L(α)＝L(M)。首先将状态转换图进行拓广,令每条弧可以用一个正规式表示,并且引进 3 条简单的 FA 替换规则:

(1) → ①—α→②—β→③ 代之以 →①—$\alpha\beta$→③

(2) → ①⇄（α/β）② 代之以 →①—$\alpha|\beta$→②

(3) → ①—β→②↺γ 代之以 →①—$\beta\gamma^*$→②

(1),(2) 两条替换规则很简单无需证明,在此仅证明替换规则(3)。

证明:　L(2)＝L(1)β＋L(2)γ　　　　　　　　　　　　　　　　(1)

　　　　L(1)＝ϵ　　　　　　　　　　　　　　　　　　　　　　　(2)

设 L(2)＝α,并将(2)代入(1)得 $\alpha＝\beta＋\alpha\gamma$。

根据定理 3.2,可以得到此左递归等价式的解 $\alpha＝\beta\gamma^*$,所以替换规则(3)成立。

〔**例 3.12**〕下图是替换规则的应用。图(a)是一个 FA,试用替换规则将其表示成 Re。

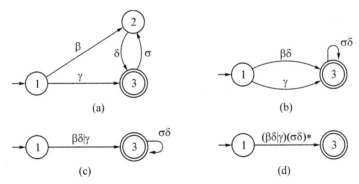

(a)　　　　　　　　　　　　　　(b)

(c)　　　　　　　　　　　　　　(d)

解:首先消去结点 2,利用替换规则(1)将图(a)变成图(b);再利用替换规则(2)将图(b)变成图(c);最后利用替换规则(3)得图(d)。由图(d)可得该 FA 接受的正规式为($\beta\delta|\gamma$)($\sigma\delta$)*。

一般而言,NFA M 可按下列方式对状态图进行变换:

(1) 在原状态图上增加两个结点 x,y,从 x 结点用 ϵ 弧将其连接到 M 的初态,从 M 的所有终态结点引 ϵ 弧至 y 结点。

（2）利用上述三条替换规则逐步消去 M 中的结点与弧线，直至状态图中仅剩下 x,y 两个结点和连接它们的唯一弧线。

（3）x 至 y 弧线上的标记便是∑上的 Re，它就是 M 上所接受的正规式。

〔**例 3.13**〕试将例 3.8 中 DFA M 所接受的语言表示成正规式。

解：使用替换规则逐步消去结点，整个替换过程如图 3.8 所示。

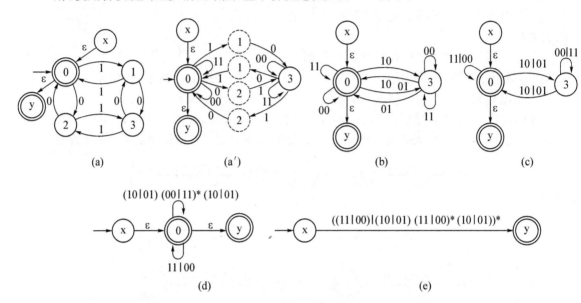

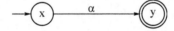

图 3.8 构造正规式过程

在例 3.8 中，我们只能用枚举法，说明该 DFA M 能接受偶数个 1 和偶数个 0 的串。现在，可以将它写成正规式$((11|00)|(10|01)(11|00)^*(10|01))^*$了，使得 $L(M)=L(((11|00)|(10|01)(11|00)^*(10|01))^*)$。

证明定理 3.4：这是要证明由 Re α 可以构造一个 DFA M 使得 $L(\alpha)=L(M)$，整个证明过程是证明定理 3.3 过程的逆过程。

（1）由 Re α 构造仅包含 x,y 两个结点的状态图如下：

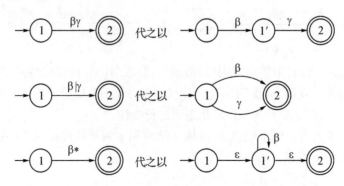

其中，x 为初态结点，y 为终态结点，连接 x,y 两结点上的弧线标记为 α。

（2）按下列替换规则进行分裂 α：

38

（3）重复步骤（2）直至每根弧上的标记是Σ上的一个字符或ε为止。

（4）将所得 NFA M（因为包含ε弧）进行确定化便得到 DFA M。

这里将 NFA M 进行确定化与前面讲的子集法确定化是一回事。不过这里的 NFA M 中包含有ε弧，所以在求覆盖片时应考虑ε弧。方法是求ε-闭包（ε-closure），将此闭包（状态子集）作为 DFA 的一个状态使用，而将 NFA 上状态间的转换变为闭包间的转换，使得不确定的自动机确定化。

什么叫ε-闭包呢？它的定义如下：

ε-闭包由两部分组成：

（1）若 $s \in I$，则 $s \in \varepsilon\text{-closure}(I)$；

（2）若 $s \in I$，那么从 s 出发经过任意段的ε弧而能到达的任意状态 s' 都属于ε-closure(I)。

这里状态子集ε-closure(I)读作 I 的ε-闭包。闭包间的转换是按如下方式进行的：设ε-closure(I) $=\{q_0, q_1, \cdots, q_n\}$（这里的 q_i 泛指 Q 中若干状态，不是特指 $q_0 \sim q_n$ 状态），当读入Σ上的字符 a 时，它转换到另一闭包ε-closure(J)。此ε-closure(J)也由两部分组成：

（1）$J = \bigcup_{k=0}^{n} f(q_k, a) = \{q_0, q_1, \cdots, q_t\}$

（2）求 J 的ε-闭包，即按ε-闭包定义求ε-closure(J)。这里的 NFA M 确定化也可以采用表格形式来完成。

〔例 3.14〕考虑正规式$(a|b)^*(aa|bb)(a|b)^*$，构造 DFA M 使得 L(M)$=$L($(a|b)^*(aa|bb)(a|b)^*$)。

解：第一步，先构造 NFA M，见图 3.9。第二步，将此 NFA M 通过表格法形式进行确定化，见表 3.3。它与前面介绍的表格法确定化的差别仅在于这里的状态子集是由ε-闭包求得。

表 3.3 子集法确定化

I	a	b
$0=\{x,5,1\}$	$1=\{5,3,1\}$	$2=\{5,4,1\}$
$1=\{5,3,1\}$	$3=\{5,3,1,2,6,y\}$	$2=\{5,4,1\}$
$2=\{5,4,1\}$	$1=\{5,3,1\}$	$5=\{5,4,1,2,6,y\}$
$3=\{5,3,1,2,6,y\}$	$3=\{5,3,1,2,6,y\}$	$4=\{5,4,1,6,y\}$
$4=\{5,4,1,6,y\}$	$6=\{5,3,1,6,y\}$	$5=\{5,4,1,2,6,y\}$
$5=\{5,4,1,2,6,y\}$	$6=\{5,3,1,6,y\}$	$5=\{5,4,1,2,6,y\}$
$6=\{5,3,1,6,y\}$	$3=\{5,3,1,2,6,y\}$	$4=\{5,4,1,6,y\}$

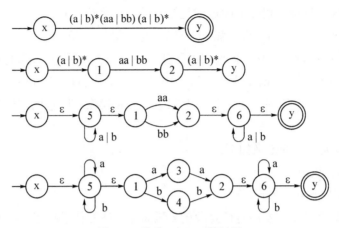

图 3.9　构造 NFA M 的过程

画成状态转换图如图 3.6 所示,这正是例 3.11 的 DFA M,最后可以最小化为图 3.7 形式的 DFA。

3.1.4　正规文法与有限自动机

正规文法(Rg)与 FA 之间的关系可由下面的定理加以确定:设 $G=(V_N,V_T,P,S)$ 是正规文法,则存在一个有限自动机 $M=(Q,\sum,f,q_0,Z)$ 使得 $L(G)=L(M)$。此定理可以按下面的构造算法加以证明。这里先讨论右线性文法的自动机构造,然后再讨论左线性文法。

1) 右线性文法

取 M 中 $Q=V_N\cup\{T\}$,T 是 M 中新增的终态;$\sum=V_T$;$q_0=S$;若 P 中含有 $S\to\varepsilon$,则 $Z=\{S,T\}$,否则 $Z=\{T\}$,至于 P 中产生式可以用如下的映射 f 来取代:

(1) 对于 P 中每一条形如 $A_1\to aA_2$ 的产生式,则在 M 中设定映射式 $f(A_1,a)=A_2$;

(2) 对于 P 中每一条形如 $A_1\to a$ 的产生式,则在 M 中设定映射式 $f(A_1,a)=T$;

(3) 对于 $\sum$ 上的所有 a 取 $f(T,a)=\varnothing$,即在终态下 FA 无动作。

〔例 3.15〕已知文法 $G=(\{S,A,B\},\{a,b,c\},P,S)$,其中 P 的产生式如下,试构造等价的 FA:

　　1. S→aS

　　2. S→aB

　　3. B→bB

　　4. B→bA

　　5. A→cA

　　6. A→c

解:按照上面的替换方法,构造等价 FA 为:

　　$M=(\{S,B,A,T\},\{a,b,c\},f,S,\{T\})$

其中 f 为:

　　1. $f(S,a)=S$

2. $f(S,a)=B$

3. $f(B,b)=B$

4. $f(B,b)=A$

5. $f(A,c)=A$

6. $f(A,c)=T$

这是不确定有限自动机,其状态转换图见图 3.10(a),经确定化后见图 3.10(b)。

(a)   (b)

图 3.10　由右线性 Rg 构造 FA

相反地,若给定有限自动机 FA M,也能写出相应的右线性正规文法 Rg,这里仅给出 Rg 的产生式,算法如下:

（1）若 M 中有映射式 $f(A_i,a)=A_j$,则 P 中有相应产生式 $A_i \rightarrow aA_j$;

（2）若 $A_j \in Z$,则 P 中增添产生式 $A_i \rightarrow a$;

（3）若初态 $S \in Z$,则 P 中增添 $S \rightarrow \varepsilon$ 产生式。

2）左线性文法

在左线性文法中,文法开始符号 S 又称作识别符号,它对应于 FA M 中的终态 Z;取 M 中的 $Q = V_N \cup \{q_0\}$,q_0 为 M 中新增的初态;$\sum = V_T$;若 P 中含有 $S \rightarrow \varepsilon$ 产生式,则 $Z = \{S, q_0\}$,否则 $Z = \{S\}$。P 中的产生式可以用如下的映射式 f 取代:

（1）对于 P 中每一条形如 $A_1 \rightarrow A_2 a$ 的产生式,则在 M 中设置映射式 $f(A_2,a)=A_1$;

（2）对于 P 中每一条形如 $A_1 \rightarrow a$ 的产生式,则在 M 中设置映射式 $f(q_0,a)=A_1$。

〔例 3.16〕构造左线性文法 $G=(\{S,A,B\},\{a,b\},P,S)$ 的相应 FA,其中 P:$S \rightarrow Sa \mid Aa \mid Bb,A \rightarrow Ba \mid a,B \rightarrow Ab \mid b$。

解:按上述步骤,构造的 FA $M=(\{S,A,B,q_0\},\{a,b\},f,q_0,\{S\})$,其中 f 画成的状态转换图如图 3.11 所示。

相反地,若给出 FA M,读者一定也能写出相应的左线性文法 Rg。

由上面几节介绍可见 Re,Rg 与 FA 三者的等价关系如图 3.12 所示。也就是说,知道其中任意一个就可求出其他两个。虽然直接从 Re 写 Rg 有困难,但通过 FA 总是可以写出的。

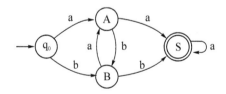

图 3.11　由左线性 Rg 构造 FA

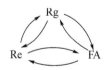

图 3.12　Re,Rg,FA 三者关系

对于输入串 ababba,其相应的语法树如下,我们用数字将归约顺序标出,则容易看出:每次归约所得的句型都是规范句型。而且,如果文法的任两个产生式无相同的右部,则每次所得的符号都是唯一的。

步骤	当前状态	余留的输入符号
1	q_0	ababba
2	A	babba
3	B	abba
4	A	bba
5	B	ba
6	S	a
7	S(识别结束)	ε

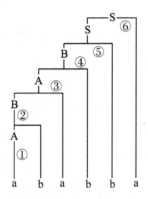

3.2 词法分析程序

词法分析程序的任务是从左至右扫描源程序的字符串,按照词法规则(正规文法规则)识别出一个个正确的单词,并转换该单词成相应的二元式(类号,内码)交语法分析使用。从整个编译程序的结构上看,将词法分析安排成一遍编译是有好处的。虽然词法分析比较简单,但有些高级语言的源程序受到格式限制,处理起来比较麻烦,专门安排一遍,以便于处理这些枝节问题。词法分析结果提供给语法分析的是一串规格统一的单词二元式,显得清晰、简洁。然而,将它单独划成一遍编译又显得太浪费时间了,因为词法分析的结果要存入外部介质,等到语法分析时又从外部介质调入内存,这一进一出的开销是徒然的。即使现在计算机的内存比较大,可以不必将词法分析结果输出到外部介质,但作为单独一遍也多做了一些不必要的重复工作,所以这种保存整个源程序的内码形式似乎没有必要。现在更常用的是把词法分析程序安排成一个子程序(过程),每当语法分析需要一个单词时就调用这个子程序。每调用一次,它就向语法分析程序提供一个单词的二元式:(类号,内码)。对于 EL 语言的编译程序我们没有采用这种单词的二元式形式,因为标识符的内码要到语义分析阶段才能知道,所以在词法分析阶段,只把"单词"转化为"类号"以供语法分析使用。

3.2.1 预处理与超前搜索

1) 预处理

词法分析程序通常又叫作扫描器。扫描器处理的往往是以行为单位的源程序语句,它假定已从外部介质调入到内存的输入缓冲区。对于许多程序设计语言来说，为了便于词法分析，往往需要对源字符串进行预处理。其理由是：

（1）源程序中往往包含注解部分，它不是程序的必要组成部分，仅仅用于改善程序的可读性和易理解性，与词法分析无关，应予以删除。源程序中还包含一些无用的空格、跳格、回车换行等编辑字符（当然，出现在字符常数中的这些字符是有用的），也应删除。

（2）一行语句结束应配上一个特殊字符，以示语句结束（譬如加上"＃"）。此外，有些语言还得识别标号区、区分标号语句，找出续行符连接成完整语句等。

（3）输出源程序清单，以便复核。

预处理之后送入扫描缓冲区，这样从扫描缓冲区中读到的字符都是有用字符。词法分析程序便将扫描缓冲区中的字符串当作源程序处理。

现在，通常把预处理程序编写成扫描程序的子程序，供扫描程序调用。譬如，当扫描程序发现现在是在读注解行，便调用剔除注解行的子程序进行处理。这样便不再另外设置扫描缓冲区，而直接将输入缓冲区中字符串当作源程序处理。词法分析器的预处理框图如图 3.13 所示。

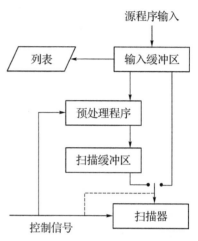

图 3.13　词法分析程序预处理框图

2）超前搜索

一般高级语言不必超前搜索，每个单词间有明确的界符。每个单词，只要是合法的，其含义也都有唯一的定义。但是，一些语言如 FORTRAN，它的单词间没有明确的界符，有一些单词既可以做标识符，也可以做基本字。究竟起什么作用，要在上下文环境中才能识别。也就是说，当读到一个单词之后，它不知道该单词起什么作用（即不知转换成什么类号），要向前多读几个字符后才能确定。为此，在读到一个单词之后，在输入缓冲区或扫描缓冲区上做个标记，然后继续向前读，直至明确了刚才单词的涵义之后，再退回到做标记处重新分析。这个过程称超前搜索。

〔例 3.17〕下面有 4 句 FORTRAN 语言的语句：

（1）　IF(M)10,20,30　　　　　算术条件语句
（2）　IF(5.EQ.M) GOTO 50　　逻辑条件语句
（3）　IF＝100　　　　　　　　简单变量赋值语句
（4）　IF(100)＝ABC　　　　　下标变量赋值语句

当读到 IF 时不能区分 IF 做什么用，需要超前搜索。因此，这时需做一标记（即留下当前缓冲区的指针），然后继续向前读字符。若下一个字符不是"("，则可以肯定 IF 是简单变量，否则还要继续向前读，直至")"。然后再读一个字符，若它是数字，则此 IF 语句为算术条件语句；若它是字母，则 IF 语句为逻辑条件语句；否则，此 IF 为数组变量。明确了 IF 的作用之后，退回到刚才的标记处，而语法分析也进入到相应的分析环境继续进行分析。

由于超前搜索只涉及少数高级语言的编译，今后不再详细介绍。

3.2.2 扫描器的输出格式

1) 单词的分类

单词在高级语言中起着各种不同作用,它们通常可分为五类,下面以 Pascal 语言为例介绍。

(1) 基本字:又称关键字或保留字,它是程序语言中具有特殊含义的标识符,一般不挪作它用,对编译程序而言,它起着分隔语法成分的作用。这类单词如 program,var,procedure,begin,end,if,while,repeat,ease 等。

(2) 标识符:用于表示各种名字,如变量名、数组名,函数名、过程名等。

(3) 常量:有整型常量、实型常量、布尔常量、字符常量等。

(4) 运算符:又可分为算术运算符(+,-,*,/等)、逻辑运算符(and,or,not)和关系运算符(>,>=,<=,=等)。

(5) 界符:包括·,;,(,),;等。由于运算符也起着分隔运算对象的作用,所以有时也把运算符称作界符。

2) 扫描器的输出格式

扫描器的输出格式为二元式序列,每个单词对应一个二元式,其形式是(类号,内码)。其中类号用整数表示,类号既起着区分单词的种类又要方便于程序的处理。通常按如下方式考虑:

(1) 每个基本字占一个类号。因为一种语言的基本字数量有限,在编译程序内部通常都有一张基本字表,为了缩短查找时间,它是按字典顺序排序的。我们就把这张表内的各基本字编号当作类号。由于类号已完全表示了该单词特征,所以内码可以省缺。

(2) 各种标识符统一为一类。显然,这时内码将用于区分不同的标识符名。通常把用于登记不同标识符的符号表入口地址当作内码。这意味着扫描器需要兼管查填符号表的工作,并把查填的符号表入口地址作为内码输出。

符号表的结构如图 3.14 所示。符号表带有一个字符串表,专门用于存放程序中已出现的标识符和字符常量。这种安排允许标识符取任意长度而不浪费符号表的名字域空间。符号表内通常包含若干个域:如名字(NAME)、类型(TYPE)、种属(CAT)、值(VAL)和地址(ADDR)等。假定一行符号表需 m 个单元,符号表从 k 单元开始填写,那么标识符 WANG 的相对应内码为 k,LENGTH 的相对应内码便为 k+m……

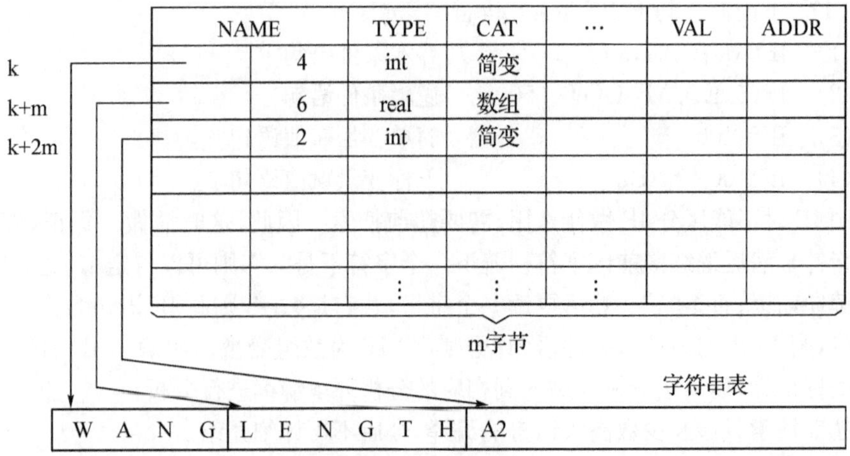

图 3.14 符号表结构

（3）常量。常量有好几种类型（整型、实型、逻辑型和字符型等），通常按不同类型分成相应类号。同时每一类常量也要设置相应常量表。

整常量直接转换成二进制代码，其算法如下：

BIN：＝0；
GET(CHR)；
WHILE CHR＝DIGIT DO
  BEGIN
    X：＝ORD(CHR)－48；
    BIN：＝BIN * 10＋X；
    GET(CHR)；
  END；

然后根据 BIN 的内容查造整常量表，将其地址作为内码输出。

实常量通常是转换成浮点数，然后查造实常量表，将其地址作为内码输出，如：

实常数	地址	实 常 量 表	二元式
3.141 59	n＋0	$0.314\ 159 * 10$	输出(x,n＋0)
25.3	n＋4	$0.253 * 10^2$	(x,n＋4)
0.005	n＋8	$0.5 * 10^{-2}$	(x,n＋8)

其中 x 为实常量的类号，n 为实常量表的开始地址，每个实常量占 4 个单元。

对于逻辑常量和字符常量，一般就直接用其 ASCII 值查造相应表。

（4）界符。界符包括运算符在内，通常是一符一类号，或两符一类号，内码也缺省。

对于 EL 语言，其类号见表 3.4 所示。基本字按字典顺序排序，以便采用二分查找技术。常量仅考虑无符号数一种。

表 3.4　单词符号及其类号（EL 语言）

单词符号	类　号	单词符号	类　号	单词符号	类　号
and	0	begin	1	const	2
div	3	do	4	else	5
end	6	function	7	if	8
integer	9	not	10	or	11
procedure	12	program	13	read	14
real	15	then	16	type	17
var	18	while	19	write	20
标识符	21	无符号数	22	，	23
；	24	：	25	.	26
(	27	)	28	〔	29
〕	30	..	31	单目加	32
单目减	33	＋	34	－	35
*	36	/	37	＝	38
＜	39	＞	40	＜＞	41
＜＝	42	＞＝	43	：＝	44
｛	45	｝	46	♯	47

3.2.3 扫描器的设计

1）词法规则与状态转换图

以 Pascal 语言的词法规则为例,用 BNF 式写出其规则如下:

(1)〈标识符〉::=〈字母〉|〈标识符〉(〈字母〉|〈数字〉)

(2)〈整数〉::=〈数字〉|〈整数〉〈数字〉

(3)〈有符号整数〉::=(+|-|ε)〈整数〉

(4)〈无符号数〉::=〈整数〉|〈整数〉.〈整数〉|〈整数〉E〈有符号整数〉|〈整数〉.〈整数〉E〈有符号整数〉

(5)〈界符〉::=+|-|*|/|>|=|<|.|;|:|,……

(6)〈双界符〉::=<>|:=|>=|<=|……

这些规则都满足 ASCII 字符集上的正规式要求,所以很容易构造它的状态转换图。为了表示得简洁一点,以后用"→"代替"::=",并将上列的非终结符与终结符用相应的缩写符号表示:譬如〈标识符〉写作〈Id〉,〈整数〉写作〈Int〉,〈无符号数〉写作〈Real〉,〈有符号整数〉写作〈Sint〉,〈字母〉写作 l,〈数字〉写作 d,〈界符〉写作〈Bd〉,〈双界符〉写作〈Dbd〉。

下面分别将上述规则用相应的状态转换图表示。

(1)标识符〈Id〉→l|〈Id〉(l|d),其对应正规式 Re 为 l(l|d)*,其状态图画成 FA:

为了识别方便,状态图略作点修改:仅当读到非字母、非数字字符(即其他字符)时才进入终态,这时表示已识别一个单词。当识别了一个单词时要做些相应的语义动作,譬如查找基本字表,查造符号表送回单词的二元式,并将多读的字符退回给扫描缓冲区等。这样状态图可画成:

(2)同样,整数〈Int〉→d|〈Int〉d,相应正规式 Re 为 dd*。其状态图画成:

(3)有符号整数〈Sint〉→(+|-|ε)〈Int〉,相应正规式 Re 为(+|-|ε)dd*,状态图为:

（4）无符号数〈Real〉→〈Int〉|〈Int〉.〈Int〉|〈Int〉E〈Sint〉|〈Int〉.〈Int〉E〈Sint〉，相应正规式 Re 为：

〈Real〉→dd* | dd*.dd* | dd* E(+|−|ε)dd* | dd*.dd* E(+|−|ε)dd*

→dd*(ε|.dd* | (ε|.dd*)E(+|−|ε)dd*)

→dd*(ε|.dd*)(ε| E(+|−|ε)dd*)

其状态图为：

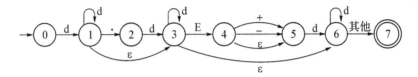

确定化之后为：

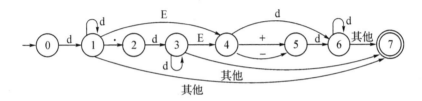

（5）界符与双界符正规式很简单，可以一起考虑，直接画出状态图如下：

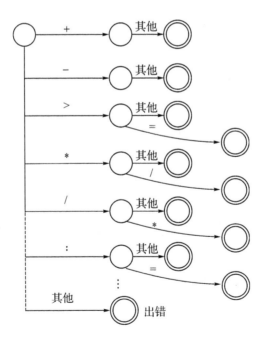

最后,将这些转换图初态连在一起,便构成识别 Pascal 语言的 FA,如图 3.15 所示。

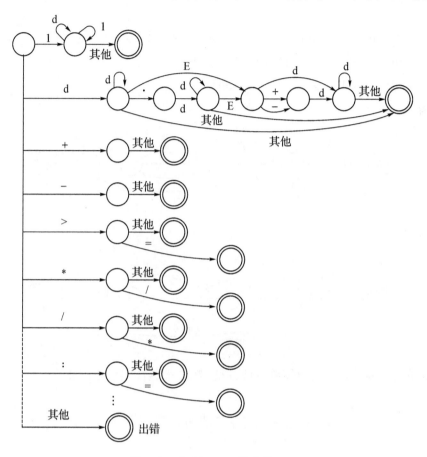

图 3.15　识别 Pascal 语言的 FA

注意:

· 状态图只有一个初态,表示分析从一个新单词开始;有若干个终态结点,表示识别到不同单词。

· 实际情况要复杂一些,比如"+"、"-"可以表示运算符,也可以表示正负号;"."可以表示句号,也可表示小数点。这可采用前面介绍的向前搜索技术,或退回若干字符,明确所处环境后再扫描,在具体的扫描器编写时应予以考虑。

2）扫描器的设计

我们把扫描器当作语法分析的一个过程,当语法分析需要一个单词时,便调用扫描器。扫描器从初态出发,当识别一个单词后便进入终态,同时送出二元式(类号,内码)。由此可见扫描器的主要工作是实现状态转换,当状态转换时执行相应语义动作,譬如查造符号表等。下面用类 Pascal 语言来描述扫描器的算法。为了简单起见对数的处理仅给出整常数的识别算法。

PROCEDURE SCANNER;

BEGIN

```
TOKEN:='    ';
GETCHAR;
GETNBC;
CASE CHAR OF
'a'..'z':BEGIN
            WHILE(CHAR='l')OR(CHAR='d')DO
              BEGIN
                 CONCAT;
                 GETCHAR
              END;RETRACT;
               c:=RESERVE;
             IF c= -1 THEN RETURN(21,SYMBOL)
             ELSE RETURN(c,_);
          END;
'0'..'9':BEGIN
            WHILE CHAR='d' DO
            BEGIN CONCAT;
               GETCHAR;
            END;
            RETRACT;
            RETURN(22,DTB);
         END;
'+'     :RETURN(34,-);
'-'     :RETURN(35,-);
'<'     :BEGIN
            GETCHAR;
          IF CHAR='='THEN RETURN(42,_)
          ELSE BEGIN RETURN(39,_);RETRACT END
         END;
'>'     :BEGIN
           GETCHAR;
           IF CHAR='='THEN RETURN(43,_)
           ELSE BEGIN RETURN(40,_);RETRACT END
         END;
           ...
```

```
        ':'            :BEGIN
                        GETCHAR;
                        IF CHAR='='THEN RETURN(44,_)
                        ELSE BEGIN RETURN(25,_):RETRACT END
                   END;
        ELSE        ERROR
        END OF CASE
    END.
```

在这段程序中引进的变量与过程(或函数)有：

①CHAR：字符变量,存放由 GETCHAR 过程最新读进的源程序中的一个字符。

②TOKEN：字符数组,存放构成单词符号的字符串。对于标识符或数,其长度原则上不受限制。但在编译时往往只取定字长,所以 TOKEN 取一定长度。

③GETCHAR：过程名,其任务是从输入缓冲区或扫描缓冲区中取一个字符到 CHAR 中,并将指针向前移一字符。在 EL 语言的词法分析中,它还兼管从外部介质读进一行源语句到输入缓冲区中。当调用 GETCHAR 发现缓冲区空时,便自动从外存读一行源语句到缓冲区内。

④GETNBC：过程名,用作检查 CHAR 中是否为空白字符,若是则再调用 GETCHAR,直至 CHAR 中为非空白字符为止。在 EL 语言词法分析中,它兼顾滤去注解部分。

⑤CONCAT：过程名,其功能是把 CHAR 中的字符连接到 TOKEN 上,直至 TOKEN 装满为止,即相当于执行：TOKEN：=TOKEN+CHAR。

⑥RETRACT：过程名,它把输入缓冲区的读指针退回一字符,即相当于将多读的一个字符退回给输入缓冲区。

⑦RESERVE：函数名,用于实现查找基本字表,若基本字表是按字典顺序排序的,则采用二 分法查找,否则就用线性查找。TOKEN 中的内容若在 RESERVE 表中找到,那么表示TOKEN 中的内容是基本字,便返回 RESERVE 表中相应序号(将它作为类号送给语法分析程序使用)；否则返回-1,表示 TOKEN 中的内容不是基本字。

⑧SYMBOL：函数名,用于实现查造符号表。符号表的组成有各种技术,比如散列表、二叉树表、线性表等等。它根据 TOKEN 内的单词名在符号表中查找,若找到,便返回相应的序号；若查不到,便在符号表中重新造一项,并将新造的符号表入口地址作为序号返回。

⑨DTB：函数名,其功能是首先将 ASCII 的数字串转换成机内二进制代码,然后查造整常数表,并返回该表的序号。

⑩ERROR：过程名,通常是用于向用户报告出错的字符本身或整常数超过 MAXINT 值等,并指出在源程序中的相应行、列号,以便用户纠正之。

当进入每一个终态结点时,都有 RETURN(c,VAL)语句将二元式返回给调用的过程,其中 c 为类号,VAL 表示内码。如果多读了字符,还要求 RETRACT 过程实现退回给扫描缓冲区。扫描器完整框图如图 3.16 所示。

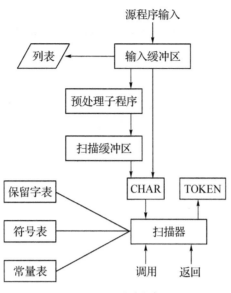

图 3.16　词法分析框图

当读到"<","＞",":"等字符时,不认为已识别到一个单词,而是要再读一个字符。若"<"后跟一个"=",则将两个字符拼成一个单词"<=",类似的还有": =","＞="等。

两个字符连在一起,其识别的优先级大于一个字符的优先级。因此在 SCANNER 中,先判断是否满足两个字符单词的要求,若不满足才识别单个字符的单词。

3）状态矩阵的应用

我们曾说过,用状态矩阵来代替状态图便于计算机处理。特别是当状态数很多时,程序必定很冗长而且很不直观,用状态矩阵可以使得扫描器程序很简单。它把状态转换及相应的语义动作都当作矩阵的元素填在矩阵表中,从而显得结构很清晰,便于软件的修改、调试和维护。状态矩阵的结构如下：

S ＼ Σ	$a_1, a_2 \cdots$	a_j	$\cdots a_n$
0			
1			
2			
...			
i			
...			
m			

f(i, a_j)	entry (i, a_j)
下一状态	语义子程序入口

每个矩阵元素分两部分：一部分指出在 i 状态下,当移进 a_j 时应转向的状态 $f(i, a_j)$；另一

51

部分指出在 i 状态下,当移进 a_j 时应执行哪些语义动作(entry(i, a_j)),这里也仅给出语义子程序的入口地址。

利用状态矩阵,也能编制一个扫描器的算法。这个算法非常简单,它完成的动作是:

(1) 从输入缓冲区读取一个字符并转换成相应序号;

(2) 查状态矩阵,执行相应语义动作;

(3) 决定转向的下一状态;

(4) 若已识别一单词便结束,否则继续上述动作。

将此算法用类 Pascal 语言描述如下:

```
PROCEDURE SCANNER1
 I,J:INTEGER;
SYM:CHAR
 FLAG:BOOLEAN;
STATE,ENTRY:ARRAY [0..m,1..n] OF INTEGER;
{m 为状态数,n 为字母表上的符号数}
BEGIN
  I:=0; /* 从 0 状态开始 */
  FLAG:=true;
  WHILE FLAG DO
    BEGIN
       GETCHAR; /* 取一字符到 SYM 单元 */
       J:=CTN(SYM); /* 将字符转化成序号送 J */
       SEMANTIC(ENTRY(I,J)); /* 执行语义子程序 */
       I:=STATE(I,J); /* 形成下一状态 */
    END
  END;
```

其中,SEMANTIC 是一组语义子程序,其动作与上一个扫描器中的语义子程序相类似,无非是查找基本字表、查造符号表、继续取一字符、拼接字符以及返回一个单词的二元式等。若是返回动作,表示已识别一个单词,可将 FLAG 变为 false,循环便结束,返回至语法分析程序继续分析。

3.3 词法分析程序的自动生成

从前面的介绍可知,词法分析程序实际上是一张状态转换矩阵(或状态转换图)和一个控制程序。控制程序很简单,关键是构造状态转换矩阵及其相应的语义动作。构造状态转换矩阵是根据每类单词的正规式构造相应的 DFA,然后综合成一张识别所有单词的 DFA,其中映射函数就是状态转换矩阵。如果在转换矩阵中配上适当的语义动作便完成了词法分析程序的任务。前面介绍的是手工构造过程,这一节讨论如何根据单词的正规式及其相应的语义动作自动产生词法分析程序。

3.3.1 LEX 语言

一组单词的正规式及其相应的语义动作叫做 LEX 语言。它是用来描述词法分析程序的，因此通过 LEX 编译程序便可生成词法分析程序。有了词法分析程序就可以对某高级语言的输入源程序字符串进行词法分析,产生单词的内部形式(类号,内码),这个过程可用图 3.17 来表示。

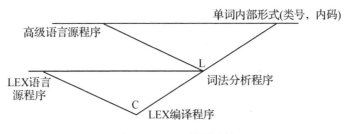

图 3.17　LEX 编译系统

一个 LEX 源程序主要包括两部分:一部分是正规式的辅助定义,另一部分是识别规则。辅助定义是一串如下形式的 LEX 语句:

$$D_1 \rightarrow R_1$$
$$D_2 \rightarrow R_2$$
$$\cdots\cdots$$
$$D_n \rightarrow R_n$$

其中,每个 R_i 是一个正规式,D_i 是代表这个正规式的简名。我们限定:在 R_i 中只许出现字母表 Σ 中的字符和前面已定义的简名 $D_1, D_2, \cdots, D_{i-1}$,不得出现未定义的简名。因为只有这样才能保证辅助定义是正规文法所对应的正规式,否则它不能保证是正规文法所对应的语言。比如:

$$D_i \rightarrow aD_i b \ , \ D_i \rightarrow ab$$

这便是嵌入式文法,因此它对应的语言不再是正规式了。

使用这种辅助定义,可以为某一种程序设计语言定义各种单词符号。例如,标识符(iden)可定义为:

$$\text{letter} \rightarrow a|b|\cdots|z$$
$$\text{digit} \rightarrow 0|1|2|\cdots|9$$
$$\text{iden} \rightarrow \text{letter}\{\text{letter}|\text{digit}\}$$

整型常数或无符号整型常数可定义为:

$$\text{integer} \rightarrow \text{digit}\{\text{digit}\}$$

带符号整常数定义为:

$$\text{sign} \rightarrow +|-|\varepsilon$$
$$\text{signedinteger} \rightarrow \text{sign integer}$$

不带指数部分的实常数可定义为：

    decimal→signedinteger. integer ｜ signedinteger

最后，实数可定义为：

    real→decimal E signedinteger

使用这种辅助定义保证了 R_i 必定是 Σ 上的一个正规式。

当为每个正规式配上相应的语义规则后便形成 LEX 语句形式：

    P_1 $\{A_1\}$

    P_2 $\{A_2\}$

    …   …

    P_m $\{A_m\}$

其中，P_i 为正规式，这表明了这种词法分析程序只能识别具有词型为 $P_1, P_2, \cdots, P_m$ 的单词符号；$\{A_i\}$ 为其对应的语义子程序，它实际上是一段子程序，当识别出词型为 P_i 的单词之后，词法分析程序所应采取的动作，其中最基本的动作是"返回词型 P_i 的二元式表示形式（类号，内码）"。这可写成过程语句 RETURN(C,LEXVAL)。如果 P_i 是标识符，则 LEXVAL 为 TO-KEN；若 P_i 是整常数，则将 TOKEN 中的内容通过十进制-二进制转换函数 DTB 转换成二进制值；否则，LEXVAI 便无定义，即不输出"内码"这一栏。

对于 EL 语言的单词符号（见表 3.4），可以写成如下的 LEX 源程序形式：

辅助定义式

    letter→a|b|…|z

    digit→0|1|…|9

识别规则

正规式	语义动作
and	{RETURN(0,—)}
begin	{RETURN(1,—)}
…	
write	{RETURN(20,—)}
letter{letter|digit}	{RETURN(21,TOKEN)}
digit {digit}	{RETURN(22,DTB)}
:	{RETURN(25,—)}
…	
＋	{RETURN(34,—)}
－	{RETURN(35,—)}
…	
：＝	{RETURN(44,—)}

按照这种 LEX 源程序形式，当 LEX 编译程序识别了一个字符串譬如"begin"，它既属于基本字，又属于标识符，那么执行哪一个识别规则呢？这里应对词法分析程序的控制程序作些约定。

（1）最长子串匹配原则。

现在来看一看 LEX 的词法分析程序是如何进行工作的。它逐一扫描输入串的每一字符，寻找一个最长子串匹配某个 P_i，把这个串放入 TOKEN 缓冲区（实际上，通常是边读入字符，边拼接入 TOKEN 中），然后调用相应 A_i 子程序，输出该单词的二元式（类号，内码）交给语法分析程序去处理。这里所说的最长子串是指当输入串中有短子串和长子串分别与 P_i，P_k 匹配时，应该选择长子串与 P_k 匹配。例如，输入串"…：＝…"，当读到"："时与规则 25 匹配，但"：＝"又与规则 44 匹配，后者比前者长，所以应认为"：＝"是一个符号。这就是最长子串匹配原则。

（2）优先原则。

LEX 源程序中，语句的前后顺序是有意义的，即认为排在前面的语句优先级高，这样单词"begin"虽然与规则 1 和规则 21 都匹配，但规则 1 排在前面，所以认为"begin"是基本字而不是标识符，应该做 RETURN(1，－)语义动作。

3.3.2 LEX 编译程序的构造

LEX 编译程序旨在把一个 LEX 源程序改造成为一个词法分析程序 L，这个词法分析程序 L 将像一个有限自动机那样进行工作。LEX 程序的编译程序生成过程是很简单的。首先，对每个正规式 P_i 构造一个相应的不确定有限自动机 M_i；然后，引进一个初态 X，通过 ε 弧（如图 3.18 所

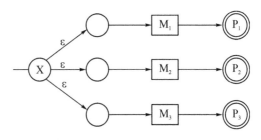

图 3.18 LEX 编译程序的状态图

示)把这些自动机连成一个新的 NFA；最后，用子集法把它改造成一个等价的 DFA（必要时，还可以对这个 DFA 进行最小化，不过这时的等价状态还应考虑语义动作应相同）。

根据 LEX 程序的要求，在 LEX 编译程序中还应注意以下几点：

（1）首先，在原来的每个 NFA M_i 中都有它自己的终态，它表明一个匹配于 P_i 词型的输入子串 P_i 已被识别到。一旦把它们合并成一个 DFA 后，在一个状态子集中可能包含有若干个不同的终态，而且这个 DFA 终态和通常意义的终态也有所不同。因为我们要求的是匹配最长的子串，所以在到达某个终态之后，这个 DFA 应继续工作下去，以便寻找与更长的子串相匹配，直至无法继续前进为止（即到达这样一个状态，它对所面临的输入字符没有后继状态）。

（2）当到达"无法继续前进"时，就回头检查 DFA 所经历的每个状态子集，从后面逐个向前检查，直到某一个子集含有原来 NFA 的终态为止。如果不存在这种子集，则认为输入串含有错误；如果这个子集中含有若干个原来 NFA 的终态，则按优先规则应与排在前面的词型 P_i 相匹配。

下面的例子有助于理解上述思想。假定有一个如下 LEX 程序（动作部分不管）：

a	$\{A_1\}$
abb	$\{A_2\}$
$a^* bb^*$	$\{A_3\}$

识别这三个词形的三个 NFA 如图 3.19（a）所示。把该图合并为一个 NFA 后得到图 3.19

(b)。再把这个图通过子集法确定化以后,最后获得一个 DFA,如图 3.19(c)所示。

在这个 DFA 中,初态为 X137,终态有 247,8,58 和 68。在前三个终态子集中各只含原来 NFA 的一个终态(即 2,8,8),因此它们没有二义性。对于最后一个终态子集 68,其中 6 和 8 都是原来 NFA 的终态,但由于 6 所代表的识别规则列在 8 所代表的规则的前面,因此认为子集 68 代表了原来 6 所识别的结果,也就是说应做语义动作{A₂}。

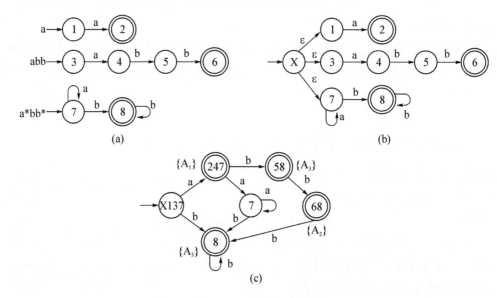

图 3.19　由词型构造状态转换图

现在举两个输入串,看看它们的识别过程:

(1) 假定输入串是 aac⋯,从 X137 出发。当扫描到第一个字符 a 时,进入状态 247,然后又见到 a 进入状态 7,再见到 c 时,"无法继续前进"。因此,从状态 7 逐个向前检查,因状态 7 不是原 NFA 的终态,所以一边退回,一边检查状态 247,发现 247 是原来 NFA 的终态。所以执行 A₁ 语义动作,表示识别了一个单词 a。

(2) 假定输入串是 abb⋯,同样从 X137 出发。当扫描到第一个字符 a 时进入到状态 247,然后遇到 b 时进入状态 58,又遇到 b 时进入状态 68,已无法再前进了。按优先规则,应与第 2 条规则匹配,即执行 A₂ 语义动作。这里,虽然读了第一个字符 a 时进入的状态 247 为原 NFA 的终态,但根据最长子串匹配原则,应继续向前读,不能就此停止,所以识别的单词是 abb 而不是 a。

最长子串匹配原则在程序语言中经常见到,比如:=,>=,<>,<=等都是。

上述介绍中,确定的有限自动机是用状态图表示的。实际上,在计算机内部应表示成状态矩阵,而这个状态矩阵是稀疏矩阵,必须找一个紧凑的数据结构表示之。上例的转换矩阵如表 3.5 所示。

表 3.5　状态矩阵

状　　态	a	b	状态所识别的词形
初态　X137	247	8	
终态　247	7	58	a
终态　8	—	8	a* bb*
7	7	8	
终态　58	—	68	a* bb*
终态　68	—	8	abb

　　至此我们简要叙述了 LEX 编译程序如何把一个 LEX 源程序翻译成一张状态转换表及其有关控制程序的基本工作过程。现在已经有若干个用正规式描述和构造词法分析器的自动系统,使用这些系统可以很方便地进行词法分析。如果没有这样的系统,我们也能构造一个。但必须注意,构造出的词法分析程序的状态数可能很多,而且许多状态可能很相似,因此除了对DFA 进行最小化之外,还要采用较好的数据结构,以便减小转换矩阵的尺寸。

习　　题

3-1　词法分析程序的任务是什么? 单词输出形式是什么?

3-2　什么叫超前搜索? 扫描缓冲区的作用是什么?

3-3　设右线性文法 $G=(\{S,A,B\},\{a,b\},S,P)$,其中 P 组成如下:
　　$S \rightarrow bA$　$A \rightarrow bB$　$A \rightarrow aA$　$A \rightarrow b$　$B \rightarrow a$
画出该文法的状态转换图。

3-4　构造下述文法 G(S)的自动机,该文法自动机是确定的吗? 它相应的语言是什么?
　　$S \rightarrow A0$
　　$A \rightarrow A0|S1|0$

3-5　设有一个有限状态自动机如图 3.20 所示,试分别为识别下面的串给出自动机动作序列:d. ddd,−dd. d,+. dd。

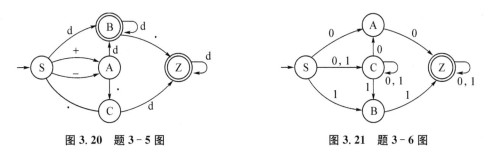

图 3.20　题 3-5 图　　　　　　　　　　图 3.21　题 3-6 图

3-6　设有 NFA,其状态转换图如图 3.21 所示,试为其构造 DFA,该自动机所能识别的语言是什么?(可用自然语言回答)

3-7　将 NFA $M=(\{q_0,q_1,q_2\},\{a,b\},f,\{q_0\},\{q_1\})$ 用子集法确定化。
　　其中 f:$f(q_0,a)=\{q_1,q_2\}$,　　　　$f(q_0,b)=\{q_0\}$
　　　　$f(q_1,a)=\{q_0,q_1\}$,　　　　$f(q_1,b)=\varnothing$

$$f(q_2, a) = \{q_0, q_2\}, \qquad f(q_2, b) = \{q_1\}$$

它能接受 bababab 与 ababab 吗？试给出动作过程。

3-8 构造下列正规式相应的 DFA，并最小化。

(1) $1(0|1)^* 101$

(2) $1(1010^* | 1(010)^* 1)^* 0$

(3) $10((0|1)^* | 11)01$

(4) $0^* 1^*$

3-9 对如图 3.22 所示的有限状态自动机中的(a)进行确定化、最小化，对(b)进行最小化并分别给出它们识别的语言（用正规式表示）。

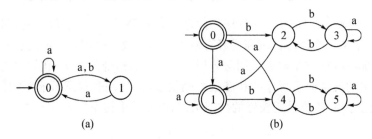

图 3.22 题 3-9 图

3-10 试为图 3.23 NFA M 构造一个正规文法，使得该文法所定义句子正是由该自动机接受的字符串。

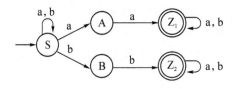

图 3.23 题 3-10 图

3-11 对下面的正规文法：

S→aB|ε

B→bC|bD|bE

C→cB|c

E→cB|c

D→d

(1) 构造一个等价 NFA M；

(2) 将 NFA M 确定化；

(3) 化简成最小 DFA M，并给出它识别的语言（用正规式描述）。

3-12 已知 G_{12}：S→Be B→Af A→Ae|e 为左线性文法，要求：

(1) 构造相应状态转换图，由图检查下列句子是否为合法句子：

ffe, efe, efee；

(2) 由转换图构造等价的右线性文法。

3-13 假设 FORTRAN 语言的实数正规式写作：

$$(+|-|\varepsilon)((dd^*.dd^*|dd^*.|.dd^*)(E(+|-|\varepsilon)dd^*|\varepsilon)|dd^*E(+|-|\varepsilon)dd^*)$$

试构造相应的 DFA M。

3-14 已知 C 语言标识符只能由字母、数字和下划线三种字符组成，且第一个字符必须为字母或下划线，大小写字母被认定为不同字符。试画出识别它的 FA 和写出相应的识别程序。

3-15 假设定点数的结构如下：开始的正负号为任选，随后跟着一个或一个以上的数字，再后为小数点，小数点之后跟着一个或一个以上的数字。试给出：

（1）该定点数的正规式；

（2）正规文法；

（3）识别它的 FA；

（4）编写相应识别过程。

3-16 假定某语言允许使用十六进制数，其规定是：必须以十进数字打头，以 H 为结尾，数中允许使用字母 A，B，C，D，E，F 分别用于表示 10，11，12，13，14，15。试设计一个 FA（或状态图），使它能识别十进制数和十六进制数，并编制相应的识别程序，而且将数转换成机内二进制数。

3-17 构造一个{I,N,O,T}上最小的 DFA M，它只能识别词型为 IN，INTO，TO，NO，NOT 和 ON 所组成的字符串，即认为字符串"NOONNOTINTOINONTO"为合法的字符串。

4 自上而下语法分析

正规文法和有限自动机仅适合于描述和识别高级语言的各类单词,不能用于描述和识别由这些单词组成的各种高级程序设计语言的语句。但是,绝大部分高级程序设计语言的语句却可以用上下文无关文法(CFG)来描述,而下推自动机(PDA)又恰好能识别CFG所描述的语言。因此,上下文无关文法及其对应的下推自动机便成为编译技术中语法分析的理论基础。由第2章对上下文无关文法的定义知道它的产生式具有下述形式:

A→β   A∈V_N,β∈V^*

那么,它所对应的下推自动机是什么样的结构呢? 有了下推自动机,怎样识别语句呢? 这涉及自上而下语法分析(反复使用不同产生式进行推导以谋求与输入符号串相匹配)和自下而上语法分析(对输入符号串寻找不同产生式进行归约直至文法开始符号)两大类。这里所说的输入符号指词法分析所识别的单词。本章先介绍自上而下语法分析。

4.1 下推自动机

下推自动机的模型如图4.1所示。

PDA与FA的模型相比较,多了一个下推栈。PDA的动作由三个因素决定:(1) 当前所处状态;(2) 读头所指符号;(3) 下推栈栈顶符号。经过一次动作,读头可能前进一格,当前状态可能被改变,栈顶的符号(或串)也由某些串(可能是空串)所替代。一个输入串能为PDA所接受,仅当输入串读完,下推栈变空;或者输入串读完,控制器到达某些终态。(有时,下推自动机还配置输出带,以记录推导或归约过程所用的产生式编号。)

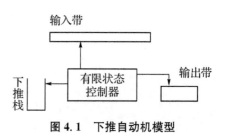

图 4.1   下推自动机模型

定义:PDA是一个七元组 M,M=(Q,Σ,H,δ,q_0,z_0,F),

其中:Q——控制器的有限状态集;

　　　Σ——输入字母表;

　　　H——下推栈内字母表;

　　　δ——Q×(Σ∪{ε})×H 到 Q×H^* 的有限子集映射;

　　　q_0∈Q——控制器的初始状态;

　　　z_0∈H——下推栈的栈初始符;

　　　F⊆Q——控制器的终态集。

映射函数δ是描述PDA动作与状态变化的。PDA的动作可用映射函数δ来表示:

$$\delta(q,a,z)=\{(q_1,\gamma_1),(q_2,\gamma_2),\cdots,(q_n,\gamma_n)\}$$

其中,$q,q_i(1{\leqslant}i{\leqslant}n){\in}Q,a{\in}\sum^*,z{\in}H$。其意义是:控制器当前状态为 q,下推栈栈顶符号为 z,输入符号为 a(可为空)情况下,状态转换到序偶集。这个序偶集由(q_i,γ_i)组成,其中 q_i 为下一状态,γ_i 为代替 z 的栈顶符号串。

与 FA 相似,也用"├"表示 PDA 作了 1 步动作,用"├*"表示 PDA 作了 0 步或 0 步以上动作,用"├+"表示 PDA 作了 1 步或 1 步以上动作。

按照上面的定义,PDA 肯定是不确定的 PDA,因为映射函数是序偶集,不是单值映射。另外,接受状态也有两种:串读完进入终态或串读完栈空。这给语法分析带来了不确定性。下面讨论一个构造 PDA M 的算法,此算法对上面定义的 PDA 作了些限制,从而向实用的语法分析法推进了一大步。

设 CFG $G=(V_N,\sum,P,S)$,构造一个不确定的 PDA $M=(Q,\sum,H,\delta,q_0,z_0,F)$,其中 $Q=F=\{q_0\}$,即控制器只有一个状态;$H=V_N\bigcup\sum$,栈内符号是终结符和非终结符的并;$z_0=S$,栈初始符号与文法初始符号相同;δ 映射关系如下设置:对于形如 $A{\rightarrow}\omega$ 的产生式,有 $\delta(q,\varepsilon,A)=(q,\omega)$,这称作推导;还有 $\delta(q,a,a)=(q,\varepsilon)$ 称作匹配,其中 $a{\in}\sum$。这个 PDA 停止于栈空。

〔例 4.1〕试给出接受语言 $L=\{a^ncb^n|n{\geqslant}0\}$ 的下推自动机。

解:生成 L 语言相应文法的产生式为:

$S{\rightarrow}aSb|c$

所以 PDA 的映射规则 δ 应该是:

(1) $\delta(q,a,a)=(q,\varepsilon)$

(2) $\delta(q,b,b)=(q,\varepsilon)$

(3) $\delta(q,c,c)=(q,\varepsilon)$

(4) $\delta(q,\varepsilon,S)=\{(q,aSb),(q,c)\}$ /* 其中(q,aSb)称 a 组,(q,c)称 b 组 */

相应的 PDA $M=(\{q\},\{a,b,c\},\{S,a,b,c\},\delta,q,S,\{q\})$。

假定给定输入串是 aacbb,其分析的动作过程为:

$(q,aacbb,S)\vdash_a(q,aacbb,aSb)\vdash(q,acbb,Sb)$

$\vdash_a(q,acbb,aSbb)\vdash(q,cbb,Sbb)\vdash_b(q,cbb,cbb)$

$\vdash(q,bb,bb)\vdash(q,b,b)\vdash(q,\varepsilon,\varepsilon)$(接受)

其中,"$\vdash_a$","$\vdash_b$"表示选择映射规则(4)中 a 组或 b 组进行推导。

按照限制条件构造的 PDA 虽然是个大进步,但它们仍然是不确定的 PDA,而且许多上下文无关文法所对应的下推自动机都是不确定的,即使存在确定的 PDA,也不存在不确定 PDA 确定化的算法。因此,我们以后讨论语法分析时,除了采用这种经限制的 PDA 之外,对 CFG 本身也增加了限制,使得语法分析能确定进行。也就是说,要么能识别出正确的语句,要么能指出出错的语句,不必采用后面将要说到的回溯技术,因为那种技术是低效的,不能作为语法分析的工具。

4.2 自上而下分析法的一般问题

自上而下分析的含义是从文法的开始符号出发,反复使用不同产生式进行推导,以谋求与输入的符号串相匹配。这里说的符号串是指词法分析结果的一串二元式。这一节先简单介绍自上而下分析的一般方法与一般问题。

我们对通过限制的 PDA 再做一些具体约定：设下推栈的初始状态包含两个符号"♯S"，其中"♯"为栈底符，"S"为文法开始符号。有限状态控制器中状态只有一个，可以缺省。整个分析过程是在语法分析程序（又称总控程序）控制下进行。在语法分析程序中用到的文法产生式的表称作语法表，其框图如图 4.2(a)所示。

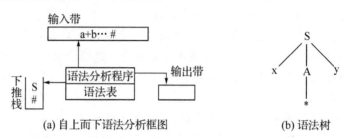

(a) 自上而下语法分析框图   (b) 语法树

图 4.2　语法分析框图

语法分析程序所要执行的动作（又称算法）是：

(1) 若栈顶符号 $X \in V_N$，查询语法表，找出一个以 X 为左部的产生式，将 X 弹出栈，而把产生式右部的符号串以自右向左的顺序压入栈内，此过程称作推导，输出带上记下产生式编号；

(2) 若栈顶符号 $X \in V_T$，且读头下符号也是 X，则认为匹配，只要简单弹出 X，读头向前指向下一符号；

(3) 若栈顶符号 $X \in V_T$，但与读头下符号不相同，则认为匹配失败，说明前面推导时选错了候选式，应退至上一次推导时的现场（包括栈顶符号、读头的指针和输出带上的信息），这一过程称回溯；

(4) 回溯后选择另一候选式进行推导，若无候选式可选，应进一步回溯，若回溯到文法开始符号且又无候选式可选了，则认为识别失败；

(5) 若栈内仅剩下栈底符"♯"，读头指向输入结束符"♯"，则认为识别成功。

〔例 4.2〕设文法产生式是：

(1) S→xAy

(2) A→ * *

(3) A→ *

试给出分析符号串 x * y♯ 的过程。

解：分析过程如下：

步　骤	栈内符号	输入带尚未分析串	输出带	动　作
初态	♯S	x * y♯		
1	♯yAx	x * y♯	1	推导
2	♯yA	* y♯	1	匹配
3	♯y * *	* y♯	1,2	推导

步　骤	栈内符号	输入带尚未分析串	输出带	动　作
4	♯y*	y♯	1,2	匹配
5	♯yA	*y♯	1	回溯
6	♯y*	*y♯	1,3	推导
7	♯y	y♯	1,3	匹配
8	♯	♯	1,3	匹配
9	识别成功			

根据输出编号,很容易构造出语法树,语法树末端符从左到右连接便是被识别句子。见图 4.2(b)所示。

上面的分析算法是试探性的。对于算法(1),若产生式存在多个候选式,那么选择哪一个进行推导,完全是盲目的(如上例第 3 步推导就选错了)。对于计算机来说它只能依照顺序选择,若要证明某语句是错误的,必须试探所有途径,直至无路可走了才能断定它是错误的。可见这种算法天生比较慢。此外,从分析过程还发现下列问题:

(1) 文法左递归。某文法若存在左递归,将使分析过程陷入无穷循环。例如 P→Pα,当栈顶为 P 时则将 P 进行推导,用 Pα 取代 P,这时栈顶又是 P……陷入无穷推导之中,直至栈溢出了还匹配不了一个输入符号,可见文法左递归必须消除。

(2) 回溯。由于回溯,就碰到一大堆麻烦事情。走了一大段错路,必须回头找新的路走,既麻烦又多花时间。为了回溯,在每次有多个候选的推导处都要记住现场,此现场还包括一大堆语义工作(指中间代码产生工作和各种表格的簿记工作),需大量缓冲区。所以,必须设法消除回溯。

(3) 如果被识别的语句是错的,无法指出错误的确切位置,因为在分析过程中存在虚假匹配。因此这种算法虽理论上行得通,但没有实用价值。下面讨论如何解决这些问题。

4.2.1　消除左递归

若文法存在 $P \xrightarrow{+} P\alpha$,则称文法为左递归。它包含了直接左递归 P→Pα 和间接左递归 P→Aα,$A \xrightarrow{+} P\beta$ 两种。直接左递归是比较容易消除的。设文法 $G=(V_N, V_T, P, S)$ 中,以 P 为左部的产生式:

$$P→Pα|β \tag{1}$$

其中,$\alpha \in V^+$,$\beta \in V^*$ 但 β 不以 P 开头,$P \in V_N$。可以把 P 的产生式改写为如下的非直接左递归的等价式:

$$\left. \begin{array}{l} P→βP' \\ P'→αP'|ε \end{array} \right\} \tag{2}$$

其中,P' 为新增加的一个非终结符,ε 为空串。所谓等价式,是指推出的符号串是相同的。上面的(1),(2)两式推出的符号串都是 $βα^*$。

例如，文法 G4.1：

E→E+T|T

T→T*F|F

F→(E)|i

经消去直接左递归后变成 G4.2：

E→TE′

E′→+TE′|ε

T→FT′

T′→*FT′|ε

F→(E)|i

一般而言，若 P 的全部产生式是 P→Pα₁|Pα₂|⋯|Pαₘ|β₁|β₂|⋯|βₙ，其中每个 αᵢ 都不等于 ε 且每个 βⱼ 都不以 P 打头，那么消除 P 的直接左递归就是把它写成等价变换式：

P→β₁P′|β₂P′|⋯|βₙP′

P′→α₁P′|α₂P′|⋯αₘP′|ε

如文法 P→PaPb|BaP 改写成 P→BaPP′，P′→aPbP′|ε。注意，非最左的 P 不参加变换。

对于文法的间接左递归该如何消除呢？例如文法 G4.3：

S→Qc|c

Q→Rb|b

R→Sa|a

虽不具有直接左递归，但实际上 S,Q,R 都是左递归的，因为有：

S→Qc→Rbc→Sabc

Q→Rb→Sab→Qcab

R→Sa→Qca→Rbca

如果一个文法不含形如 P→P 的产生式，也不含以 ε 为右部的产生式，那么执行下述算法将保证消除文法左递归（改写后的文法可能含有 ε 产生式）：

（1）把文法 G 的所有非终结符按任意顺序排列成 p₁,p₂,⋯,pₙ，然后按此顺序执行步骤（2）；

（2）FOR i:=1 TO n DO

　　BEGIN

　　　　FOR k:=1 TO i−1 DO

　　　　　　把形如 Pᵢ→Pₖγ 的规则改写成 Pᵢ→δ₁γ|⋯| δₙγ；

　　　　　　/* 其中 Pₖ→δ₁|δ₂|⋯|δₙ 是关于 Pₖ 的所有规则 */

　　　　　　消除 Pᵢ 规则的直接左递归

　　END；

（3）删去从文法开始符号出发不可达的非终结符产生式。

算法中步骤（2）的含义是：(a)若产生式出现直接左递归，则用上面的变换消除之；(b)若产生式右部最左符号是非终结符且其序号大于左部的非终结符，则不予处理；(c)若序号小于左部的非终结符，则将这序号小的非终结符用其右部串来取代，然后转(a)继续，直至消除文法所有左递归。例如，将文法 G4.3 的非终结符重排顺序：

$$R \to Sa \mid a \qquad\qquad ①$$
$$Q \to Rb \mid b \qquad\qquad ②$$
$$S \to Qc \mid c \qquad\qquad ③$$

①式,S 的序号为 3,R 的序号为 1,所以不予处理。

②式,R 的序号为 1,Q 的序号为 2,所以将①式右部(Sa|a)取代 R,得:

$$Q \to Sab \mid ab \mid b \qquad\qquad ②'$$

这时 S 序号为 3,大于 Q 的序号 2,不再处理。

③式,Q 的序号 2 小于 S 的序号 3,所以将②′式右部(Sab|ab|b)取代 Q,得:

$$S \to Sabc \mid abc \mid bc \mid c \qquad\qquad ③'$$

这时③′式出现直接左递归,可变换成:

$$\left. \begin{array}{l} S \to (abc \mid bc \mid c)S' \\ S' \to abcS' \mid \varepsilon \end{array} \right\} \qquad ④$$

因为①式 R→Sa|a 与②′式 Q→Sab|ab|b 的 R 和 Q 都是开始符号 S 不可达非终结符,因此可删除。最后获得改写后的文法如④式表示。当然,若非终结符排列顺序不同,改写后文法的表示也不同,但它们是等价的(注意开始符号不能改变)。

4.2.2 消除回溯——预测与提左因子

产生回溯的原因是在进行推导时,若某非终结符的产生式有若干个候选式,究竟选哪一个候选式进行推导,存在不确定性。如果能根据当前读头下符号准确地选择一个候选式进行推导,那么回溯便不存在。也就是说,若此候选式推导出的第一个终结符与输入符号相匹配,那么这种匹配绝不是虚假的;若此候选式无法完成匹配,则任何其他候选式也肯定无法完成匹配,也即该输入串肯定是错的。

1)预测

根据读头下符号选择这样的候选式:其第一个符号与读头下符号相同,或该候选式可推导出的第一个符号与读头下符号相同。这相当于向前看了一个符号,所以称预测。这时选择候选式不再是盲目的了,而是有意识地选择,所以也无需回溯。

令 G 是一个不含左递归的文法,对 G 的所有非终结符的每个候选式 α 定义它的终结首符集 First(α)为:

$$First(\alpha) = \{a \mid \alpha \xrightarrow{*} a\cdots, a \in V_T\}$$

对于 First(α)={ε}的情况,问题稍复杂一些,留待后面进一步讨论。

设 A∈V_N,且 A→α|β,当 A 出现在下推栈的栈顶,输入符号为 a 时,应如何选择 A 的候选式进行推导呢? 这里分四种情况:

(1)若 a∈First(α)而 a∉First(β),选 A→α;

(2)若 a∉First(α)而 a∈First(β),选 A→β;

(3)若 a∉First(α)且 a∉First(β),表示输入有错;

(4)若 a∈First(α)且 a∈First(β),终结首符集两两相交。

前三种答案都是明确的,而对于第(4)种,由于首符集两两相交,仍然无法选择用哪一个候选式进行推导。解决的办法仍然是改写文法,提取公共左因子。

2）提取公共左因子

假定关于非终结符 A 的产生式是：

$$A \rightarrow \delta\beta_1 \mid \delta\beta_2 \mid \cdots \mid \delta\beta_n$$

那么可以改写成：

$$A \rightarrow \delta A'$$
$$A' \rightarrow \beta_1 \mid \beta_2 \mid \cdots \mid \beta_n$$

一般情况，若有关 A 的产生式是：

$$A \rightarrow \gamma\alpha_1 \mid \gamma\alpha_2 \mid \beta\alpha_3 \mid \beta\alpha_4 \mid \beta$$

可以写成：

$$A \rightarrow \gamma A' \mid \beta A''$$
$$A' \rightarrow \alpha_1 \mid \alpha_2$$
$$A'' \rightarrow \alpha_3 \mid \alpha_4 \mid \varepsilon$$

经过反复提左因子，就能把每个非终结符（包括新引进非终结符）的所有候选式首符集变成两两不相交，从而消除了回溯。然而为此付出的代价是大量引进非终结符 A′，A″，⋯和 ε 产生式，从而也增添了语法分析的复杂性。

例如，程序设计语言的 IF 语句如有下产生式：

$$\langle \text{IF 语句} \rangle \rightarrow \text{if E then } S_1 \text{ else } S_2$$
$$\langle \text{IF 语句} \rangle \rightarrow \text{if E then } S_1$$

提取左因子后，IF 语句产生式变换成：

$$\langle \text{IF 语句} \rangle \rightarrow \text{if E then } S_1 \text{ B}'$$
$$B' \rightarrow \text{else } S_2 \mid \varepsilon$$

通过上述两步工作，可以构造一个不带回溯的自上而下的分析程序了。

4.3 预测分析程序与 LL(1) 文法

前面讲过，自上而下分析出现回溯可以通过向前看一个符号加以解决。为此，我们将图 4.2 (a)的下推自动机进一步改造成图 4.3。整个分析过程是在预测分析程序控制下工作的。预测分析程序用了一个矩阵 M[A,a]，称作预测分析表，其中，A 是非终结符，a 是终结符或者串结束符。分析表矩阵元素 M[A,a]中或是存放 A 的

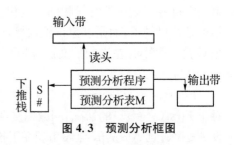

图 4.3 预测分析框图

一个候选式，指出当前栈顶符为 A，且面临读入符号 a 时应选的候选式；或是存放出错标志，指出 A 根本不该面临读入符号 a。

预测分析程序任何时候都是按下推栈栈顶符号 X 和当前读入符号 a 行事的，它只可能有如下三种动作之一。下面给出非形式的算法描述：设栈顶符号为 X，读入符号为 a，则

（1）若 X＝a＝"♯"，表示识别成功，退出分析程序；

（2）若 X＝a≠"♯"，表示匹配，弹出栈顶符号 X，读头前进一格（表示读入下一个符号），让读头指向下一符号，若 X∈V_T 但 X≠a，则调 ERROR 处理；

（3）若 $X \in V_N$，查预测分析表 M。若 M[X,a]中存放着关于 X 的产生式，则弹出 X，而将此产生式右部以自右向左的顺序压入栈内，在输出带上记下产生式编号；若 M[X,a]中存放着出错标志，则调相应出错程序 ERROR 去处理。

〔例 4.3〕对已消除了左递归的文法 G4.2，加编号重写如下：

1. E→TE′   5. T′→*FT′
2. E′→+TE′   6. T′→ε
3. E′→ε   7. F→i
4. T→FT′   8. F→(E)

其对应的预测分析表见表 4.1，其中空白格为出错标志。

表 4.1 LL(1)分析表

	i	+	*	(	)	♯
E	E→TE′			E→TE′		
E′		E′→+TE′			E′→ε	E′→ε
T	T→FT′			T→FT′		
T′		T→ε	T′→*FT′		T′→ε	T′→ε
F	F→i			F→(E)		

（1）试给出语句 i+i*i♯ 的分析过程（见表 4.2）。

表 4.2 语句 i+i*i♯ 的分析过程

步　骤	栈　内	输入串	输出编号	动　作
初态	♯E	i+i*i♯		
1	♯E′T	i+i*i♯	1	推导
2	♯E′T′F	i+i*i♯	1,4	推导
3	♯E′T′i	i+i*i♯	1,4,7	推导
4	♯E′T′	+i*i♯	1,4,7	匹配
5	♯E′	+i*i♯	1,4,7,6	推导空串
6	♯E′T+	+i*i♯	1,4,7,6,2	推导
7	♯E′T	i*i♯	1,4,7,6,2	匹配
8	♯E′T′F	i*i♯	1,4,7,6,2,4	推导
9	♯E′T′i	i*i♯	1,4,7,6,2,4,7	推导
10	♯E′T′	*i♯	1,4,7,6,2,4,7	匹配
11	♯E′T′F*	*i♯	1,4,7,6,2,4,7,5	推导
12	♯E′T′F	i♯	1,4,7,6,2,4,7,5	匹配
13	♯E′T′i	i♯	1,4,7,6,2,4,7,5,7	推导

步 骤	栈 内	输入串	输出编号	动 作
14	♯E'T'	♯	1,4,7,6,2,4,7,5,7	匹配
15	♯E'	♯	1,4,7,6,2,4,7,5,7,6	推导空串
16	♯	♯	1,4,7,6,2,4,7,5,7,6,3	推导空串
	识别成功			

由输出带上的编号顺序可以画出语法树如图 4.4 所示。

(2) 试给出语句 i* ＋i♯ 的分析过程(如表 4.3 所示)。

由步骤 6 看到：当栈顶符为 F,读头下符号为＋,查表 4.1 为出错项,调 ERROR 处理。

从上面的分析过程可见,这个 PDA 是确定下推自动机,其分析过程的关键是构造预测分析表 M。为了构造预测分析表 M,需要预先定义和构造与文法 G 有关的两个集合：终结首符集 First 和随符集 Follow。

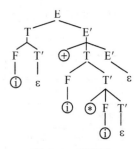

图 4.4 语法树

表 4.3 语句 i* ＋i♯ 的分析过程

步 骤	栈内符号	输入串	输出编号	动 作
初态	♯E	i* ＋i♯		
1	♯E'T	i* ＋i♯	1,	推导
2	♯E'T'F	i* ＋i♯	1,4	推导
3	♯E'T'i	i* ＋i♯	1,4,7	推导
4	♯E'T'	* ＋i♯	1,4,7	匹配
5	♯E'T'F*	* ＋i♯	1,4,7,5	推导
6	♯E'T'F	＋i♯	1,4,7,5	匹配
7	出错			

4.3.1 求串 α 的终结首符集和非终结符 A 的随符集

首先,定义这两个集合：

(1) 假定 α 是文法 G 的一个符号串,$\alpha \in V^*$,定义

$$First(\alpha) = \{a \mid \alpha \xrightarrow{*} a\cdots, a \in V_T\}$$

若 $\alpha \xrightarrow{*} \varepsilon$,则 $\varepsilon \in First(\alpha)$。$First(\alpha)$ 读作串 α 的终结首符集,简称首符集,它是 α 的所有可能推导出的开头的终结符或 ε 所组成的符号集合。

(2) 假定 S 是文法 G 的开始符号,对于 G 的任何非终结符 A,定义

$$Follow(A) = \{a \mid S \xrightarrow{+} \cdots Aa\cdots, a \in V_T\}$$

若 $S \xrightarrow{+} \cdots A$,则规定♯∈Follow(A),这说明 Follow(A)是指在所有句型中紧跟在 A 之后的终结符或"♯"的集合。

下面给出求 First(α)与 Follow(A)的算法。

(1) 求 First(α)的算法。

设 $\alpha = X_1 X_2 \cdots X_n$,其中 $X_i \in (V_T \bigcup V_N)$,$1 \leqslant i \leqslant n$,为了求 α 的首符集,分两步:首先求 X_i 的首符集,然后求 α 的首符集。

(i) 求每个文法符号 X 的首符集 First(X)的算法。

a. 若 $X \in V_T$,则 First(X)={X};

b. 若 $X \in V_N$,且有产生式 $X \rightarrow a \cdots$,$a \in V_T$,则把 a 加到 First(X)中,若 $X \rightarrow \varepsilon$ 是一条产生式,则 ε 也加入 First(X)中;

c. 若 $X \rightarrow Y_1 Y_2 \cdots Y_k$,$Y_j \in V$,$1 \leqslant j \leqslant k$,按如下算法求 First(X):

```
BEGIN
    j:=0;
    First(X):={   }
    REPEAT
        j:=j+1;
        First(X):=First(X)∪(First(Yⱼ)-{ε})
    UNTIL ε∉First(Yⱼ)或 j=k;
    IF(j=k 且 ε∈First(Yₖ))
    THEN First(X):=First(X)∪{ε}
END
```

(ii) 求 First(α)的算法。

设 $\alpha = X_1 X_2 \cdots X_n$,求 First(α)的算法与上面的算法相同,重写如下:

```
BEGIN
    First(α):={   }
    i:=0;
    REPEAT
        i:=i+1;
        First(α):=First(α)∪(First(Xᵢ)-{ε})
    UNTIL ε∉First(Xᵢ)或 i=n
    IF(i=n 且 ε∈First(Xₙ))THEN First(α):=First(α)∪{ε}
END
```

(2) 构造 Follow(A)的算法。

(i) 对文法开始符号 S,置"♯"于 Follow(S)中;

(ii) 若 $B \rightarrow \alpha A \beta$ 是文法的一个产生式,则把 First(β)-{ε}加至 Follow(A)中;

(iii) 若 $B \rightarrow \alpha A$ 是文法的一个产生式,或 $B \rightarrow \alpha A \beta$ 是文法的一个产生式而 $\beta \xrightarrow{+} \varepsilon$,则把 Follow(B)加入 Follow(A)中。

下面给出求文法 G4.2 的 First 集合和 Follow 集合的具体过程。

（1）求 First 的集合。

利用上文算法中 b 情况，有：

$$First(E) = First(T) = First(F) = \{ (, i \}$$

再利用算法中 c 情况，有：

$$First(E') = \{ + \} + \{ \varepsilon \} = \{ + , \varepsilon \}$$

$$First(T') = \{ * \} + \{ \varepsilon \} = \{ * , \varepsilon \}$$

（2）求 Follow 的集合。

①由上文算法(i)有 ♯∈Follow(E)，再由产生式 F→(E) 及算法(ii)，又有）∈ Follow(E)，从而有：

$$Follow(E) = \{) , ♯ \}$$

②由上文算法(ii)及产生式 E'→+TE'可知 First(E')−{ε}⊆Follow(T)，即有：

$$Follow(T) = \{ + \}$$

再由上文算法(iii)知，由 E'→ε 及产生式 E'→+TE'，有 Follow(E')⊆Follow(T)，从而有：

$$Follow(T) = \{ + \} + \{) , ♯ \} = \{ + ,) , ♯ \}$$

③由上文算法(iii)及产生式 E→TE'，E'→+TE'知 Follow(E)⊆Follow(E')，即：

$$Follow(E') = \{) , ♯ \}$$

④由上文算法(iii)及产生式 T'→ * FT'，T→FT'知 Follow(T)⊆Follow(T')，即：

$$Follow(T') = \{ + ,) , ♯ \}$$

⑤由上文算法(ii)及产生式 T→FT'，T'→ * FT'可知 First(T')−{ε}⊆Follow(F)。当 T'为 ε 时，由算法(iii)知 Follow(T)⊆Follow(F)，即：

$$Follow(F) = \{ * , + ,) , ♯ \}$$

故最终结果如下：

$$First(E) = First(T) = First(F) = \{ (, i \}$$

$$First(E') = \{ + , \varepsilon \}$$

$$First(T') = \{ * , \varepsilon \}$$

$$Follow(E) = Follow(E') = \{) , ♯ \}$$

$$Follow(T) = Follow(T') = \{ + ,) , ♯ \}$$

$$Follow(F) = \{ * , + ,) , ♯ \}$$

请注意：我们这里是采用消除左递归后的文法来求这两个集合的，因为只有用消除了左递归及提取了左因子后的文法，才能进行预测分析，否则求这两个集合是毫无意义的。

4.3.2　构造预测分析表

构造预测分析表的基本思想是很简单的。假如 A→α 是一个产生式，a∈First(α)，那么当 A 呈现于栈顶且读头下面临的正是 a 时，选择 α 来取代 A，这样匹配成功的希望最大。因此 M[A,a] 中应填入 A→α。前面提到，当 A→α，其中 α=ε 或 α$\overset{+}{\to}$ε 时应怎么办？在这种情况下，如果读头下面临的符号 a(某终结符或 ♯)属于 Follow(A)，那么认为栈顶的 A 应被 ε 匹配。读头不前进,而让 A 的随符与读头下符号进行匹配,这样输入串匹配成功的可能性也最大。为了实现这种匹配,在 M[A,a]处应填入 A→α(这里 α=ε 或 α$\xrightarrow{+}$ε)这条产生式。

按照这个基本思想构造预测分析表的算法是:

(1) 假定 A→α 是一个产生式,a∈First(α),那么当 A 是栈顶符,而读头面临的是 a 时,A→α 就应当作为选用的候选式填入 M[A,a]中;

(2) 若 A→α 且 ε∈First(α),则对 Follow(A)中每个 b,在 M[A,b]中应填 A→α(一般填A→ε);

(3) 把所有无定义的 M[A,a]皆填上 error 标志。

例如,把这个算法应用于 G4.2 文法,就得到表 4.1 的预测分析表。因为 First(E)＝First(T)＝First(F)＝{i,(},所以在 M[E,i]和 M[E,(]处应填上 E→TE′产生式。对于 E′→+TE′产生式有 First(+TE′)＝{+},所以 M[E′,+]处应填 E′→+TE′;由于 Follow(E′)＝{),♯},同时 E′→ε,所以 M[E′,)]与 M[E′,♯]处应填上 E′→ε 产生式……

上述算法对于任意文法 G 都能构造它的分析表 M。问题是对于有些文法,若它是二义的且未消除左递归和提取左因子的,那么构造出的 M 包含有重定义项(即在 M[A,a]中填有一个以上的产生式)。

定义:文法 G,若它的分析表 M 不含有多重定义项,则称 G 为 LL(1)文法。

LL(1)文法是无二义性的,二义文法决不是 LL(1)文法。

LL(1)这个词的含义是:两个 L 是指从左到右扫描输入串,采用最左推导分析句子;数字1 表示分析句子时需向前查看一个输入符号。有 LL(1)就有 LL(k),即向前查看 k 个输入符号,看得越远,选择推导的候选式当然越准确。遗憾的是随着 k 的加大,分析表 M 的尺寸以 n^k增长,其中 n＝|∑|＋1,而对于程序设计语言,取 k＝1 就够了。

定理 4.1:文法 G 是 LL(1)当且仅当对于 G 的每一个非终结符 A 的任何两个不同产生式A→α|β 有:

(1) First(α)∩First(β)＝∅;

(2) 若 ε∈First(β),则 First(α)∩Follow(A)＝∅。

实际上,这个定理与 M[A,a]中无重定义项是一回事,仅仅是它不必构造分析表,而直接由首符集、随符集来判定文法是否为 LL(1)。当然,在判定文法是否为 LL(1)前,必须先消除文法的左递归和提取公共左因子。因为包含有左递归和有公共左因子的文法肯定不是 LL(1)文法。

由上面的讨论知道 LL(1)文法的局限性很大,它只是上下文无关文法的一个子集。下面举一个程序设计语言中 IF 语句的文法定义的例子,它就不是 LL(1)文法。

〔例 4.4〕设语句文法是:

     S→if E then S else S

       | if E then S

       | other

     E→b

提左因子,文法改写成:

     S→if E then S S′|other

     S′→else S|ε

E→b

求首符集和随符集：

$$First(S) = \{if, other\}, First(S') = \{else, \varepsilon\},$$

$$First(E) = \{b\}$$

$$Follow(S) = Follow(S') = First(S') - \{\varepsilon\} \bigcup \{\#\} = \{else, \#\}$$

$$Follow(E) = \{then\}$$

按照算法构造预测分析表如表 4.4 所示。由表可见 M[S', else]填了 S'→else S 和 S'→ε 两个产生式。

表 4.4 if 语句预测分析表

	other	b	else	if	then	#
S	S→other			S→i EtSS'		
S'			S'→eS S'→ε			S'→ε
E		E→b				

注：S→iEtSS'为 S→if E then S S'的缩写，S'→eS 为 S'→else S 的缩写。

也就是说此文法不是 LL(1)文法。实际上此文法是二义文法，当然不是 LL(1)的。许多程序设计语言遇到这种情况时，都人为地作了约定，让它仅保留 S'→else S 这一产生式，而删去产生式 S'→ε。这相当于读头下的 else 总是要与前面没有被匹配的 then 相配对。这种约定已为许多程序设计语言所接受。通过这样约定，此文法便可用 LL(1)分析。

按照定理 4.1 也可简便地判定此文法不是 LL(1)的，因为：

$$First (if E then S S') \bigcap First (other) = \varnothing$$

$$First (else S) \bigcap First(\varepsilon) = \varnothing$$

但 $First (else S) \bigcap Follow(S') = \{else\} \bigcap \{else, \#\} = \{else\} \neq \varnothing$。

4.3.3 状态表

对上面所说的预测分析程序和分析表 M，从程序设计的角度看，都可以进一步化简，以提高算法的效率。

对分析表的每一项 M[X, a]，为节省存储空间和提高效率，实际上无需把整个产生式 X→$X_1 X_2 \cdots X_n$ 存于其中，只需保存右部符号串。并且为了程序控制方便，可按倒序存放这个右部符号串（这样可以边读边压进下推栈）。最节省的办法是 M[A, a]中只保存产生式编号，而将产生式另存于一个语法表中。

〔例 4.5〕构造 EL 语言部分文法的预测分析表。假定把〈语句〉当作终结符号并写作 s，标识符写作 id。

解：消除左递归并加了编号后的部分 EL 文法写作 G4.3：

(1)〈程序〉→program id〈变量说明〉〈复合语句〉

(2)〈变量说明〉→var〈标识符表〉：integer

(3)〈标识符表〉→id〈标识符表 1〉

(4)〈标识符表1〉→,id〈标识符表1〉|ε

(5)〈复合语句〉→begin〈语句表〉end

(6)〈语句表〉→s〈语句表1〉

(7)〈语句表1〉→;s〈语句表1〉|ε

这个文法的非终结符首符集很容易求得,因为产生式右部的最左符号不是终结符就是ε。此外,根据构造分析表算法,只要再找出〈标识符表1〉与〈语句表1〉的随符集即可,前者是{:},后者是{end}。根据算法构造分析表如下:

	program	id	var	begin	end	:	,	S	;	#
〈程序〉	(1)									
〈变量说明〉			(2)							
〈标识符表〉		(3)								
〈标识符表1〉						(4')	(4)			
〈复合语句〉				(5)						
〈语句表〉								(6)		
〈语句表1〉					(7')				(7)	

注:其中带撇编号指空串产生式。

由上述例子可知,分析表是稀疏矩阵,即使改为仅填写编号,浪费也是非常大的。

下面结合预测分析程序,将预测分析表改造成状态矩阵表。已经知道预测分析程序只做三件事:

BEGIN

   INITIAL:将"♯S"推进栈;

  NEXT:读入下一符号至a;

  PROCESS:按 M[X,a]所规定的动作行事

END

前两件事很简单,第三件事是按 M[X,a]所规定动作行事,这些"规定动作"是登记在表中,只要依次从表中取出执行即可。为此,将分析表改为状态表,状态表由五栏组成:

(1)下推栈栈顶符 X,称作状态,$X \in (V_T \bigcup V_N)$;

(2)输入符号 a;

(3)语义子程序,用以实现语言翻译,暂不讨论;

(4)状态变迁,即指栈顶符号怎么变;

(5)下一步动作。

"状态变迁"是指栈顶符号怎么变,设栈顶符号为X,输入符号为a,若在原分析表中 M[X,a]有"$X \rightarrow Y_1 Y_2 \cdots Y_m$"项,而且 Y_1 是终结符并与输入符 a 相匹配,所以这时 Y_1 可以不必进栈。这时的动作是将 X 弹出,而把 $Y_2 \cdots Y_m$ 以自右向左的顺序入栈,栈顶变为 Y_2。这个过程可写作$\Rightarrow Y_m \cdots Y_2$(串为倒序排列,便于压进栈)。下一步动作应是再读一个符号,即转至分析程序的 NEXT。若 Y_1 不是终结符,那么将产生式右部整个串取代 X,写作$\Rightarrow Y_m \cdots Y_1$,栈顶变成

Y_1,下一步动作应转至分析程序的 PROCESS,重复上述过程。若产生式右部是空串 ε,则仅简单地弹出 X,写作⇒,次栈顶符号变为栈顶符号,下一步动作也是转至 PROCESS 处理。若原 M[X,a]中为空白项,则认为出错,所以下一步动作调 ERROR 处理。若遇上 M[♯,♯],表示识别成功,退出分析过程,即执行 RETURN 动作。

显然,"下一步动作"只有四种可能动作:转至分析程序的 NEXT 或 PROCESS 处理、调 ERROR 处理或分析成功而执行 RETURN 返回。

〔例 4.6〕根据 G4.2 文法与表 4.1 分析表,能构造自上而下分析状态表 4.5。在表中状态栏除了非终结符外还需加上可能出现的终结符")"和"♯",因为这些符号可能出现在栈顶。

表 4.5　自上而下分析状态表

状态(栈顶符 X)	输入符号 a	语义子程序	状态变迁	下一步动作
E	i,(		⇒E′T	PROCESS
	其他			ERROR
E′	+		⇒E′T	NEXT
	),♯		⇒	PROCESS
	其他			ERROR
T	i,(		⇒T′F	PROCESS
	其他			ERROR
T′	*		⇒T′F	NEXT
	+,),♯		⇒	PROCESS
	其他			ERROR
F	i		⇒	NEXT
	(		⇒)E	NEXT
	其他			ERROR
)	)		⇒	NEXT
	其他			ERROR
♯	♯			RETURN
	其他			ERROR

状态表的使用仅仅是数据结构上的改变,并未改变 LL(1)分析方法。状态表的使用使得分析表紧凑,而总控程序也不复杂。

4.4　递归下降分析法

所谓递归子程序,是指进入子程序之后返回调用程序之前又能以直接或间接方式调用子程序本身,递归子程序也可称为递归过程。若一文法 G 不含有左递归,而且每个非终结符的所有候选式的首符集都是两两不相交的,那么就能为 G 中每个非终结符编写一个相应的递归过程,把该文法中的所有这样一些递归过程组合起来就有可能构成一个不带回溯的自上而下分析程序,这种分析程序称为递归下降分析程序。每个过程对应于文法的一个非终结符,每个过程分析相应的非终结符的短语。更确切地说,每个过程由产生式左部的非终结符命名,过程体则是按该产生式右部符号串顺序编写。每匹配一个终结符,则再读入下一个符号,对于产生式右部的每个非终结符,则调用相应的过程。当一个非终结符对应于多个候选式时,过程体将根据各候选式首符集的不同编写对相应候选式的分析。若某候选式是 ε 产生式,则不需对它分析,认为自动匹配,如输入源程序有错误则由后继过程指出。

我们曾说过,绝大多数程序设计语言可用上下文无关文法来描述,而上下文无关文法的特点是在于它的递归性,因此用递归下降程序来分析是合适的。

例如,对于 G4.2 文法,可重写成:

$$E \rightarrow TE' \qquad E' \rightarrow +TE' | \varepsilon$$
$$T \rightarrow FT' \qquad T' \rightarrow *FT' | \varepsilon$$
$$F \rightarrow (E) | i$$

编制的递归子程序形式如下:

```
PROCEDURE E;                    PROCEDURE E';
   BEGIN                           BEGIN
      T;E'                            IF SYM='+'THEN
   END;                                  BEGIN
                                            ADVANCE;
                                            T;E'
                                         END
                                   END;

PROCEDURE T;                    PROCEDURE T';
   BEGIN                           BEGIN
      F;T'                            IF SYM='*'THEN
   END;                                  BEGIN
                                            ADVANCE;
                                            F;T'
                                         END
                                   END;

PROCEDURE F;
   BEGIN
      IF SYM='i'THEN ADVANCE
      ELSE
         IF SYM='('THEN
                BEGIN
                    ADVANCE;
                    E;
```

IF SYM=')'THEN ADVANCE

ELSE ERROR

END

ELSE ERROR

END；

注意,其中 ADVANCE 是一过程,表示读一单词到 SYM。实际上它就是调用词法分析程序,将返回二元式的类号至 SYM。

可以把上述产生式的右部当作一个正规式来看待,只不过这时符号被扩充到$(V_T \cup V_N)$上,因此可画出其相应的转换图,此图与有限自动机的转换图区别在于：

(1) 弧上标志属于$(V_T \cup V_N)$,而不仅属于 V_T；

(2) 对于每一个 $X \in V_N$ 都有一个转换图,所以文法有若干个转换图。

比如文法 G4.2 对应于五个转换图,如图 4.5 所示。

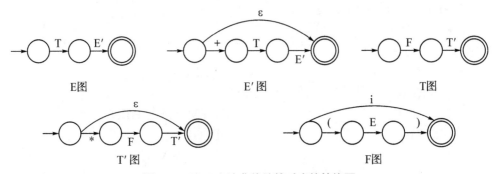

图 4.5 G4.2 文法非终结符对应的转换图

在第 2 章讲过,文法还可以表示成扩充的 Backus 表示法。对于 G4.1 文法可以改写成如下 G'4.2 形式：

G'4.2： $E \rightarrow T\{+T\}$

$T \rightarrow F\{*F\}$

$F \rightarrow i | (E)$

对应的三个非终结符的转换图如图 4.6 所示。

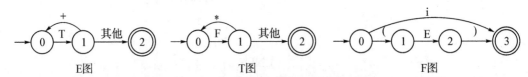

图 4.6 G'4.2 文法非终结符对应的转换图

这一组转换图如何用来识别 CFG 文法的句子呢? 它的动作过程是这样的：

(1) 从文法开始符号的转换图初态开始进行分析；

(2) 若当前所处结点有若干条以终结符为标记的射出弧,则选择一个标记与读入符相同的弧线推进到下一个结点,读头向前,指向下一符号(表示已识别一个符号),若找不到此标记,则认为输入串有错,调相应出错程序去处理；

(3) 若 A 图上当前所处结点有非终结符为标记的射出弧 B,则转 B 图的初态作进一步动

76

作,当遇到 B 图终态时返回到 A 图上 B 弧所指的结点继续工作;

（4）此过程一直进行到进入开始符号转换图的终态结点（表示识别成功）或无法继续动作（输入串有错）为止。

例如,语句 i+i*i 使用图 4.6 所示转换图的动作情况如下:

$E_0 \rightarrow T_0 \rightarrow F_0 \xrightarrow{i} F_3 \rightarrow T_1 \rightarrow T_2 \rightarrow E_1 \xrightarrow{+} E_0 \rightarrow T_0 \rightarrow F_0 \xrightarrow{i} F_3 \rightarrow T_1 \xrightarrow{*} T_0 \rightarrow F_0 \xrightarrow{i} F_3 \rightarrow T_1 \rightarrow T_2 \rightarrow E_1 \rightarrow E_2$

由图 4.6 的转换图编写的递归下降子程序如图 4.7 所示。

```
PROCEDURE E;
    BEGIN
        T;
        WHILE SYM='+'DO
            BEGIN ADVANCE;T END
    END;
PROCEDURE T;
    BEGIN
        F;
        WHILE SYM='*'DO
            BEGIN ADVANCE; F END
    END;
PROCEDURE F;
    BEGIN
        IF SYM='i'THEN ADVANCE
        ELSE IF SYM='('THEN
                BEGIN ADVANCE;
                    E;
                    IF SYM=')'THEN ADVANCE
                    ELSE ERROR
                END;
        ELSE ERROR
    END;
```

图 4.7　递归下降分析程序

其中,SYM 为全局变量,它总是存放待加工的下一符号。在开始分析时,主程序应先调 ADVANCE,它把输入串的一个符号读入 SYM,然后才调用 E。当发现错误时调 ERROR 程序进行出错处理。

用递归下降分析法进行语法分析,从表面上看它没有用下推栈。实际上,能实现递归算法的语言（如 Pascal 等）,它的数据区就是按栈结构组成的,每调用一个过程便建立该过程的栈数据区,而施调过程的数据仍保留在栈内,当过程返回,恢复施调过程数据区,将栈内保留的内容拿出来用。这跟下推栈原理完全相同。

虽然高深度的递归调用会影响语法分析的效率,但由于递归下降法容易编写语法分析程序,所以 EL 语言的语法分析程序就选用递归下降法编制。对于 EL 语言的文法,我们改写成符合这种语法分析的形式(即消除左递归,提取公共左因子)并写成扩充的 Backus 范式:

〈程序〉→program〈标识符〉;〈说明部分〉〈复合语句〉

〈说明部分〉→[〈常量定义〉;][〈变量说明〉;]{〈过程或函数说明〉;}

〈变量说明〉→var〈标识符表〉:integer;

〈标识符表〉→〈标识符〉{,〈标识符〉}

〈复合语句〉→begin〈语句表〉end

〈语句表〉→〈语句〉{;〈语句〉}

〈语句〉→〈标识符〉:=〈表达表〉
   |〈复合语句〉
   | if〈条件表达式〉then〈语句〉〈条件语句 1〉
   | while〈条件表达式〉do〈语句〉
   | read(〈标识符表〉)
   | write(〈表达式表〉)
   |ε

〈条件语句 1〉→else〈语句〉|ε

〈表达式〉→(+T|−T|T){(+|−)T}
  T→F{(* |/)F}
  F→(〈表达式〉)|〈标识符〉|〈无符号数〉|〈标识符〉[(〈表达式表〉)]

〈条件表达式〉→〈表达式〉ROP〈表达式〉

〈表达式表〉→〈表达式〉{,〈表达式〉}
  ROP→>|=|<|>=|<=|<>

〈标识符〉与〈无符号数〉由词法分析获得,这里把它当作终结符处理,有了这些产生式,画出其对应的转换图并不难,编写递归下降分析程序也很容易,下面给出〈语句〉分析的例子。

〔例 4.7〕分析 EL 语言〈语句〉的递归下降分析程序的子程序如下:

```
PROCEDURE   SENTENCE;
  BEGIN
  CASE SYM OF
  'ID':BEGIN      / * 分析赋值语句,ID 指标识符 * /
      ADVANCE;
      IF SYM=':='THEN
          BEGIN
              ADVANCE;
              E     / * 调用表达式过程 * /
          END
        ELSE ERROR
      END;
  'begin':CS;      / * 调用复合语句过程 * /
  'if':BEGIN
```

```
                    ADVANCE；
                    EB；      / * 调用条件表达式过程 * /
                    IF SYM<>'then'THEN ERROR；
                    ADVANCE；
                    SENTENCE；
                    CT      / * 调用条件语句 1 * /
              END；
    'while'：BEGIN
                    ADVANCE；
                    EB；
                    IF SYM<>'do'THEN ERROR；
                    ADVANCE；
                    SENTENCE
              END；
    'read'：BEGIN
                    ADVANCE；
                    IF SYM<>'('THEN ERROR
                    ADVANCE；
                    IT；      / * 调用标识符表过程 * /
                    IF SYM<>')'THEN ERROR；
                    ADVANCE
              END；
    'write'：BEGIN
                    ADVANCE；
                    IF SYM<>'('THEN ERROR；
                    ADVANCE；
                    ET；      / * 调用表达式表 * /
                    IF SYM<>')'THEN ERROR；
                    ADVANCE
              END；
    ELSE      / * 否则分析空语句 * /
    END{OF CASE}
    END；{OF PROCEDURE}
```

对于 ERROR,可以根据出错性质,输出相应出错信息和出错位置,或者做简单的修补工作,以便语法分析能继续进行并尽可能多地发现错误。

另外,对 CS,CT,EB,IT 等非终结符也可编制如下相应的过程进行处理:

```
    PROCEDURE CS；      / * 分析复合语句 * /
        BEGIN
            ADVANCE；
```

```
            SENTENCE;
          WHILE SYM=';'DO
               BEGIN
                    ADVANCE;
                    SENTENCE
               END;
          IF SYM='end'THEN ADVANCE ELSE ERROR
        END;
PROCEDURE CT;      /*分析条件语句1*/
   BEGIN
     IF SYM='else'THEN
               BEGIN
                   ADVANCE;
                   SENTENCE
               END
   END;
PROCEDURE EB;      /*条件表达式*/
     BEGIN
       E;
       IF SYM IN(>,<,=,>=,<=,<>)THEN
         BEGIN
            ADVANCE;
             E
         END
       ELSE ERROR
     END;
PROCEDURE IT;      /*标识符表*/
     BEGIN
       IF SYM<>'ID'THEN ERROR;
       ADVANCE;
       WHILE SYM=','DO
         BEGIN
           ADVANCE;
           IF SYM<>'ID'THEN ERROR ELSE ADVANCE
         END
     END;
PROCEDURE ET;      /*表达式表*/
   BEGIN
     E;
     WHILE SYM=','DO
```

BEGIN ADVANCE;E END

END;

习 题

4-1 设文法:

G₁ (1) E→T+E

(2) E→T

(3) T→F * T

(4) T→F

(5) F→i

试给出带回溯的自上而下识别句子 i+i♯ 的过程。

4-2 按 4.1 节构造一个不确定的 PDA,它能识别由下述文法定义的语言。

G₂ (1) S→M|U

(2) M→iEtMeM|b

(3) U→iEtS|iEtMeU

(4) E→a

4-3 消除下列文法的左递归。

G₃.₁ S→SA|Ab|b|c

A→Bc|a

B→Sb|b

G₃.₂ E→ET+|T

T→TF * |F

F→E|i

G₃.₃ S→V₁

V₁→V₂|V₁iV₂

V₂→V₃|V₂+V₃

V₃→V₁ * |(

4-4 对下面文法的每个非终结符,构造其首符集 First 和随符集 Follow。

C₄.₁ S→aAd

A→BC

B→b|ε

C→c|ε

G₄.₂ A→BCc|gDB

B→bCDE|ε

C→DaB|ca

D→dD|ε

E→gAf|c

4-5 下述文法消除左递归提过公共左因子之后是否是 LL(1)文法？若是,则构造其 LL(1)分析表。

G₅.₁ S→A

81

$A \rightarrow aB \mid aC \mid Ad \mid Ae$

$B \rightarrow bBC \mid f$

$C \rightarrow c$

$G_{5.2}$ $A \rightarrow aAbc \mid BCf$

$A \rightarrow c \mid \varepsilon$

$B \rightarrow Cd \mid c$

$C \rightarrow df \mid \varepsilon$

4-6   考虑表格结构文法 G_6:

$S \rightarrow a \mid \wedge \mid (T)$

$T \rightarrow T, S \mid S$

(1) 消除 G_6 的左递归,然后对于每个非终结符,写出不带回溯的递归子程序;

(2) 经改写文法是否是 LL(1)? 给出它的预测分析表。

4-7   已知文法 G_7:$S \rightarrow S * aP \mid aP \mid * aP$

$P \rightarrow +aP \mid +a$

(1) 将文法 G_7 改写成 LL(1)文法 G'_7;

(2) 写出文法 G'_7 的预测分析表。

4-8   对下面的文法 G_8:

$E \rightarrow TE'$ $E' \rightarrow +E \mid \varepsilon$

$T \rightarrow FT'$ $T' \rightarrow T \mid \varepsilon$

$F \rightarrow PF'$ $F' \rightarrow * F' \mid \varepsilon$

$P \rightarrow (E) \mid a \mid \wedge$

(1) 计算这个文法的每个非终结符的 First 和 Follow;

(2) 证明这个文法是 LL(1)的;

(3) 构造它的预测分析表;

(4) 构造它的递归下降分析程序。

4-9   给出下述文法的 LL(1)分析表。

G_9 PROGRAM $\rightarrow$ begin d; X end

$X \rightarrow d; X \mid sY$

$Y \rightarrow ; s Y \mid \varepsilon$

4-10   假定表达式中允许 $+, *, \uparrow$(乘幂)$, (,)$ 等运算符和分隔符,运算规则同代数运算规则,试给出表达式的 LL(1)文法及其递归下降程序。

4-11   构造习题 4-9 中文法 G_9 的自上而下分析状态表。语义子程序暂不考虑。

4-12   构造习题 4-1 中文法 G_1 的 LL(1)预测分析表,按分析表给出语句 i+i♯ 的分析过程。

5 优先分析法

自下而上语法分析过程是最右推导的逆过程(即最左归约),从构造语法树的观点来讲,是指从树的末端(叶)结点开始,逐步向上修剪,直至树的根结点,也就是说,是从输入串开始,朝着文法开始符号进行归约,直至到达文法开始符号为止的过程。这里所说的输入串是指从词法分析器送来的单词符号组成的有限序列(二元式序列)。

自下而上分析同样可以定义一个 PDA,这种 PDA 是按一种"移进—归约"方式进行工作的,即它自左至右把输入串的符号一个个地移进栈。在移进的过程中,不断察看栈顶的符号串,一旦栈顶形成某个句型的句柄时,就将此句柄用相应的产生式左部符号来替换(称归约)。这种替换可能做多次,直至栈顶不再形成句柄为止。然后继续移进符号,重复上述过程直至栈顶只剩下文法开始符号,输入串读完为止,这便认为识别了一个句子。下面我们举例说明自下而上分析过程。

自下而上分析的下推自动机框图如图 5.1 所示。具体说明如下:

(1) 输入带上记录了待识别的语句(单词串+语句结束符#)。

(2) 读头自左至右扫描输入串,初态时指在最左单词符号上。

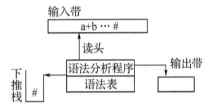

图 5.1 自下而上分析下推自动机框图

(3) 初态时栈内仅有栈底符#。

(4) 语法分析程序执行的动作有:

• 移进:读入一个符号(即单词)并压入栈内,读头移到下一符号位置;

• 归约:检查栈顶若干个符号串是否能用语法表中某个产生式进行归约,如可以归约,则以该产生式左部符号取代栈顶若干个符号,同时输出产生式编号;

• 识别成功:移进归约最终结局是栈内只剩下栈底符和文法开始符号,而读头已指向语句的结束符#;

• 否则,说明输入语句有错。

例如,考虑如下文法:

(1) S→aAcBe

(2) A→b

(3) A→Ab

(4) B→d

试问语句 abbcde 是该文法的合法语句吗?

分析过程如下:

步　骤	栈　内	输入串	输出带	动　作
0	＃	a b b c d e ＃		
1	＃ a	b b c d e ＃		移进
2	＃ a b	b c d e ＃		移进
3	＃ a A	b c d e ＃	2	归约
4	＃ a A b	c d e ＃		移进
5	＃ a A	c d e ＃	2,3	归约
6	＃ a A c	d e ＃		移进
7	＃ a A c d	e ＃		移进
8	＃ a A c B	e ＃	2,3,4	归约
9	＃ a A c B e	＃		移进
10	＃ S	＃	2,3,4,1	归约
11	识别成功			

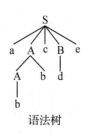

语法树

初看其分析很简单,其实不然。若第 5 步使用产生式 A→b 进行归约,就不能识别成功。那么机器怎么知道选产生式 A→Ab 而不选产生式 A→b 呢?我们按上述的输出带上编号造一棵语法树(如右上图)。从语法树上可知,如果每次按句柄归约,便可获成功。因此,关键问题是找句柄,按句柄进行规范归约才能正确分析语句。否则,这种不确定的分析方法是不能作为语法分析的工具。

确定的自下而上分析器通常分为两大类:优先分析器(Precedence Parser)和 LR 分析器。本章先讨论优先分析器,LR 分析器留待下一章介绍。优先分析器中算符优先分析法特别适合于表达式的分析,其基本点是按算符的优先关系(先乘除后加减,先括号内后括号外等)和结合规则进行语法分析。所以,不少编译程序都使用这种方法分析表达式,用其他方法(如递归子程序法)分析语法其余部分。这种分析法的优点是直观、简单、高效、易于手工实现。

*5.1　简单优先分析方法

5.1.1　基本思想

为了寻找句型中的句柄,需对句型中相邻的文法符号 $V(V_N \cup V_T)$ 规定优先关系。在句型中,句柄(某产生式右部符号串)内各相邻符号之间具有相同的优先级,用符号≐表示,读作优先级相等。由于句柄要先归约,所以规定句柄两端符号优先级要比位于句柄之

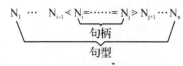

图 5.2　句型与句柄

外而又和句柄相邻的那些符号的优先级要高。图 5.2 是说明任一句型内,句柄内部符号及其两端所连接符号之间优先关系的示意图。图中符号"<•"和"•>"读作优先级"低于"和优先级

"高于"，它是用于表示优先级关系的，而不是通常代数中的"小于"、"大于"关系。$N_i\cdots N_j$ 是句柄，语法分析程序可以通过寻找 $N_{i-1}\lessdot N_i$ 和 $N_j\gtrdot N_{j+1}$ 这两个关系来确定句柄的头和尾，从而确定句柄以进行归约，这就是优先分析法的基本思想。

对于文法中的所有符号，只要它们可能在某个句型中相邻（即连接在一起），就为它们规定相应的优先关系，若某两个符号永远不可能相邻则它们之间就无关系。

定义：一个文法 G，如果它不含 ε 产生式，也不含任何右部相同的不同产生式，并且它的任何符号对 (X,Y)，X、$Y\in(V_N\cup V_T)$，或者没有关系，或者存在下述三种关系 $\doteq$，$\lessdot$，$\gtrdot$ 之一，则称这个文法是一个简单优先文法。这三种关系是：

a. $X\doteq Y$ 当且仅当 G 中含有形如 $P\rightarrow\cdots XY\cdots$ 的产生式。

b. $X\lessdot Y$ 当且仅当 G 中含有形如 $P\rightarrow\cdots XQ\cdots$ 的产生式，其中 Q 为非终结符，而且 $Q\overset{+}{\rightarrow}Y\cdots$。

c. $X\gtrdot Y$ 当且仅当 Y 为文法 G 的终结符，G 中含有形如 $P\rightarrow\cdots QR\cdots$ 的产生式，且 $Q\overset{+}{\rightarrow}\cdots X$，$Y\in First(R)$。

例如，假定有规则 $S\rightarrow(T)$ 和推导 $T\rightarrow S\rightarrow a$，则 $S\gtrdot)$ 和 $a\gtrdot)$ 成立。注意，上述 R 可能是终结符，也可能是非终结符。如是终结符则有 $X\gtrdot R$，如是非终结符则只有 $Q\doteq R$，而没有 $X\gtrdot R$。

对任何 X，若文法开始符号 $S\overset{+}{\rightarrow}X\cdots$，则 $\#\lessdot X$；若 $S\overset{+}{\rightarrow}\cdots X$，则 $X\gtrdot\#$。

我们把文法符号之间的这种关系用一个矩阵表示，称作简单优先矩阵。它的行标、列标都用文法符号表示。例如，考虑文法 G5.1：

G5.1： $S\rightarrow bMb$

$M\rightarrow(L|a$

$L\rightarrow Ma)$

按照定义，用手工构造它的优先矩阵如表 5.1 所示，其中空白项表示没有关系。

表 5.1　优先矩阵

	S	b	M	L	a	(	)
S							
b			$\doteq$		$\lessdot$	$\lessdot$	
M		$\doteq$			$\doteq$		
L		$\gtrdot$			$\gtrdot$		
a		$\gtrdot$			$\gtrdot$		$\doteq$
(			$\lessdot$	$\doteq$	$\lessdot$	$\lessdot$	
)		$\gtrdot$			$\gtrdot$		

5.1.2　有关文法的一些关系

在讨论构造优先矩阵的算法前，先讨论有关文法符号集合上的一些关系。

集合上任意两个有序元素或者满足或者不满足某种性质,则称该性质为集合上的一个关系。比如,"小于"与"等于"关系是自然数集合上的关系,而这里$<\cdot,\cdot>$与$\doteq$关系是文法符号集合上的关系。为了表示某集合上两个有序元素 a 与 b 满足某一关系 R,采用中缀表示法即记作 aRb。应注意,关系的两个元素的次序不能对调,也即不能由 aRb 推出 bRa,aRb 与 bRa 表示两种不同的概念。

还可以把关系看作满足下列条件的序偶集合:$(a,b)\in R$ 当且仅当 aRb。如能从$(a,b)\in R$ 推出$(a,b)\in P$,则称关系 P 包含关系 R。

关系 R 的转置记作 TRP(R),定义为:aTRP(R)b 当且仅当 bRa。例如,自然数中"大于"关系的转置是"小于"关系。即若$R=\{(a,b)|\ a>b\}$,则$TRP(R)=\{(a,b)|a<b\}$。

若集合中所有元素 c 都满足 cRc,那么这种关系称为自反的,如在自然数中"$\leqslant$"关系是自反的。

设 R 和 P 是定义在同一集合上的两个关系,则 R 和 P 的乘积定义为:$RP=\{(a,b)|$存在 c,以使得 aRc 且 cPb$\}$。例如,设在整数集合上的两个关系 R 和 P 定义如下:

$$R=\{(a,b)|b=a+1\}$$
$$P=\{(a,b)|b=a+2\}$$

按定义,aRPb 当且仅当存在 c 使得 aRc,cPb,所以 $c=a+1$ 和 $b=c+2$,即 $b=a+3$。

利用关系的乘积可定义关系 R 的方幂为:

$$R^1=R,R^2=RR,\cdots,R^n=R^{n-1}R=RR^{n-1}(n>1)$$

R^0 定义为恒等关系即 aR^0b,当且仅当 $a=b$。

关系 R 的传递闭包 R^+ 定义为:$R^+=R^1\cup R^2\cup R^3\cdots$,是关系 R 的各次方幂之并。关系 R 的自反传递闭包 R^* 定义为:$R^*=R^0\cup R^+$,也即 $R^*=R^0\cup R^1\cup R^2\cdots$。

在文法符号 $V(V_N\cup V_T)$ 的集合中,我们定义两个关系:

A First B 当且仅当存在产生式 $A\rightarrow B\cdots$　　　　$A,B\in V$

A Last B 当且仅当存在产生式 $A\rightarrow\cdots B$　　　　$A,B\in V$

同样,可定义这些关系的传递闭包关系与自反传递闭包关系。现以 First 关系为例:

(1) A First$^+$ B 当且仅当存在一产生式序列,使得 $A\rightarrow B_1\cdots,B_1\rightarrow B_2\cdots,\cdots,B_n\rightarrow B\cdots$,或写作 $A\overset{+}{\rightarrow}B\cdots$,读作 A 通过 1 步或 1 步以上推出以 B 打头的集合(称头符集);

(2) A First* B 当且仅当 $A\overset{*}{\rightarrow}B\cdots$,读作 A 通过 0 步或 0 步以上推出以 B 打头的集合。

例如,考虑以下文法:

G5.2：　A→Af
　　　　A→B
　　　　B→Dde
　　　　B→De
　　　　C→e
　　　　D→Bf

显然有:A First A,A first B,B First D,C First e,D First B。

在 First$^+$ 中,应该有序偶(A,A),(A,B),(A,D),(B,B),(B,D),(D,B),(D,D),(C,e)。

86

在 First* 中,应该有序偶(A,A),(A,B),(A,D),(B,B),(B,D),(D,D),(D,B),(C,C),(C,e),(e,e),(d,d),(f,f)。

不难看出,根据 First+ 传递闭包的定义直接去构造 First+ 是困难的,特别是当产生式数目很多时更加困难。下面利用布尔矩阵表示关系,这为寻求计算集合上关系的算法创造了有利的条件。

假定用布尔矩阵 B_{first} 表示文法符号间的 First 关系,那么求 First+ 关系可以转化为求布尔矩阵 B_{first} 的传递闭包 B_{first}^{+}。根据传递闭包的定义,有 $B_{first}^{+} = B_{first}^{1} \cup B_{first}^{2} \cup \cdots \cup B_{first}^{n}$,其中 n 是文法符号的数目。因此,可以把求传递闭包转化为求布尔矩阵的乘法与加法。如果文法符号比较多时,它的计算时间也是相当可观的。

1962 年 Warshall 提出计算布尔矩阵 B^{+} 算法,这个算法的效率是非常高的。下面用类 Pascal 语言写出该算法:

```
PROCEDURE WARSHALL;
    TYPE BOOLM=ARRAY [1:n,1:n] OF BOOLEAN；      /*n是文法符
                                                 号数目*/

    VAR i,j,k,n:INTEGER;
        A,B:BOOLM;
    BEGIN
        A:=B;       /*B是给定的布尔矩阵*/
        FOR i:=1 TO n DO
            FOR j:=1 TO n DO
                IF A[j,i]=1 THEN
                    FOR k:=1 TO n DO
                        A[j,k]:=A[j,k] or A[i,k]      /*结果B+在A矩阵中*/
    END;
```

该算法是逐列查看矩阵元素,当查看第 i 列时,发现第 j 行元素(即 A[j,i])为 1,便把第 i 行元素逻辑加到第 j 行元素上。这个算法比用布尔矩阵的乘法、加法要简单得多,效率也高得多。

〔例 5.1〕已知文法 G5.2,试构造关系 First 的布尔矩阵 B_{first} 和传递闭包 First+ 的布尔矩阵 B_{first}^{+},以及自反传递闭包 First* 的布尔矩阵 B_{first}^{*}。

解:将 G5.2 文法重写如下

A→Af|B

B→Dde|De

C→e

D→Bf

(1) First 的布尔矩阵 B_{first} 从产生式很容易获得,如下所示:

	A	B	C	D	e	d	f
A	1	1	0	0	0	0	0
B	0	0	0	1	0	0	0
C	0	0	0	0	1	0	0
D	0	1	0	0	0	0	0
e	0	0	0	0	0	0	0
d	0	0	0	0	0	0	0
f	0	0	0	0	0	0	0

（2）用两种方法构造 First$^+$ 布尔矩阵。

a. $B_{first}^+ = B_{first} \bigcup B_{first}^2 \bigcup \cdots \bigcup B_{first}^n$。

其中，$B_{first}^2 = B_{first} * B_{first}$，按一般布尔矩阵乘法计算，可以求得：

$$
\left.\begin{matrix} B_{first}^2 \\ B_{first}^4 \\ B_{first}^6 \end{matrix}\right\} =
\begin{bmatrix}
1 & 1 & 0 & 1 & 0 & 0 & 0 \\
0 & 1 & 0 & 0 & 0 & 0 & 0 \\
0 & 0 & 0 & 0 & 0 & 0 & 0 \\
0 & 0 & 0 & 1 & 0 & 0 & 0 \\
0 & 0 & 0 & 0 & 0 & 0 & 0 \\
0 & 0 & 0 & 0 & 0 & 0 & 0 \\
0 & 0 & 0 & 0 & 0 & 0 & 0
\end{bmatrix}
\qquad
\left.\begin{matrix} B_{first}^3 \\ B_{first}^5 \\ B_{first}^7 \end{matrix}\right\} =
\begin{bmatrix}
1 & 1 & 0 & 1 & 0 & 0 & 0 \\
0 & 0 & 0 & 1 & 0 & 0 & 0 \\
0 & 0 & 0 & 0 & 0 & 0 & 0 \\
0 & 1 & 0 & 0 & 0 & 0 & 0 \\
0 & 0 & 0 & 0 & 0 & 0 & 0 \\
0 & 0 & 0 & 0 & 0 & 0 & 0 \\
0 & 0 & 0 & 0 & 0 & 0 & 0
\end{bmatrix}
$$

所以：$B_{first}^+ = B_{first}^1 \bigcup B_{first}^2 \bigcup B_{first}^3 =$
$$
\begin{bmatrix}
1 & 1 & 0 & 1 & 0 & 0 & 0 \\
0 & 1 & 0 & 1 & 0 & 0 & 0 \\
0 & 0 & 0 & 0 & 1 & 0 & 0 \\
0 & 1 & 0 & 1 & 0 & 0 & 0 \\
0 & 0 & 0 & 0 & 0 & 0 & 0 \\
0 & 0 & 0 & 0 & 0 & 0 & 0 \\
0 & 0 & 0 & 0 & 0 & 0 & 0
\end{bmatrix}
$$

b. 用 Warshall 算法直接从 B_{first} 求得 B_{first}^+，如下所示：

$$
\begin{bmatrix}
1 & 1 & 0 & 0 & 0 & 0 & 0 \\
0 & 0 & 0 & 1 & 0 & 0 & 0 \\
0 & 0 & 0 & 0 & 1 & 0 & 0 \\
0 & 1 & 0 & 0 & 0 & 0 & 0 \\
0 & 0 & 0 & 0 & 0 & 0 & 0 \\
0 & 0 & 0 & 0 & 0 & 0 & 0 \\
0 & 0 & 0 & 0 & 0 & 0 & 0
\end{bmatrix}
\Rightarrow
\begin{bmatrix}
1 & 1 & 0 & 1 & 0 & 0 & 0 \\
0 & 1 & 0 & 1 & 0 & 0 & 0 \\
0 & 0 & 0 & 0 & 1 & 0 & 0 \\
0 & 1 & 0 & 1 & 0 & 0 & 0 \\
0 & 0 & 0 & 0 & 0 & 0 & 0 \\
0 & 0 & 0 & 0 & 0 & 0 & 0 \\
0 & 0 & 0 & 0 & 0 & 0 & 0
\end{bmatrix}
$$

用两种方法构造的 B_{first}^+ 相同，但用 Warshall 算法的效率要高得多。

（3）自反传递闭包 First* 的布尔矩阵为：

$$B_{first}^* = B_{first}^0 \bigcup B_{first}^+ = B_1 \bigcup B_{first}^+$$

其中，B_1 称恒等布尔矩阵（即单位矩阵），有：

$$\therefore \ B_1 = \begin{bmatrix} 1 & 0 & 0 & 0 & 0 & 0 & 0 \\ 0 & 1 & 0 & 0 & 0 & 0 & 0 \\ 0 & 0 & 1 & 0 & 0 & 0 & 0 \\ 0 & 1 & 0 & 1 & 0 & 0 & 0 \\ 0 & 0 & 0 & 0 & 1 & 0 & 0 \\ 0 & 0 & 0 & 0 & 0 & 1 & 0 \\ 0 & 0 & 0 & 0 & 0 & 0 & 1 \end{bmatrix} \quad \therefore \ B_{first}^* = \begin{bmatrix} 1 & 1 & 0 & 1 & 0 & 0 & 0 \\ 0 & 1 & 0 & 1 & 0 & 0 & 0 \\ 0 & 0 & 1 & 0 & 1 & 0 & 0 \\ 0 & 1 & 0 & 1 & 0 & 0 & 0 \\ 0 & 0 & 0 & 0 & 1 & 0 & 0 \\ 0 & 0 & 0 & 0 & 0 & 1 & 0 \\ 0 & 0 & 0 & 0 & 0 & 0 & 1 \end{bmatrix}$$

5.1.3　优先矩阵的构造算法

优先矩阵中有四种优先关系：$\doteq$、$\lessdot$、$\gtrdot$ 和"没有"关系。构造优先关系的实质就是在文法符号集上求出满足这些关系的序偶集。这里主要讨论 $\doteq$、$\lessdot$、$\gtrdot$ 三种关系所建立的序偶集合。因为不是这三种关系，就是"没有"关系，所以"没有"关系这种集合不必求。

根据简单优先文法的定义，能求得构造这些集合的算法，也用布尔矩阵表示这些关系。

（1）$\doteq$ 关系。由定义 $X \doteq Y$ 必定存在 $P \rightarrow \cdots XY \cdots$ 产生式。因此，只要依次考察文法各产生式右部，如果有 $\cdots XY \cdots$ 这样的串作为右部，则 $X \doteq Y$。

（2）$\lessdot$ 关系。由定义 $X \lessdot Y$ 必定存在 $P \rightarrow \cdots XQ \cdots$ 产生式，且 $Q \xrightarrow{+} Y \cdots$。因此有 $X \doteq Q$，且 Q First$^+$ Y。根据关系乘积的定义有 $X(\doteq)(First^+)Y$，所以 $\lessdot = (\doteq)(First^+)$，可以列出构造优先关系 $\lessdot$ 的算法步骤如下：

a. 先构造文法的优先关系 $\doteq$ 的布尔矩阵 $B_{\doteq}$；

b. 构造关系 First 的布尔矩阵 B_{first}；

c. 利用 Warshall 算法计算 First$^+$ 的布尔矩阵 B_{first}^+；

d. 利用两个布尔矩阵乘积可得 $B_{\lessdot} = (B_{\doteq})(B_{first}^+)$，所求得的 $B_{\lessdot}$ 就是优先关系 $\lessdot$ 的布尔矩阵。

（3）$\gtrdot$ 关系。由定义 $X \gtrdot Y$ 必定存在 $P \rightarrow \cdots QR \cdots$ 产生式，其中 Y 为终结符，$Y \in First$ (R)，$Q \xrightarrow{+} \cdots X$。也就是说有 Q Last$^+$ X，$Q = R$，且 R First* Y，成立。

根据关系 W 的转置 TRP(W) 定义：a TRP(W)b 当且仅当 b W a，所以 Q Last$^+$ X 通过转置可写作 X TRP(Last$^+$)Q。根据关系乘积的定义，上述三个关系可写作：

$$X(TRP(Last^+))(\doteq)(I + First^+)Y$$

其中，First* 可写作 $I + First^+$，$I = First^0$ 称作恒等关系，因此可列出计算关系 $\gtrdot = (TRP(Last^+))(\doteq)(I + First^+)$。可以列出构造优先关系 $\gtrdot$ 的算法步骤如下：

a. 构造关系 Last 的布尔矩阵 B_{last}；

b. 使用 Warshall 算法计算关系 Last$^+$ 的布尔矩阵 B_{last}^+，并将其转置得到 TRP(B_{last}^+)；

c. 构造优先关系 $\doteq$ 的布尔矩阵 $B_{\doteq}$；

d. 构造关系 First 的布尔矩阵 B_{first}；

e. 使用 Warshall 算法计算 $First^+$ 的布尔矩阵 B_{first}^+，并由此得 $I+First^+$ 的布尔矩阵 $B_1 \bigcup B_{first}^+$；

f. 计算布尔矩阵的乘积可得 $B_{\cdot >}=(TRP(B_{last}^+))(B_{\doteq})(B_1 \bigcup B_{first}^+)$；

g. 检查。如果 $Y \in V_N$，而 (X,Y) 求得的关系为 $\cdot >$，应改为"没有"关系，因为根据定义 $Y \in V_T$。

最后，把 $B_{\doteq}$，$B_{<\cdot}$，$B_{\cdot >}$ 三个布尔矩阵合并在一起便得到包括所有优先关系的优先矩阵。在合并前，应将每个布尔矩阵中元素为 1 的项用相应的 $\doteq$，$<\cdot$，$\cdot >$ 符号替换，把元素为 0 的项改成"没有"关系(空)即可。

〔**例 5.2**〕设有文法 G5.3 如下，试构造其优先矩阵。

$$S \to Wa, W \to a, W \to Wb, W \to WS$$

解：首先将文法 G5.3 的文法符号排成序：S, W, a, b。

$$B_{first}= \begin{matrix} & S & W & a & b \\ & \begin{bmatrix} 0 & 1 & 0 & 0 \\ 0 & 1 & 1 & 0 \\ 0 & 0 & 0 & 0 \\ 0 & 0 & 0 & 0 \end{bmatrix} \end{matrix} \quad \text{由 Warshall 算法求得 } B_{first}^+= \begin{matrix} & S & W & a & b \\ & \begin{bmatrix} 0 & 1 & 1 & 0 \\ 0 & 1 & 1 & 0 \\ 0 & 0 & 0 & 0 \\ 0 & 0 & 0 & 0 \end{bmatrix} \end{matrix}$$

$$B_{last}= \begin{bmatrix} 0 & 0 & 1 & 0 \\ 1 & 0 & 1 & 1 \\ 0 & 0 & 0 & 0 \\ 0 & 0 & 0 & 0 \end{bmatrix} \quad \text{由 Warshall 算法求得 } B_{last}^+= \begin{bmatrix} 0 & 0 & 1 & 0 \\ 1 & 0 & 1 & 1 \\ 0 & 0 & 0 & 0 \\ 0 & 0 & 0 & 0 \end{bmatrix}$$

$$TRP(B_{last}^+)= \begin{bmatrix} 0 & 1 & 0 & 0 \\ 0 & 0 & 0 & 0 \\ 1 & 1 & 0 & 0 \\ 0 & 1 & 0 & 0 \end{bmatrix} \quad \text{(注：求转置矩阵，实际上就是行与列对调。)}$$

$$B_{first}^*=B_1 \bigcup B_{first}^+= \begin{bmatrix} 1 & 0 & 0 & 0 \\ 0 & 1 & 0 & 0 \\ 0 & 0 & 1 & 0 \\ 0 & 0 & 0 & 1 \end{bmatrix} \bigcup \begin{bmatrix} 0 & 1 & 1 & 0 \\ 0 & 1 & 1 & 0 \\ 0 & 0 & 0 & 0 \\ 0 & 0 & 0 & 0 \end{bmatrix} = \begin{bmatrix} 1 & 1 & 1 & 0 \\ 0 & 1 & 1 & 0 \\ 0 & 0 & 1 & 0 \\ 0 & 0 & 0 & 1 \end{bmatrix}$$

三个关系的布尔矩阵分别表示成：

$$B_{\doteq}= \begin{bmatrix} 0 & 0 & 0 & 0 \\ 1 & 0 & 1 & 1 \\ 0 & 0 & 0 & 0 \\ 0 & 0 & 0 & 0 \end{bmatrix} \Rightarrow \begin{bmatrix} 0 & 0 & 0 & 0 \\ \doteq & 0 & \doteq & \doteq \\ 0 & 0 & 0 & 0 \\ 0 & 0 & 0 & 0 \end{bmatrix}$$

$$B_{<\cdot}=B_{\doteq} B_{first}^+= \begin{bmatrix} 0 & 0 & 0 & 0 \\ 1 & 0 & 1 & 1 \\ 0 & 0 & 0 & 0 \\ 0 & 0 & 0 & 0 \end{bmatrix} \begin{bmatrix} 0 & 1 & 1 & 0 \\ 0 & 1 & 1 & 0 \\ 0 & 0 & 0 & 0 \\ 0 & 0 & 0 & 0 \end{bmatrix} = \begin{bmatrix} 0 & 0 & 0 & 0 \\ 0 & 1 & 1 & 0 \\ 0 & 0 & 0 & 0 \\ 0 & 0 & 0 & 0 \end{bmatrix} \Rightarrow \begin{bmatrix} 0 & 0 & 0 & 0 \\ 0 & <\cdot & <\cdot & 0 \\ 0 & 0 & 0 & 0 \\ 0 & 0 & 0 & 0 \end{bmatrix}$$

$$B_> = TRP(B_{last}^+) B_< \quad B_{first}^* = \begin{bmatrix} 0 & 1 & 0 & 0 \\ 0 & 0 & 0 & 0 \\ 1 & 1 & 0 & 0 \\ 0 & 1 & 0 & 0 \end{bmatrix} \begin{bmatrix} 0 & 0 & 0 & 0 \\ 1 & 0 & 1 & 1 \\ 0 & 0 & 0 & 0 \\ 0 & 0 & 0 & 0 \end{bmatrix} \begin{bmatrix} 1 & 1 & 1 & 0 \\ 0 & 1 & 1 & 0 \\ 0 & 0 & 1 & 0 \\ 0 & 0 & 0 & 1 \end{bmatrix}$$

$$= \begin{bmatrix} 0 & 0 & 1 & 1 \\ 0 & 0 & 0 & 0 \\ 0 & 0 & 1 & 1 \\ 0 & 0 & 1 & 1 \end{bmatrix} \Rightarrow \begin{bmatrix} 0 & 0 & \gtrdot & \gtrdot \\ 0 & 0 & 0 & 0 \\ 0 & 0 & \gtrdot & \gtrdot \\ 0 & 0 & \gtrdot & \gtrdot \end{bmatrix}$$

合并 $B_=$,$B_<$,$B_>$ 最后获得简单优先矩阵如表 5.2 所示(布尔矩阵中的"0"用空白取代)。

表 5.2　简单优先矩阵

	S	W	a	b
S			$\gtrdot$	$\gtrdot$
W	$\doteq$	$\lessdot$	$\doteq$ $\lessdot$	$\doteq$
a			$\gtrdot$	$\gtrdot$
b			$\gtrdot$	$\gtrdot$

由表可见,序偶$(W,a)=\doteq|\lessdot$ 含有两个关系,所以 G5.3 文法不是简单优先文法。同样,可求得表达式文法:$E \rightarrow E+T|T,T \rightarrow T*F|F,F \rightarrow (E)|i$ 也不是简单优先文法,因为存在 $+\doteq T$ 且 $+\lessdot First^*(T)$,即 $+\lessdot T$,以及 $(\doteq E$ 且 $(\lessdot First(E)$,即 $(\lessdot E$。

5.1.4　简单优先分析算法

我们使用下推自动机进行简单优先分析,下推自动机如图 5.3 所示,分析算法用类 Pascal 语言描述如下:

```
PROCEDURE SPA;
    BEGIN
        i:=1;        /* i 为栈指针 */
        STACK(i):='#';
        ADVANCE;       /* 读一单词至 SYM */
        H:WHILE NOT (STACK(i) ⋗ SYM)DO
            BEGIN
                PUSH (SYM,STACK);
                ADVANCE
            END;
        j:=i;
        WHILE NOT(STACK(j-1) ⋖ STACK(j))DO
            j:=j-1;        /* 找句柄 */
        IF SEARCH (STACK(j)···STACK(i),P)='true' THEN
```

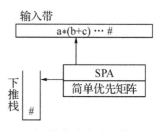

输入带

a*(b+c) ··· #

SPA
简单优先矩阵

下推栈

#

图 5.3　简化优先分析的 PDA

/＊查找 P 产生式表＊/
```
BEGIN
    i:=j-1;
    PUSH (A,STACK);        /＊A 是产生式左部,它替代句柄＊/
    IF (i=2) AND (STACK(i)='S') AND (STACK(i-1)='♯')
THEN GOTO S ELSE GOTO H
        END
        ELSE ERROR
    S:END;
```
其中,PUSH(X,STACK)的含义是 i:=i+1;STACK(i):=X。SEARCH 是一个布尔函数过程,其功能是在 P 产生式表中查找是否有右部形如"STACK(j)…STACK(i)"的产生式,若有,则返回值为 true;否则,为 false。若返回 true,表示按正常归约,分析继续进行;若返回 false,表示输入串有错,分析失败,程序结束,这时栈内不是留下文法开始符号。

〔例 5.3〕对文法 G5.1 及其简单优先矩阵表 5.1,试分析语句 b((aa)a)b♯的工作过程。

解:分析过程见下表:

步 骤	栈内符	关 系	输入串	动 作
0	♯	<·	b((aa)a)b♯	
1	♯b	<·	((aa)a)b♯	移进
3	♯b((	<·	aa)a)b♯	移进
4	♯b((a	·>	a)a)b♯	移进 2 步
5	♯b((M	≐	a)a)b♯	归约
6	♯b((Ma	≐	)a)b♯	移进
7	♯b((Ma)	·>	a)b♯	移进
8	♯b((L	·>	a)b♯	归约
9	♯b(M	≐	a)b♯	归约
10	♯b(Ma	≐	)b♯	移进
11	♯b(Ma)	·>	b♯	移进
12	♯b(L	·>	b♯	归约
13	♯bM	≐	b♯	归约
14	♯bMb	·>	♯	移进
15	♯S		♯	归约
	成功			

简单优先分析法技术简单,从理论上讲,它似乎是一种行之有效的、可靠的技术,而且它也反映自下而上的基本方法,但在实际应用中却发现许多 CFG 文法不是简单优先文法,也就是说许多 CFG 文法造出的简单优先矩阵都存在多重定义项(如 5.1.3 节所介绍),甚至连无二义

性的表达式文法也不是简单优先文法,所以它的适用范围很小,虽然通过改写文法,能使其变成简单优先文法,但毕竟它的分析表尺寸太大了,实用价值不大。不过在介绍构造简单优先矩阵时,引进了集合上关系的概念以及用作计算关系的传递闭包的 Warshall 算法等,为以后的研究提供了有用的方法。优先分析法还有弱优先分析法和算符优先分析法等,其中算符优先分析法可以分析相当部分的程序设计语言的文法,特别适合分析表达式文法。

5.2　算符优先分析法

算符优先分析法是一种简单直观,特别方便进行表达式分析,并且易于手工实现的方法。算符优先分析是自下而上归约的过程,但这种归约未必严格按照句柄归约。也就是说,算符优先分析法不是一种规范归约法。

算术表达式计算的基本口诀是:先乘除后加减,同级算符从左算到右。这句话道出了计算的要领:第一,四则运算分成两级,乘除为一级,加减为另一级,乘除级别高于加减级别;第二,同级运算先算左边算符后算右边算符。根据这个口诀,若每步只做一个运算,则任何四则运算题的计算过程是唯一的,答案也是唯一的。例如,$8+7-6*5/3$ 的计算过程是:

$8+7-6*5/3$

$=15-6*5/3$　　　　　　$(+,-)$同级,先做左边的"$+$"运算

$=15-30/3$　　　　　　$(-,*)$不同级,"$*$"高于"$-$",先做"$*$"运算

$=15-10$　　　　　　　$(-,/)$不同级,"$/$"高于"$-$",先做"$/$"运算

$=5$

对于包含有括号和单目负的算术表达式,我们对口诀进行补充:先括号内后括号外,单目负算符级别低于乘除,高于加减,这样算术表达式的计算过程也是唯一的。

所谓算符优先分析法是仿效上述计算过程而构造的一种语法分析方法。这种方法的关键在于规定算符(更一般地说是指终结符)的优先级及结合性质。下面,沿着这种想法,讨论算符优先分析法。

在第 2 章曾介绍过表达式文法,这里重写如下:

G5.4　　$E \to E+E | E-E | E*E | E/E | (E) | i$

这是二义文法,对于该文法的句子可能有几种规范推导,因而也有几种不同的规范归约。若用它来计值也有几种不同的结果,但若采用上述关于算符优先顺序和结合规则的规定,并按这种规定进行归约,则句子的归约过程便是唯一的,当然也有唯一的计值结果。例如,句子:

$i+i-i*(i+i)$

的归约过程如下,它是在自左至右扫描输入串的情况下,比较相继两个算符(终结符)而决定动作的:

(1) $i+i-i*(i+i)$　　　　　　设算量级别最高

(2) $E+i-i*(i+i)$

(3) $E+E-i*(i+i)$　　　　　　$(+,-)$同级,先归约左边的"$+$"

(4) $E-i*(i+i)$

(5) $E-E*(i+i)$　　　　　　　$(-,*)$不同级,先归约右边的"$*$"

(6) E—E * (E+i)	先括号内,后括号外
(7) E—E * (E+E)	归约括号内
(8) E—E * (E)	归约括号对
(9) E—E * E	先归约" * "
(10) E—E	后归约"—"
(11) E	

从上述过程可见,如能对所有算符(更确切地说是终结符)定义某种优先关系,则借助于这种关系可以很容易找出可归约的串并对它进行归约,从而达到自下而上分析的目的。

5.2.1　算符优先分析技术的引进

算符优先分析法的关键是比较两个相继出现的终结符的优先级而决定应采取的动作。要完成运算符间优先级的比较,最简单的办法是先定义各种可能相继出现的运算符的优先级,并将其表示成矩阵形式,在分析中通过查询矩阵元素而获得算符间的优先关系。

对于任何两个可能相继出现的终结符 a 和 b 具有形式"…ab…"或"…aQb…",$Q \in V_N$,定义 a,b 之间有如下三种关系:

(1) a<· b,a 的优先级低于 b;

(2) a≐b,a 的优先级等于 b;

(3) a ·>b,a 的优先级高于 b;

如果 a 和 b 在任何情况下不可能相继出现,则 a,b 之间无关系。

我们将文法 G5.4 的所有终结符之间的关系用一个矩阵表示,称其为算符优先表,如表5.3 所示。

表 5.3　算符优先表

右符 左符	+	*	(	)	i	#
+	·>	<·	<·	·>	<·	·>
*	·>	·>	<·	·>	<·	·>
(	<·	<·	<·	≐	<·	
)	·>	·>		·>		·>
i	·>	·>		·>		·>
#	<·	<·	<·		<·	

其中,+包括—; * 包括/;#是一个特殊符号,用作语句开始符号和结束符号,习惯上也把它当作终结符。怎样构造表 5.3 在下一节介绍,这里仅说明它是满足通常数学上的习惯约定的:

(1) 先乘除后加减,有+<· *, * ·>+;

(2) 先括号内后括号外,有+<· (, * <· (,) ·>+,) ·> *;

（3）同级采用左结合律，有＋·＞＋，＊·＞＊；

（4）此外，算量 i 的优先级高于算符，因为算量是计算的对象，当然应该先算它，设算符用 θ 表示，则 i·＞θ，或 θ＜·i；

（5）语句开始和结束符号♯与终结符 a 相继出现时，应该有♯＜·a 和 a·＞♯，从而保证语句内先归约。

最后，由于括号是成对被归约的，所以（≐）。

请注意，优先关系不同于代数中的"＞"、"＝"、"＜"关系。例如 a·＞b 不意味着 b＜·a，实际上有）·＞＋，＋·＞）；a≐b 不意味着 b≐a，实际上有（≐）而）和（之间无关系，可见左右位置很重要。

下面使用表 5.3 来构造一个分析文法 G5.4 句子的算法，即所谓直观算符分析法。它使用两个工作栈：一个称为 OPTR 算符栈，用来存放运算符及括号；另一个称作 OPND 算量栈，用来存放操作数和运算结果。初态时 OPND＝′′，OPTR＝′♯′，其下推自动机示意图如图 5.4 所示。

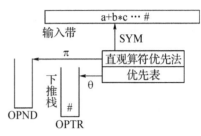

图 5.4　直观算符优先分析法

设 OPTR 栈的栈顶符号用 θ 表示，OPND 栈的栈顶符号用 π 表示。用类 Pascal 语言描述分析算法（算法 5.1）如下：

```
PROCEDURE   直观算符优先分析；
    BEGIN
        OPND：＝′′；
        OPTR：＝′♯′；
        FLAG：＝true；
        ADVANCE；        /＊读一单词至 SYM＊/
        WHILE FLAG DO
            BEGIN
                IF θ＝′♯′AND SYM＝′♯′THEN FLAG：＝false    /＊成功＊/
                ELSE IF θ＝′（′AND SYM＝′）′THEN    /＊匹配括号对＊/
                        BEGIN 上弹 OPTR；ADVANCE END
                ELSE IF SYM∈算量 THEN
                        BEGIN 将 SYM 压入 OPND；ADVANCE END
                ELSE IF θ＜·SYM THEN    /＊移进＊/
                        BEGIN SYM 进栈；ADVANCE END
                ELSE IF θ·＞SYM THEN    /＊归约＊/
                    BEGIN
                        上弹 OPND 栈顶两项 π₁ 和 π₂；
                        并以 π₁θπ₂ 压入栈内；    /＊用作表达式计值＊/
                        上弹 OPTR
```

95

```
                    END
              ELSE ERROR      /*调出错处理程序*/
        END
      END；
```

〔**例5.4**〕表达式$8+7-6*5/3$♯的计值分析过程如表5.4所示。

表5.4　表达式分析过程

步　骤	算符栈	算量栈	输入串	动　作
0	♯		$8+7-6*5/3$♯	
1	♯	8	$+7-6*5/3$♯	移进
2	♯　+	8	$7-6*5/3$♯	移进
3	♯　+	8,7	$-6*5/3$♯	移进
4	♯	15	$-6*5/3$♯	归约
5	♯　-	15	$6*5/3$♯	移进
6	♯　-	15,6	$*5/3$♯	移进
7	♯　-　*	15,6	$5/3$♯	移进
8	♯　-　*	15,6,5	$/3$♯	移进
9	♯　-	15,30	$/3$♯	归约
10	♯　-　/	15,30	3♯	移进
11	♯　-　/	15,30,3	♯	移进
12	♯　-	15,10	♯	归约
13	♯	5	♯	归约
	成功			

从这个例子看到,使用算符优先分析法直接把表达式译成目标指令也是很方便的,只要在归约时不是计算$\pi_1\theta\pi_2$的值,而改为生成相应的指令(θ,π_1,π_2,T)即可。其中T为临时变量,用来代替$\pi_1\theta\pi_2$算量栈内容。该指令格式称为四元式,将在第7章介绍。

这里介绍的算法采用两个栈,它存在严重缺点,甚至会把错误句子当作合法句子来分析。譬如,句子 i i+i＊+i( )若用上面的算法进行分析,会被误认为是合法句子。另外,它也无法指出输入串的出错位置,而这对编译程序来说却是非常重要的。

算符优先分析法的另一个缺点是对于含有单目"负"和单目"正"的算术表达式不太好处理。例如:

　　　$-i-i$

中的第一个"—"与第二个"—"在性质上是不同的,前者是单目"负",后者是双目运算符"减",同一符号代表两种不同身份,属于两个不同的优先级。通常单目"负"的优先级应低于乘除,而高于加减。为了识别单目"负"运算符,往往要求记住前一个已扫描过的符号。例如,在FORTRAN中凡直接出现在赋值号、逗号、逻辑运算符或左括号之后的"—"都是单目"负"。

96

如果让词法分析程序来承担这项工作,并把单目"负"转换为文法中没有使用的一个特殊符号(例如"@"),那么就可以用算符优先分析法来分析了。

尽管算符优先分析法有这些缺点,但由于它简单明了,易于手工实现,因此许多编译程序仍然采用它,特别是用它来分析各种算术表达式。

5.2.2　算符优先文法及优先表的构造

定义:给定上下文无关文法 G,若 G 中没有形如 A→⋯BC⋯的产生式,称 G 为算符文法,其中 A,B,C∈V_N。

算符文法的产生式右部不包含两个相继的非终结符,保证了两个运算符之间只有一个操作数,这正是算符文法所要求的句型。

定义:设 G 是一个不包含空串产生式的算符文法,并设 a,b∈V_T;P,Q,R∈V_N,定义关系:

(1) a≐b,当且仅当 G 中含有形如 P→⋯ab⋯的产生式,或 P→⋯aQb⋯的产生式;

(2) a⋖b,当且仅当 G 中含有形如 P→⋯aR⋯的产生式,其中 R $\xrightarrow{+}$ b⋯,或 R $\xrightarrow{+}$ Qb⋯;

(3) a⋗b 当且仅当 G 中含有形如 P→⋯Rb⋯的产生式,其中 R $\xrightarrow{+}$ ⋯a,或 R $\xrightarrow{+}$ ⋯aQ。

若 G 中任何终结符序偶(a,b)至多满足上述关系之一,则称 G 为算符优先文法,写作 OPG。

这两个定义相当于对文法的句型和可归约短语作了如下约定:

设 $A_1A_2\cdots A_{i-1}A_iA_{i+1}\cdots A_n$ 是文法 G 的一个句型,

(1) 若 $A_i\in V_N$,则 A_{i-1},$A_{i+1}\in V_T$,即不允许出现相继两个非终结符。

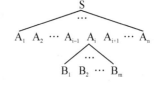

(2) 若 $B_1B_2\cdots B_m$ 是当前可归约短语,并可归约为 A_i(如右图),则:

①$B_1B_2\cdots B_{m-1}B_m$ 中不能有相继两个非终结符且相邻的终结符优先级全相等;

②对于 $B_1B_2\cdots B_m$ 中首终结符 b 有 A_{i-1}⋖b;

③对于 $B_1B_2\cdots B_m$ 中尾终结符 b 有 b⋗A_{i+1}。

实际上,可归约短语是某产生式右部符号串(这里仅考虑终结符,而非终结符取什么名不考虑),所以通过检查 G 的每个产生式的每个候选式,很容易查找出 a≐b 的终结符序偶。为了找出所有满足关系⋖ 和⋗的终结符序偶,只要找出文法 G 的每个非终结符 P 的首终结符集和尾终结符集(因为找可归约短语的首终结符集、尾终结符集与找其左部的非终结符首终结符集、尾终结符集等价)。

定义:首终结符集合 FIRSTVT(P)={a|P $\xrightarrow{+}$ a⋯或 P $\xrightarrow{+}$ Qa⋯,a∈V_T,P,Q∈V_N}。

定义:尾终结符集合 LASTVT(P)={a|P $\xrightarrow{+}$ ⋯a 或 P $\xrightarrow{+}$ ⋯aQ,a∈V_T,P,Q∈V_N}。

有了这两个集合之后,就可以通过检查每个产生式的每个候选式,确定满足关系⋖ 和⋗的所有终结符序偶。例如,假定产生式右部有形如⋯aP⋯的串,那么对于任何 b∈FIRSTVT(P),有 a⋖b。

同样地,假定产生式右部有形如⋯Pb⋯的串,那么对于任何 a∈LASTVT(P),有 a⋗b。

〔例 5.5〕设文法 G 的产生式为

S→aAcBe,　　A→Ab|b,　　B→d

计算每个非终结符的 FIRSTVT 与 LASTVT 及所有终结符之间的关系。

解：FIRSTVT(S)={a}　　LASTVT(S)={e}

FIRSTVT(A)={b}　　LASTVT(A)={b}

FIRSTVT(B)={d}　　LASTVT(B)={d}

≐关系：查看 aAcBe 串，有 a≐c,c≐e；

<·关系：查看 aAcBe 串，有 a<· FIRSTVT(A)，即 a<· b 和 c<· FIRSTVT(B)，即 c<· d；

·>关系：查看 aAcBe 串，有 LASTVT(A) ·>c 即 b ·>c 和 LASTVT(B) ·>e，即 d ·>e；查看 Ab 串有 LASTVT(A) ·>b，即 b ·>b。

画成关系矩阵如表 5.5 所示。从上面的造表过程发现，只需察看产生式右部串长≥2 的串。

下面讨论构造集合 FIRSTVT(P)、LASTVT(P) 的算法以及构造算符优先表的算法。

表 5.5　关系矩阵

左 ＼ 右	a	b	c	d	e
a		<·	≐		
b		·>	·>		
c				<·	≐
d					·>
e					

1) 构造集合 FIRSTVT(P)的算法

按 FIRSTVT(P)的定义，可以用下面两条规则来构造 FIRSTVT(P)：

(1) 若有产生式 P→a···或 P→Qa···，则 a∈FIRSTVT(P)；

(2) 若 a∈FIRSTVT(Q)，且有产生式 P→Q···，则 a∈FIRSTVT(P)。

规则(1)是求 P FIRSTONE a 关系，即当且仅当有产生式 P→a···或 P→Qa···；规则(2)是求 P FIRST* Q,P,Q∈V，这是求解自反传递闭包问题，用 Warshall 算法很容易求得。因此 FIRSTVT(P)=(FIRST*)(FIRSTONE)。

下面介绍另一种构造集合 FIRSTVT(P)的算法，在这个算法中用了两个数据结构：一个是二维的布尔矩阵 F，其行标为非终结符 P，列标为终结符 a，使得 F[P,a]为真的条件是当且仅当 a∈FIRSTVT(P)；另一个是栈 STACK，栈中动态存放的是凡是在 F[P,a]中出现过真的序偶(P,a)。其算法如下：

(1) 将布尔矩阵各元素置假，栈置空（置初值）；

(2) 按上述规则(1)查看产生式，对于形如 P→a···或 P→Qa···的产生式，P,Q∈V_N,a∈V_T 置相应 F[P,a]为真，并将序偶(P,a)推进栈内；

(3) 按上述规则(2)，对栈施加如下操作：弹出栈顶序偶并记作(Q,a)，查看所有产生式是否有形如 P→Q···的产生式，若有，且 a∉FIRSTVT(P)（即 F[P,a]=假），则将 F[P,a]置为真，并把(P,a)推入栈内（表示 a 也属于 FIRSTVT(P)）；

(4) 重复步骤(3)，直到栈空为止。那么在 F[P,a]中，凡是"真"的元素即属于 P 的首终结符集。

稍微形式化一点算法可写为：

PROCEDURE FIRSTVT(P)；

　　BEGIN

　　　FOR　每个非终结符 P 和终结符 a　DO F[P,a]:=false;　　/＊初始化＊/

98

```
         STACK:='';
         FOR  每一个形如 P→a…或 P→Qa…的产生式  DO INSERT(P,a);
         WHILE STACK 非空 DO
            BEGIN
                 把 STACK 栈顶序偶记作(Q,a)并弹出;
                 FOR  形如 P→Q…的产生式  DO
                     INSERT (P,a)
            END OF WHILE
         END;
    PROCEDURE INSERT(P,a);
        BEGIN
           IF NOT F[P,a] THEN
               BEGIN
               F[P,a]:=TURE;
               把(P,a)推入 STACK 栈
               END
        END;
```

类似地,也能写出构造 LASTVT(P)的算法。

2) 构造算符优先表的算法

```
PROCEDURE OPT;
    FOR  每条产生式 P→X₁X₂…Xₙ  DO
        FOR i:=1 TO n−1 DO     /＊当串长≤1 时,循环不做＊/
            BEGIN
                IF  Xᵢ 和 Xᵢ₊₁均为终结符  THEN 置 Xᵢ ≐ Xᵢ₊₁;
                IF i≤n−2 且 Xᵢ,Xᵢ₊₂都为终结符
                    但 Xᵢ₊₁为非终结符  THEN 置 X≐Xᵢ₊₂
                IF Xᵢ 为终结符而 Xᵢ₊₁为非终结符  THEN
                    FOR  FIRSTVT(Xᵢ₊₁)中的每个 a  DO
                        置 Xᵢ ⋖ a;
                IF Xᵢ 为非终结符而 Xᵢ₊₁为终结符  THEN
                    FOR  LASTVT(Xᵢ)中的每个 a  DO
                        置 a ⋗ Xᵢ₊₁
            END;
```

定义:如果文法 G 按此算法构造出的优先表没有重定义项,则该文法 G 是一个算符优先文法。

〔**例 5.6**〕试构造下面文法的算符优先表。

$S \rightarrow$ if E_b then E else E

$E \rightarrow E+T \mid T$

$T \rightarrow T * F \mid F$

$F \rightarrow i$

$E_b \rightarrow b$

解:首先求每个非终结符的首终结符集与尾终结符集。为了考虑语句的开始和结束符号"♯",将文法进行拓广,增加 $S' \rightarrow \sharp S \sharp$ 产生式,

FIRSTVT(S)={if}   LASTVT(S)={else, +, *, i}

FIRSTVT(E)={+, *, i}   LASTVT(E)={+, *, i}

FIRSTVT(T)={*, i}   LASTVT(T)={*, i}

FIRSTVT(F)={i}   LASTVT(F)={i}

FIRSTVT(E_b)={b}   LASTVT(E_B)={b}

按算法可以填写算符优先表如表 5.6 所示。

表 5.6　算符优先表

左＼右	if	then	else	+	*	i	b	♯
if		≐					⋖	
then			≐	⋖	⋖	⋖		
else				⋖	⋖	⋖		⋗
+			⋗	⋗	⋖	⋖		⋗
*			⋗	⋗	⋗	⋖		⋗
i			⋗	⋗	⋗			⋗
b		⋗						
♯	⋖							

注:拓广产生式 $S' \rightarrow \sharp S \sharp$ 的右部串 $\sharp S \sharp$ 按定义应有 $\sharp \doteq \sharp$,但在语法分析时,当栈顶仅剩下栈底符 ♯,而读头指向串结束符 ♯ 时,应视作识别成功,不再将串结束符推进栈。所以,这两个符号不能看作优先级相等,而应看作无关系。

5.2.3　算符优先分析的若干问题

1) 优先表构造算法的讨论

构造优先表的算法仅反映文法符号间的关系,并未反映附加条件,解决不了二义文法问题。

例如 $E \rightarrow E+E \mid E * E \mid (E) \mid i$ 是二义文法,若按此文法构造算符优先表,有可能出现多重定义项。因为:

FIRSTVT (E)={+, *, (, i}   LASTVT(E)={+, *,), i}

考察产生式右部字符串 E＋E,有:LASTVT(E) ·>＋,即＋·>＋, ＊ ·> ＋,) ·>＋,i ·>＋;
＋ ·< FIRSTVT(E),即＋·< ＋, ＋·< ＊, ＋·< (, ＋·< i。其中有＋·>＋又有＋·< ＋,表示优先表中出现重定义项,所以此文法不是算符优先文法。

2）非规范分析

算符优先分析中,我们仅研究终结符之间的优先关系,而不考虑非终结符之间的优先关系,对非终结符取什么名称也不感兴趣。从前面讨论的优先分析方法看到,对可归约短语的形成,仅仅是通过比较相邻的终结符而且必须至少包含一个终结符,这一点与规范归约过程有所不同。因为,规范归约是严格按句柄进行归约的,是终结符与非终结符一起考虑的,只要栈顶已形成了句柄,不管句柄内是否包含终结符总要进行归约。所以,它存在对单个非终结符的产生式归约,如 P→Q,P,Q∈V_N,将 Q 归约为 P。例如,考虑非二义的表达式文法 G(E)：

E→E＋T｜T

T→T＊F｜F

F→(E)｜i

下面对识别语句 i＋i＊i 的过程分规范分析与算符优先分析两种情况讨论之。

（1）规范归约过程及其语法树

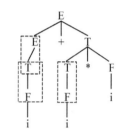

  i＋i＊i♯

1. F＋i＊i ♯
2. T＋i＊i ♯
3. E＋i＊i ♯
4. E＋F＊i ♯
5. E＋T＊i ♯
6. E＋T＊F ♯
7. E＋T ♯
8. E   ♯

其语法树实际上与最右推导相同。从树上可见,其归约存在单个非终结符产生式的归约,如 T→F,E→T……

（2）算符优先分析及其语法树   ／＊可归约为任意名＊／

  i＋i＊i♯

1. E＋i＊i ♯
2. E＋T＊i ♯
3. E＋T＊F ♯
4. E＋T ♯
5. E   ♯

这两棵语法树不一样,但其轮廓却相似。相对于规范分析,把算符优先分析称作非规范分析。这里可归约短语,不再称之为句柄,而称之为最左素短语。最左素短语与句柄的差别在于前者不存在非终结符归约非终结符,或者说不存在换名产生式归约。更确切地说,素短语是指这样一个短语:它至少含有一个终结符,且除它自身外不再包含其他素短语。最左素短语是指句型中最左边的那个素短语。

3）通用算符优先分析

假定我们把文法的句型（括在两个♯之间）的一般形式写成：

$$♯ \ N_1 a_1 N_2 a_2 \cdots N_n a_n N_{n+1} \ ♯$$

其中，a_i（$i=1$，$\cdots$，n）是终结符，N_i（$i=1$，$\cdots$，n＋1）是可有可无的非终结符。设最左素短语是 $a_j \cdots N_i a_i N_{i+1}$，则必定有：

$$a_{j-1} \lessdot a_j$$
$$a_j \doteq a_{j+1} \doteq \cdots \doteq a_i$$
$$a_i \gtrdot a_{i+1}$$

那么，$a_j N_j a_{j+1} \cdots a_i N_{i+1}$ 一定可归约为某非终结符。这里的 $a_j a_{j+1} \cdots a_i$ 是文法产生式右部的相应终结符部分，因为它们优先级相同，可以同时进行归约。

这种素短语在程序设计语言中经常看到，例如循环语句产生式

$$S \rightarrow for \ i:=E \ step \ E \ until \ E \ do \ S$$

当栈顶这个素短语形成时就可进行归约。这里考虑到算符优先分析不仅应适应于双目算符而且也应适应于可归约子串（素短语），为此将 5.2.1 节中直观算符优先分析法改写成下面的通用算符优先分析算法。

算法 5.2：

PROCEDURE　　　通用算符优先分析；

  BEGIN

  1. $k:=1;S(k):='♯'$;　　　/＊S为下推栈,这里称符号栈＊/

  2. REPEAT

  3.　　把下一个输入符号读入 SYM 中；

  4.　　IF $S(k)\in V_T$ THEN $j:=k$ ELSE $j:=k-1$;

  5.　　WHILE $S(j) \gtrdot$ SYM DO　　/＊素短语归约可能做若干次＊/

  6.　　　BEGIN

  7.　　　　REPEAT　　　/＊找素短语的头＊/

  8.　　　　　$Q:=S(j)$；

  9.　　　　　IF $S(j-1)\in V_T$　THEN $j:=j-1$ ELSE $j:=j-2$

  10.　　　UNTIL $S(j) \lessdot Q$；

  11.　　　把 $S(j+1)\cdots S(k)$ 归约为某个 N；　　　/＊若找不到相应的产生式归约，
                                             则出错＊/

  12.　　　$k:=j+1$；

  13.　　　$S(k):=N$

  14.　　END OF WHILE；

  15.　　IF $S(j)<$SYM OR　$S(j) \doteq$ SYM THEN

  16.　　　BEGIN $k:=k+1;S(k):=$SYM END　　　/＊移进＊/

  17.　　ELSE ERROR　　/＊调出错处理程序＊/

  18. UNTIL SYM$='♯'$　　/＊识别成功＊/

  END;

上述算法结束时，若符号栈 S 呈现♯N,读头下符号为♯,则表示分析成功;否则,若 j<1

或 j>1 都表示输入串有错。在算法的第 11 行并没有指出应把找到的最左素短语归约成哪一个非终结符"N",只要能找出产生式,其右部的终结符与 S(j−1)···S(k) 中终结符有一一对应关系,在名称相同位置也相同时即可进行归约。至于归约成什么非终结符是无关紧要的,这里写作 N。

〔**例 5.7**〕下面利用例 5.6 中的文法和表 5.6 的算符优先表,按通用算符优先分析的算法分析语句 if b then i else i ♯ 的过程如下:

步骤	下推栈	关系*	输入串	动 作
0	♯	<·	if b then i else i ♯	
1	♯ if	<·	b then i else i ♯	移进
2	♯ if b	·>	then i else i ♯	移进
3	♯ if N	≐	then i else i ♯	N→b 归约
4	♯ if N then	<·	i else i ♯	移进
5	♯ if N then i	·>	else i ♯	移进
6	♯ if N then N	≐	else i ♯	N→i 归约
7	♯ if N then N else	<·	i ♯	移进
8	♯ if N then N else i	·>	♯	移进
9	♯ if N then N else N	·>	♯	N→i 归约
10	♯ N		♯	归约
	成功			

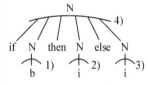

图 5.5　算符优先归约的过程语法树

* 关系指栈顶终结符与读头下符号间的关系,通过查算符优先表而知。

由动作栏中自上而下登记的归约顺序可以画出一棵按归约过程建立的语法树,见图 5.5。由该树可见,该归约顺序正是按最左素短语归约顺序(即树上标的 1)~4)顺序),在树中不存在按单非产生式归约,这是它与规范归约的主要区别。

4) 算符优先分析的优缺点

算符优先分析比规范归约要快得多,因为算符优先分析跳过了许多单非产生式的归约。这既是算符优先分析的优点,也是它的缺点。因为忽略了非终结符在归约过程中的作用,所以存在某种危险性,可能导致把本来不成句子的输入串误认为是句子,比如把 if E then E 当作条件语句。

算符优先文法适用范围比简单优先文法大得多,许多程序设计语言的文法都可以用它来分析。同时由于它的优先表构造比较简单,甚至可以用手工构造,所以早期的编译程序常用它作为语法分析工具。

缺点是有些文法不满足算符优先文法的要求,有些必须改写,有些甚至无法改写。此外,若终结符数目多,譬如 n=100,那么优先表尺寸将达到 100×100 个元素。事实上,许多符号对之间不存在优先关系,可以压缩,否则优先表占用太大的存储空间了。

5.3 优先函数

优先表的一个缺点是占用太大的存储空间,而使用优先函数可以克服这个缺点。我们把每个终结符 θ 与一对整数 $f(\theta)$,$g(\theta)$ 联系在一起,其中 $f(\theta)$ 为终结符 θ 在栈内时的优先数,$g(\theta)$ 为终结符 θ(还未进栈的优先数)的比较优先数。

$f(\theta)$,$g(\theta)$ 的值应满足如下关系:

- 若 $\theta_1 \lessdot \theta_2$,则 $f(\theta_1) < g(\theta_2)$ / * 前一个"$\lessdot$"表示优先关系,后一个"$<$"表示数学上比较关系 * /
- 若 $\theta_1 \doteq \theta_2$,则 $f(\theta_1) = g(\theta_2)$
- 若 $\theta_1 \gtrdot \theta_2$,则 $f(\theta_1) > g(\theta_2)$

这样,就能把优先表所需的存储空间从 $n*n$ 单元减少到优先函数的 $2*n$ 单元(其中 n 是终结符数目)。同时,终结符之间的比较从原先的优先关系比较改为数学上的大小比较,方便了语法分析过程。例如,将表达式文法 G(E) 的算符优先分析表转换成相应的优先函数表,如图5.6所示。

左\右	+	*	(	)	i	#
+	$\gtrdot$	$\lessdot$	$\lessdot$	$\gtrdot$	$\lessdot$	$\gtrdot$
*	$\gtrdot$	$\gtrdot$	$\lessdot$	$\gtrdot$	$\lessdot$	$\gtrdot$
(	$\lessdot$	$\lessdot$	$\lessdot$	$\doteq$	$\lessdot$	
)	$\gtrdot$	$\gtrdot$		$\gtrdot$		$\gtrdot$
i	$\gtrdot$	$\gtrdot$		$\gtrdot$		$\gtrdot$
#	$\lessdot$	$\lessdot$	$\lessdot$		$\lessdot$	

$\Rightarrow$

θ	+	*	(	)	i	#
$f(\theta)$	6	8	2	8	8	1
$g(\theta)$	4	7	9	2	9	1

图 5.6 由优先表构造优先函数

有了优先函数表,就可以编写一个类似于优先分析的算法进行句型识别(算法留作练习)。下面先讨论优先表与优先函数的关系问题:

(1) 优先函数并不等价于优先表,在优先表中没有关系的终结符对而存在优先函数。也就是说优先表能发现错误,用优先函数却发现不了错误。因此,优先函数的能力弱于优先表。

(2) 有些优先表不存在对应的优先函数,例如下面的优先关系:

	a	b
a	$\doteq$	$\gtrdot$
b	$\doteq$	$\doteq$

就不存在对应的优先函数 f 和 g。假如存在 f 和 g,那就应有

$f(a) = g(a)$,$f(a) > g(b)$,$f(b) = g(a)$,$f(b) = g(b)$

从而导致矛盾结果:

$f(a) > g(b) = f(b) = g(a) = f(a)$

（3）如果存在一对优先函数，则存在无穷多对优先函数。比如在优先函数表中，每个元素都加上一个常数后仍满足优先关系。另外，用不同算法从优先表转换为优先函数时也可能得到不同的结果。

从优先表转换为优先函数的算法很多，下面介绍两个。

算法1：逐次加1法。其步骤如下：

（1）对所有终结符 a（包括♯），令 $f(a) = g(a) = c$，c 为任意常数。

（2）对所有终结符：

若 a ⋗ b 而 $f(a) \leqslant g(b)$，则取 $f(a) := g(b) + 1$；

若 a ⋖ b 而 $f(a) \geqslant g(b)$，则取 $g(b) := f(a) + 1$；

若 a ≐ b 而 $f(a) \neq g(b)$，则取 $f(a) = g(b) = \max(f(a), g(b))$。

（3）重复步骤（2）直至 $f(a)$，$g(b)$ 不再改变为止。如果 $f(a)$ 或 $g(b)$ 的任一值 $\geqslant 2n+c$（n 为终结符数目）而步骤（2）还结束不了，表示优先函数不存在。

例如，由 G(E) 文法的优先表构造优先函数的过程（优先表见表5.3）由如下5步完成。

步骤 1　置初值，设 C=1

	+	*	(	)	i	♯
f	1	1	1	1	1	1
g	1	1	1	1	1	1

步骤 2　迭代 1，执行算法步骤（2）结果

	+	*	(	)	i	♯
f	2	2	1	2	2	1
g	2	3	3	1	3	1

步骤 3　迭代 2，执行算法步骤（2）结果

	+	*	(	)	i	♯
f	3	4	1	4	4	1
g	2	4	5	1	5	1

步骤 4　迭代 3，执行算法步骤（2）结果

	+	*	(	)	i	♯
f	3	5	1	5	5	1
g	2	4	6	1	6	1

步骤 5　迭代 4，执行算法步骤（2）

	+	*	(	)	i	♯
f	3	5	1	5	5	1
g	2	4	6	1	6	1

步骤 5 与步骤 4 的结果相同，迭代收敛，步骤 5 的结果即为优先函数。

算法2：Bell 有向图。

（1）对每个终结符 a（包括♯），令其对应两个结点 fa 和 ga，画一张以所有 fa 和 ga 为结点的有向图，如果 a ⋗ b 或 a ≐ b，就从 fa 画一弧指向 gb；若 a ⋖ b 或 a ≐ b，则从 gb 画一弧指向 fa；

（2）令 $f(a)$ 等于结点 fa 可达的结点数（包括 fa 自身结点），令 $g(a)$ 等于结点 ga 可达的结点数（包括 ga 自身结点）；

（3）检查构造出来的 $f(a)$ 和 $g(a)$，若与优先表符合则优先函数存在，否则不存在。

例如,已知 G(E) 文法的优先表,构造有向图和优先函数如图 5.7 所示。

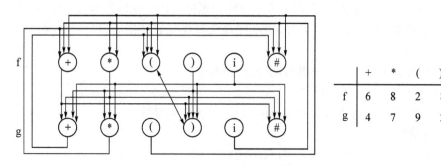

	+	*	(	)	i	#
f	6	8	2	8	8	1
g	4	7	9	2	9	1

图 5.7　Bell 有向图及相应优先函数

这个结果正是图 5.6 的优先函数。

上述算法构造出的优先函数与优先表没有矛盾,所以此优先函数是正确的。但两种算法得到的优先函数表却不同,这也说明了如果存在一对优先函数,就存在无穷多对优先函数。

由于优先函数是在优先表的基础上才能构造出来,而它的能力又弱于优先表,它的唯一优点是节省存表的空间,所以近来优先函数用作语法分析已不多见。

习　题

5-1　已知文法 G_1:
$$S \rightarrow a | \wedge | (R) \qquad R \rightarrow T \qquad T \rightarrow S, T | S$$
请用定义判定它是简单优先文法,并构造简单优先表。

5-2　说明为什么文法 G_2:
$$A \rightarrow Bd | Be$$
$$B \rightarrow c | cB$$
不是简单优先文法,而产生相同语言的文法 G_3:
$$A \rightarrow Bd | Be$$
$$B \rightarrow c | Bc$$
却是简单优先文法。

5-3　试构造 G_3 文法的简单优先矩阵,并写出识别句子 ccd 和 cce 的过程。

5-4　已知文法 G_4:
$$S \rightarrow Wa \qquad W \rightarrow a | Wb | WS$$
不是简单优先文法,请在不改变其所定义语言的前提下将其修改成简单优先文法,并构造简单优先矩阵。

5-5　试为文法 G_5:
$$Z \rightarrow A( ) \qquad A \rightarrow (| Ai | B) \qquad B \rightarrow i$$
构造算符优先表,并构造优先函数。这里括号是文法符号,不是元语言符号。

5-6　指出表达式文法 G_6:
$$E \rightarrow E + T | T \qquad T \rightarrow T * F | F \qquad F \rightarrow (E) | i$$

的句型 T＋T＊F＊i＋i 的所有短语和素短语。

5-7 已知文法 G_7：

$$S \to a | \wedge | (T) \qquad T \to T,S | S$$

（1）计算各非终结符的 FIRSTVT 和 LASTVT；

（2）构造算符优先表；

（3）构造优先函数表；

（4）按算法 5.2 给出语句$((a,a),\wedge)\sharp$的分析过程。

5-8 分别为下面两个优先矩阵构造优先函数。

	S_1	S_2	S_3	S_4
S_1	·>		·>	·>
S_2	·>		·>	
S_3	<·	≐	<·	
S_4	≐		≐	

	S_1	S_2	S_3	S_4
S_1				
S_2			≐	≐
S_3			·>	·>
S_4			·>	·>

5-9 试给出文法 G_9 的算符优先表，并给出句子 var i,i:char 的分析过程。

$G_9 : S \to$ var IDT:TYPE　　　　IDT$\to$IDT,i

　　IDT$\to$i　　　　　　　TYPE$\to$real|char

5-10 设有文法 G_{10}：

S$\to V_1$　　　　　　　　$V_1 \to V_2 | V_1 i V_2$

$V_2 \to V_3 | V_2 + V_3$　　　　$V_3 \to)V_1 * | ($

（1）证明 $V_2 + V_3 i($是文法 G_{10}的一个句型并指出这个句型的所有短语、素短语、句柄；

（2）计算 G_{10}各非终结符的 FIRSTVT、LASTVT 和构造优先表。

6 LR 分析法及分析程序自动构造

本章介绍上下文无关文法的 LR 分析方法及分析程序的自动构造。LR 系指"自左至右扫描,最右推导的逆过程"。一般地说,大多数用上下文无关文法所描述的程序设计语言都可用 LR 分析器予以识别。LR 分析法与算符优先分析法或其他的"移进—归约"技术相比,适应文法范围更加广泛,能力更强,而识别效率并不比它们差,与普通不带回溯的自上而下预测技术相比也要好一些。LR 分析法在自左至右扫描输入串时就能发现其中的错误,并能准确地指出出错位置,这一点是其他分析法无法比拟的。

这种分析法的一个主要缺点是,若用手工构造分析程序,则工作量太大,而且容易出错。因此,必须使用自动产生这种分析程序的产生器。应用这种产生器,就能自动产生一大类上下文无关文法的 LR 分析程序。这种产生器还能对二义文法或难分析的特殊文法施加一些限制,使之能用 LR 分析。本章将讨论这样一类产生器。

从逻辑上说,LR 分析器包括两部分:一个称总控程序(语法分析程序),一个是一张分析表。所有 LR 分析器的总控程序都相同,仅仅是它们的分析表不同而已。总控程序的作用是查分析表,并根据分析表的内容执行若干个简单的动作(见图 6.1(b))。因为总控程序容易实现,因此常常把产生器的任务看作只是产生分析表,如图 6.1(a)所示。

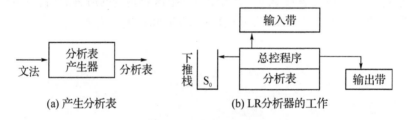

(a) 产生分析表　　　　(b) LR分析器的工作

图 6.1　产生 LR 分析程序

一个文法的 LR 分析器常常对应着若干种不同的分析表。有些检错能力强一些,有些差一些,但所有分析表都恰好识别文法所产生的全部语句。下面讨论四种不同分析表构造方法:第一种叫做 LR(0)分析表构造法,其分析能力有限,但它是建立其他 LR 分析法的基础,所以要先讨论之;第二种叫做简单 LR(简称 SLR)分析表构造法,虽然有一些文法构造不出 SLR 分析表,但这是一种比较容易实现又有使用价值的方法;第三种叫做规范 LR 分析表构造法,这种方法构造的分析表能力最强,能够适用于一大类文法,但实现代价过高,或者说分析表的尺寸太大;第四种称作向前看 LR 分析表构造法(简称 LALR),也是一种常用的方法。最后,将讨论如何使用二义文法构造 LR 分析器并产生高效的分析技术。

6.1 LR 分析器

规范归约的关键问题是找句柄。在一般的"移进—归约"过程中,当一个貌似句柄的符号串呈现于栈顶时,有什么方法可以确定它是否为当前句型的句柄呢? LR 分析法是根据三方面信息找句柄的:

(1) 历史:移进、归约的历史情况已经记录在下推栈内,可以查阅;

(2) 展望:预测句柄之后可能出现的信息;

(3) 现实:读头下符号。

LR 分析法的这种基本思想是符合哲理的,是符合人们思维习惯的,但具体实现起来十分困难。问题不在于"历史"与"现实",主要是基于"历史"对未来的"展望"可能存在相当多的可能性,造成在实际实现时的困难。因此,只好使用简化了的"展望"信息,以便构造一个可行的分析算法。

一个 LR 分析器实际上是带有下推栈的确定的有限状态自动机。我们把一个"历史"与在这个"历史"下的"展望"信息综合为抽象的一个状态,下推栈用于存放在对输入串进行分析的过程中的这些状态。栈里的每个状态都概括了从分析开始到归约阶段的全部"历史"和"展望"的信息,因此栈顶的状态就可用于决定当前动作。也就是说,LR 分析

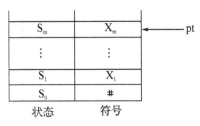

图 6.2 栈结构图

器的每一步动作可由栈顶状态和读头下符号所唯一决定。至于栈顶状态为什么能代表"历史"与"展望"信息,通过后面的介绍将逐渐能明白。为了便于了解栈顶状态对整个分析过程的作用,我们把栈分为两栏(下一章在介绍翻译时可能改造成多栏):状态栏与符号栏(见图 6.2)。分析开始时,状态栈放 S_0(初态),符号栈放 #(栈底符),栈顶状态 S_m 代表了符号栈内符号串 $X_m X_{m-1} \cdots X_1$ 及展望信息。符号栈仅用于记录迄今移进—归约所得到的文法符号,对语法分析并不起作用。这里给出符号栈的内容仅仅是为了加深对分析过程的理解。

LR 分析器的核心是分析表,其格式如图 6.3(a) 所示。这张分析表包括两部分:一是"动作"(ACTION)表,另一是"转向"(GOTO)表,它们都是二维数组,其中 S_i 为状态,$a_i \in V_T$,$A_i \in V_N$,并设 $X \in (V_T \cup V_N)$。

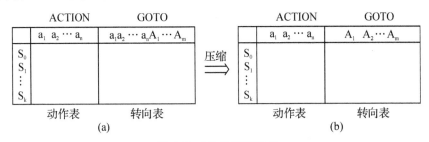

图 6.3 LR 分析表格式

ACTION[S,a]表示在当前状态 S 下,面临读头下符号 a 所应采取的动作,该动作有四种可能:移进、归约、出错和接受。

GOTO[S,X]：若 $X \in V_T$，表示在当前状态下，读入 a 应转向什么状态；若 $X \in V_N$，表示当前栈顶句柄归约成 X 后应转向什么状态。因此，GOTO[S,X]定义了一个以文法符号为字母表的 DFA。对终结符的移进动作与转向动作可以合并在一起填在动作表中，这样转向表可以进行压缩，只保留非终结符转向部分，如图 6.3(b)所示。

总控程序的动作根据当前栈顶状态 S_m 和读头下符号 a_i 查表决定：

(1) 移进：把 (S_m, a_i) 的下一状态 $S' = GOTO[S_m, a_i]$ 连同读头下符号推进栈内，栈顶成 (S', a_i)，而读头前进一格。

(2) 归约：指用某产生式 A→β 进行归约。若 β 的长度为 γ，简记为 $|\beta| = \gamma$，则弹出栈顶 γ 项，使栈顶状态变为 $S_{m-\gamma}$，然后把 $(S_{m-\gamma}, A)$ 的下一状态 $S' = GOTO[S_{m-\gamma}, A]$ 连同非终结符 A 一起推进栈内，栈顶变成 (S', A)。读头不动，即不改变现行输入符号。

(3) 接受：宣布分析成功，退出总控程序。

(4) 报错：报告输入串含有错误，调用相应出错程序处理。

LR 分析器的总控程序本身很简单，它按动作表中填的内容具体实施而已。比如，按哪一个产生式归约，在动作表中已给出了产生式编号，无需总控程序再去检索。不管哪一类分析表，总控程序的动作都一样，以后不再重复介绍。

例如，表 6.1 就是下述表达式文法的一个 LR 分析表：

(1) E→E+T

(2) E→T

(3) T→T＊F

(4) T→F

(5) F→(E)

(6) F→i

表 6.1　LR 分析表

状态	ACTION(动作)						GOTO(转向)		
	i	+	＊	(	)	#	E	T	F
0	S_5			S_4			1	2	3
1		S_6				acc			
2		r_2	S_7		r_2	r_2			
3		r_4	r_4		r_4	r_4			
4	S_5			S_4			8	2	3
5		r_6	r_6		r_6	r_6			
6	S_5			S_4				9	3
7	S_5			S_4					10
8		S_6			S_{11}				
9		r_1	S_7		r_1	r_1			
10		r_3	r_3		r_3	r_3			
11		r_5	r_5		r_5	r_5			

表中符号的含义是：

S_j——Shift j 的缩写，指将读入符 a 移进栈内并转到 j 状态，栈顶变成(j,a)；

r_j——reduce j 的缩写，指按第 j 号产生式归约；

acc——accept 的缩写，表示分析成功；

空白格——出错标志，若填上相应出错处理程序的编号，便转相应程序处理。

利用这张表分析输入串 i * i＋i 的 LR 动作过程如下：

状态栏	符号栈	输入串	动 作
0	＃	i * i＋i＃	
05	＃i	* i＋i＃	移进
03	＃F	* i＋i＃	r_6 归约
02	＃T	* i＋i＃	r_4 归约
027	＃T *	i＋i＃	移进
0275	＃T * i	＋i＃	移进
02710	＃T * F	＋i＃	r_6 归约
02	＃T	＋i＃	r_3 归约
01	＃E	＋i＃	r_2 归约
016	＃E＋	i＃	移进
0165	＃E＋i	＃	移进
0163	＃E＋F	＃	r_6 归约
0169	＃E＋T	＃	r_4 归约
01	＃E	＃	r_1 归约
分析成功			

初态 →（指向状态栏 0 行）

LR 分析器的动作情况也可以描述成机器内部的格局间转换。其格局用三元式表示为（状态栈，已归约的符号栈，待继续分析的输入串），其初始格局为：

$$（S_0, ＃, a_1 a_2 \cdots a_n ＃）$$

若当前格局假定为：

$$（S_0 S_1 \cdots S_m, ＃ X_1 X_2 \cdots X_m, a_i a_{i+1} \cdots a_n ＃）$$

因为分析器的动作是由 $ACTION(S_m, a_i)$ 所规定的，若 $ACTION(S_m, a_i)＝Shift\ i, i$ 表示 S_i 状态，则下一格局应变为：

$$（S_0 S_1 \cdots S_m S_i, ＃ X_1 X_2 \cdots X_m a_i, a_{i+1} \cdots a_n ＃）$$

若 $ACTION(S_m, a_i)＝reduce\ j$，这表示按第 j 号产生式 A→β 归约，设 $|β|＝\gamma$，GOTO$(S_{m-r}, A)＝S$，则下一格局应为：

$$（S_0 S_1 \cdots S_{m-r} S, ＃ X_1 X_2 \cdots X_{m-r} A, a_i a_{i+1} \cdots a_n ＃）$$

若 $ACTION(S_1, ＃)＝acc$，表示接受。这时格局不变，应是：

$$（S_0 S_1, ＃ E, ＃）$$

其中，E为文法开始符号，栈内只剩有两个状态 S_0，S_1。

从上面的讨论可了解到 LR 分析表的重要性，如果某一文法能够构造一张分析表，使得表中每一元素至多只有一种明确动作，则该文法称作 LR 文法。并非所有 CFG 文法都是 LR 文法，但对于多数程序设计语言来说，一般都可以用 LR 文法描述。

LR 分析法对文法的要求不像自上而下的 LL(1)分析法要求那么严格，后者认为看到了句柄的首符就认为看准了该用哪一个产生式进行推导，所以要求每个非终结符产生式的所有候选式的首符集均不相交，而 LR 分析器只有在看到整个句柄之后才认为看准了归约方向。因此，LR 分析法适应的文法范围要广一些。

6.2 LR(0)项目集族和 LR(0)分析表的构造

首先讨论一种只根据"历史"信息而不考虑"展望"信息的状态。根据这个状态就能用于识别呈现于栈顶的句柄，这是构造最简单的分析表的基本思想。其基本策略是构造文法 G 的一个有限自动机，它能识别 G 中所有活前缀。

定义：规范归约的句型中，不含有句柄以后任何符号的前缀称作活前缀，它有两种情况：

(1) 归态活前缀：活前缀的尾部正好是句柄之尾，这时可以进行归约。当然归约之后又成了另一句型的活前缀。

(2) 非归态活前缀：句柄尚未形成，需要继续移进若干符号之后才能形成句柄。

由文法 G 如何构造一个识别所有活前缀的有限自动机呢？我们知道产生式右部的符号串就是句柄。若这些符号串都已进栈，就表示它已处于归态活前缀；若只有部分进栈，则表示它处于非归态活前缀。为了记住活前缀有多少部分已经进栈，当然可为每个产生式构造一个自动机，由它的状态来记住当前情况，这里我们把自动机的"状态"另取一个名叫"项目"。这些自动机的全体便是识别所有活前缀的有限自动机。

文法 G 的每一个产生式右部添加一个圆点，称为 G 的一个 LR(0)项目（简称项目），添加位置不同，叫做不同项目。例如，A→XYZ 产生式对应有四个项目：

(1) A→·XYZ，预期要归约的句柄是 XYZ，但都还未进栈；

(2) A→X·YZ，预期要归约的句柄是 XYZ，但仅 X 进栈；

(3) A→XY·Z，预期要归约的句柄是 XYZ，但仅 XY 进栈；

(4) A→XYZ·，已处于归态活前缀，XYZ 可进行归约。

最后一个项目也称归约项目。圆点可以理解为栈内栈外的分界线。若产生式右部字符串的长度为 n，则可分解为 n+1 个项目，请注意，产生式 A→ε 只有一个项目 A→·。

由这些项目如何构成识别文法活前缀的 NFA？构造方法如下：

(1) 将文法进行拓广，保证文法开始符号不出现在任何产生式右部，即增加产生式 S'→S。其中 S 为原文法的开始符号，S′为拓广后的开始符号，并令 S′→·S 作为初态项目；

(2) 凡圆点在串最右边的项目称作终态项目或称归约项目，而 S′→S·项目称作接受项目；

(3) 设项目 i 为 X→$X_1 X_2 \cdots X_{i-1}$·$X_i \cdots X_n$，项目 j 为 X→$X_1 X_2 \cdots X_i$·$X_{i+1} \cdots X_n$，则从项目 i 画一弧线射向 j，其标记写作 X_i，$X_i \in (V_N \cup V_T)$，若 $X_i \in V_T$ 称作移进，若 $X_i \in V_N$ 称作待约；

(4) 若项目 i 为 X→α·Aβ，其中 A∈V_N，则从 i 项目画 ε 弧射向所有 A→·γ 的项目，γ∈

$(V_N \bigcup V_T)^*$。

例如,文法 G6.1(已拓广):

S′→E

E→aA|bB

A→cA|d

B→cB|d

这个文法的项目有:

1. S′→ ·E   10. A→d ·
2. S′→E ·   11. E→ ·bB
3. E→ ·aA   12. E→b ·B
4. E→a ·A   13. E→bB ·
5. E→aA ·   14. B→ ·cB
6. A→ ·cA   15. B→c ·B
7. A→c ·A   16. B→cB ·
8. A→cA ·   17. B→ ·d
9. A→ ·d   18. B→d ·

按照上述构造 NFA 的方法,构造识别活前缀的 NFA 如图 6.4 所示。

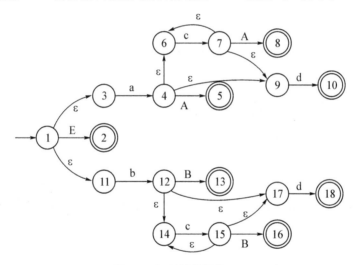

图 6.4 识别活前缀的 NFA

这是一个包含有 ε 串的 NFA,使用第 3 章中介绍的子集法确定化方法能将它确定化,使之成为一个以项目集为状态的 DFA,这个 DFA 就是建立 LR 分析算法的基础。图 6.5 是图 6.4 相应的 DFA。

对 DFA 状态图作四点说明:

(1) 每个 DFA 的状态是一个项目集,称作 LR(0)项目集,整个状态集称 LR(0)项目集规范族;

(2) 在 DFA 的任意项目集内,每个项目是"等价"的,这里"等价"的含义是指从期待归约的角度来看是相同的;

（3）有一个唯一的初态和一个唯一的接受态，但有若干个归约态，表示有若干种活前缀的识别状态；

（4）状态反映了识别句柄的情况，即句柄的多大部分已进栈，即知道了历史情况。

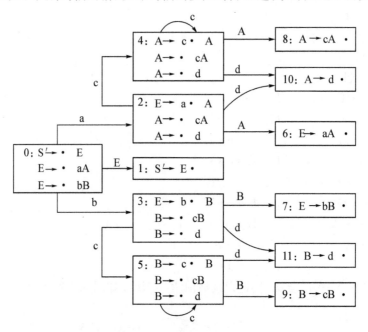

图 6.5 识别活前缀的 DFA

6.2.1 LR(0)项目集规范族的构造

由上面的介绍可知，若用手工来构造文法的项目集规范族是很困难的，这里介绍如何由机器自动构造它。下面分四点介绍：

（1）拓广文法，增加 S′→S 产生式，使文法的开始符号不出现在任何产生式右部，从而保证有唯一的接受项目。即使原开始符号 S 不出现在任何产生式右部，但为了统一起见仍增加 S′→S 产生式。

（2）设 I 是拓广文法 G′的一个项目集，定义和构造 I 的闭包 CLOSURE(I)如下：

a. I 的任何项目都属于 CLOSURE(I)；

b. 若 A→α·Bβ 属于 CLOSURE(I)，B∈V_N，那么对任何关于 B 的产生式 B→γ，项目 B→·γ也属于 CLOSURE(I)；

c. 重复执行步骤 b，直至 CLOSURE(I)不再扩大为止。

（3）执行状态转换函数 GO。GO(I,X)定义为 CLOSURE(J)，其中 I,J 都是项目集，X∈(V_N∪V_T)。而且 J＝｛任何形如 A→αX·β 的项目|A→α·Xβ∈I｝，其含义是对于任意项目集 I，转换到项目集 J，这是由于 I 中有 A→α·Xβ 项目，J 中有 A→αX·β 项目的缘故，表示识别活前缀又移进一个符号 X。

（4）构造 LR(0)项目集规范族的算法如下：

　　1. PROCEDURE ITEMSETS-LR(0)

2.　　　　BEGIN
3.　　　　　　C：＝{CLOSURE({S′→・S})}　　　／＊初态项目集＊／
4.　　　　　　REPEAT
5.　　　　　　　　FOR C 中每个项目集 I 和 G′中每个文法符号 X　DO
6.　　　　　　　　　IF GO(I,X)非空且不属于 C THEN
7.　　　　　　　　　　把 GO(I,X)加入 C 中
8.　　　　　　UNTIL C 不再扩大为止
9.　　　END;

其中,C 是集合,存放全部的项目集。第 3 行是置 C 的初态,它仅包含第一个项目集(由初始项目通过求闭包获得)。算法是迭代算法,像滚雪球一样,每经过一次 FOR 语句,便扩大 C 中项目集数,直至项目集数不变为止。

由这个项目集规范族 C 中各个状态及状态转换函数 GO,可构造一张识别活前缀的 DFA 图。读者可以利用上面文法作为例子,按算法重做一遍,其结果与手工构造的完全相同。

上述构造项目集族的算法是从 I_0 开始,按该项目集内的项目顺序依次求出所有后继项目集。例如,从 I_0 求出的后继项目集,其顺序是 I_1、I_2 和 I_3,然后再对新求出的项目集重复上述做法。这样,一层一层往下生成所有项目集的方法避免了项目集的遗漏。

6.2.2　LR(0)分析表的构造算法

我们从已求得的项目集规范族 C 和转换函数 GO 来构造 LR 分析表。下面是构造 LR(0)分析表的算法(算法 6.1):

设 $C=\{I_0,I_1,\cdots,I_n\}$,以各项目集 $I_k(k=0,\cdots,n)$ 的 k 作为状态序号,并以包含 $S′→・S$ 的项目集作为初始状态,同时将 G′文法的产生式进行编号,然后按下列步骤填写 ACTION 表和 GOTO 表:

(1) 若项目 $A→\alpha・\alpha\beta\in I_k$ 状态且 $GO(I_k,a)=I_j$,a 为终结符,则置 ACTION[k,a]=S_j,意思是移进 a 并转向 I_j 状态;

(2) 若项目 $A→\alpha・\in I_k$,则对任何终结符 a(包括语句结束符♯)置 ACTION[k,a]= reduce j,简记作 r_j,其中 j 为产生式 $A→\alpha$ 的编号;

(3) 若项目 $S′→S・\in I_k$,则置 ACTION[k,♯]= accept,表示识别语句成功,简记为'acc';

(4) 若 $GO(I_k,A)=I_j$,A 是非终结符,则置 GOTO[k,A]=j;

(5) 分析表中凡不能用步骤(1)至(4)填入信息的空白项,均置上报错标志。

定义:若文法 G 按算法 6.1 构造出来的分析表不包含多重定义(即每个入口都是唯一的),则该文法 G 是 LR(0)的。

显然,LR(0)文法的每个项目集中不包含任何冲突项目:既不能有移进—归约冲突也不能有归约—归约冲突。LR(0)文法的能力很弱,甚至连表达式文法也不属于 LR(0)文法,所以没有实用价值。这里讨论它不过是利用它的构造算法来构造其他 LR 分析表。

例如,文法 G6.1 就是一个 LR(0)文法。假定对这个文法的各个产生式给予编号并写成:
　　　0. $S′→E$　　　4. $A→d$

1. E→aA   5. B→cB
2. E→bB   6. B→d
3. A→cA

那么，按 LR(0) 分析表构造算法填写这个文法的 LR(0) 分析表，如表 6.2 所示。

表 6.2 LR(0) 分析表

状态	ACTION					GOTO		
	a	b	c	d	#	E	A	B
0	S_2	S_3				1		
1					acc			
2			S_4	S_{10}			6	
3			S_5	S_{11}				7
4			S_4	S_{10}			8	
5			S_5	S_{11}				9
6	r_1	r_1	r_1	r_1	r_1			
7	r_2	r_2	r_2	r_2	r_2			
8	r_3	r_3	r_3	r_3	r_3			
9	r_5	r_5	r_5	r_5	r_5			
10	r_4	r_4	r_4	r_4	r_4			
11	r_6	r_6	r_6	r_6	r_6			

如上所述，下推栈栈顶状态实质上是 DFA 的一个状态，它反映了识别活前缀的进程，反映了寻找句柄的历史情况，即句柄有多少部分已进栈，而不必到栈里去找过去的移进—归约历史。这种下推自动机的分析过程实际上可看作是有限自动机与下推栈结合的过程。有限自动机表示分析活前缀的过程，而下推栈是记住已分析的历史情况。这也说明了下推自动机的能力比有限自动机能力强的原因。

该下推机做归约时与当前读头下符号无关，因为它对任何符号都采取归约动作。也就是说，它甚至连现实情况都不看，只凭历史情况办事，由于这个原因 LR(0) 文法的能力很弱。

6.3 SLR 分析表的构造

LR(0) 文法能力弱的原因是归约时只考虑历史信息，连一点现实情况都不看，犯了经验主义错误。SLR 是 LR(0) 的一种改进，它在归约时除了考虑历史情况外还考虑了点现实。

设文法 G 的 LR(0) 项目集规范族中含有如下一个项目集(状态)：

I＝{X→δ·bβ   移进项目

A→α·   归约项目

B→α·}   归约项目

这三个项目告诉我们应做的动作各不相同，互相冲突。按照 6.1 算法，第一个项目告诉我们应该把读头下符号 b 移进,第二个项目告诉我们应把栈顶的 α 归约为 A,第三个项目则说应把 α 归约为 B,即出现了移进—归约冲突和归约—归约冲突,所以该文法 G 肯定不是 LR(0)文法。

下面依次考察归约—归约冲突以及移进—归约冲突如何消除。若栈顶已形成句柄 α,而读头下符号为 a,a∈Follow(A)而 a∉Follow(B),显然将 α 归约成 A 的话分析可以继续;相反,若 a∉Follow(A)而 a∈Follow(B),应将 α 归约为 B。若读头下符号 a∉Follow(A)且 a∉Follow(B),而 a=b,则应该做移进。这样,一个有冲突的项目集,根据读头下符号不同各得其所,变得没有冲突了。

一般而言,对于任何形如 I={X→δ・bβ,A→α・,B→α・} 的 LR(0)项目集,若 Follow(A)∩Follow(B)=∅且 b∉Follow(A),b∉Follow(B),则可以根据当前读头下符号 a 来消除冲突。即在构造 LR 分析表的算法中作如下改变:

(1) 若当前输入符 a=b,做移进;

(2) 若当前输入符 a∈Follow(A),按 A→α 产生式归约;

(3) 若当前输入符 a∈Follow(B),按 B→α 产生式归约;

(4) 其他,报错。

构造 SLR 分析表的算法(算法 6.2)如下:

设 C={I_0,I_1,…,I_n},以各项目集 I_k(k=0,1,…,n)的 k 作为状态,并以包含 S′→・S 的项目集为初态,同时将产生式进行编号,然后按下列步骤填写 ACTION 表和 GOTO 表:

(1) 若项目 A→α・aβ∈I_k 且 GO(I_k,a)=I_j,a 为终结符,则置 ACTION[k,a]=S_j,意思是移进 a 并转向 j 状态。

(2) 若项目 A→α・∈I_k,则对任何终结符 a∈Follow(A),置 ACTION[k,a]=r_j,其中 j 为 A→α 产生式的编号;

(3) 若项目 S′→S・∈I_k,则置 ACTION[k,♯]=acc;

(4) 若 GO(I_k,A)=I_j,A∈V_N,则置 GOTO[k,A]=j;

(5) 分析表中凡不能用(1)至(4)步填写的空白项,均置报错标志。

定义:若文法 G 按算法 6.2 构造出来的分析表不包含多重定义(即每个入口都是唯一的),则称该文法 G 是 SLR 的。

〔例 6.1〕试构造表达式文法 G(E)的 SLR 分析表。

G(E):　0. S′→E　　　　4. T→F

　　　　1. E→E+T　　　5. F→(E)

　　　　2. E→T　　　　6. F→i

　　　　3. T→T＊F

解:按照求 LR(0)项目集规范族的算法,求得 G(E)文法的项目集族如图 6.6 所示。

从项目集族可看出,I_1,I_2,I_9 三个项目集中皆存在移进与归约项目冲突。它们能否通过求随符(Follow)办法解决这种冲突? I_1 中的 S′→E・是接受项目,因此 I_1 中的冲突实际上是"移进—接受"冲突。根据 SLR 办法,遇"+"做移进,遇"♯"做接受,无冲突;I_2 的 Follow(E)={♯,+,)},所以当输入符为"♯","+",")"时按产生式 E→T 归约,输入符为"＊"时做移进,也无冲突。I_9 的情况同 I_2,也无冲突。可见,若按算法 6.2 构造出的 SLR 分析表肯定不存在重定义项,它构造出的分析表见表 6.1。

117

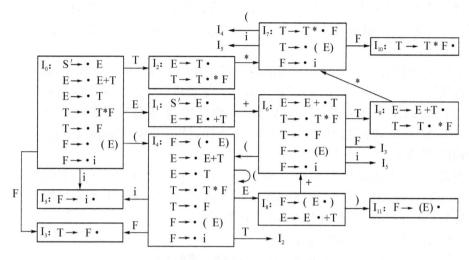

图 6.6　G(E)的 LR(0)项目集族

〔**例 6.2**〕一个非 SLR 文法的例子。

G(Ex)：　1. $S' \to S$　　　　4. $L \to * R$

　　　　　2. $S \to L = R$　　　5. $L \to i$

　　　　　3. $S \to R$　　　　6. $R \to L$

解：先求文法 G(Ex)的项目集规范族，如图 6.7 所示。总共有 $I_0 \cdots I_9$ 共 10 个项目集，其中 I_2 存在移进与归约项目冲突，它能否用 SLR 办法加以消除呢？其中第一个项目 $S \to L \cdot = R$，面临"="时做移进，即有 $ACTION[I_2, =] = S_6$；第二个项目 $R \to L \cdot$ 为归约项目，由于 $Follow(R) = \{\sharp, =\}$，所以应有 $ACTION[I_2, =] = r_6$，用"$R \to L$"归约。因此，当状态 2 面临输入符号"="时，存在移进—归约冲突，所以 G(Ex)文法不是 SLR 文法。按算法 6.2 构造的 SLR 分析表见表 6.3。

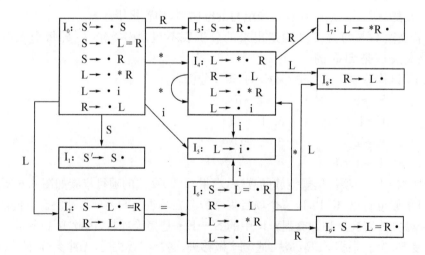

图 6.7　文法 G(Ex)的 SLR 项目集族

表 6.3 G(Ex)的 SLR 分析表

状态	ACTION				GOTO		
	=	i	*	#	S	L	R
0		S_5	S_4		1	2	3
1				acc			
2	S_6/r_6			r_6			
3				r_3			
4		S_5	S_4			8	7
5	r_5			r_5			
6		S_5	S_4			8	9
7	r_4			r_4			
8	r_6			r_6			
9				r_2			

由图可见,ACTION$[I_2,=]=S_6/r_6$,有多重入口,所以 G(Ex)文法不是 SLR 文法。

请注意,若在项目集中存在 A→·ε 项目,则不应该做 GO 函数转向到其他项目集,因为 A→·ε 项目与 A→ε· 项目是同一项目,都是 A→· 项目,应该是归约项目。

例如,若有文法 G:

  S→AaAb|BbBa,A→ε,B→ε

将文法拓广并求初态项目集,有如图 6.8 所示形式。

显然,A→·,B→· 是归约项目,不存在求后继项目问题。

二义文法决不是 LR 文法,这是一条定理。但 G(Ex)文法不是二义文法,为什么也不是 SLR 文法呢?关键在于 SLR 分析法未包含足够的"展望"信息,因此当状态 2 面临"="时未能用展望信息来决定是做"移进"还是"归约"。

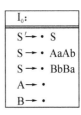

图 6.8 文法 G 的初态项目集

6.4 规范 LR 分析表的构造

在构造 SLR 分析表的方法中,若项目集 I_k 含有 A→α·,那么在状态 k 时,只要面临输入符号 a∈Follow(A),就确定采用 A→α 产生式进行归约。但是,某种情况下,当状态 k 呈现于栈顶时,栈里的符号串所构成的活前缀 βα 未必允许把 α 归约为 A,因为可能没有一个规范句型含有前缀 βAa。所以,在这种情况下,用 A→α 产生式进行归约未必有效。

例如,再来看文法 G(Ex)的项目集 I_2,当状态 2 呈现于栈顶且面临输入符号"="时,按 SLR 方法可以做归约,但由于该文法根本就不存在以"R="为活前缀的句型,因此不能用 R→L 产生式进行归约。这样,仅保留 ACTION$[I_2,=]=S_6$,不再出现冲突,而把项目集 I_2 按 R→L 产生式的归约看作无效归约。

从这里我们得到启发:并非随符都出现在规范句型中。为此,对每个 LR(0)项目添加展

119

望信息,即添加句柄之后可能跟的终结符,因为这些终结符确实是规范句型中跟在句柄之后的。

定义:形如$(A \rightarrow \alpha \cdot \beta, a)$的二元式称为 LR(1)项目。其中,$A \rightarrow \alpha\beta$ 是文法的一个产生式,$a \in V_T$,称作搜索符,可见 LR(1)的项目是对 LR(0)项目的分裂,若文法中终结符的数目为 n,则每个 LR(0)项目可分裂成 n 个 LR(1)项目。这个二元式$(A \rightarrow \alpha \cdot \beta, a)$的含义是:预期当栈顶句柄 $\alpha\beta$ 形成后,在读头下读到 a,而当前 α 在栈内,β 还未入栈,即它展望了句柄以后 1 个符号。这就是 LR(1)文法的(1)之来源。同样道理,LR(k)即表示展望句柄之后 k 个符号。对于多数程序设计语言,向前展望 1 个符号就足以决定归约与否,所以只研究 LR(1)。

在 LR(1)项目中有效的项目并不多。

定义:若存在规范推导 $S' \xrightarrow{*} \delta A\omega \rightarrow \delta\alpha\beta\omega$,其中 $\delta\alpha$ 称规范句型 $\delta\alpha\beta\omega$ 的活前缀(记作 γ),$a \in$ FIRST(ω),则 LR(1)项目$(A \rightarrow \alpha \cdot \beta, a)$对于活前缀 γ 是有效的。如果 $b \notin$ FIRST(ω),即使 $b \in$ Follow(A),项目$(A \rightarrow \alpha \cdot \beta, b)$也是无效的。规范 LR 分析法仅考虑有效的 LR(1)项目。

6.4.1 构造 LR(1)项目集规范族的算法

构造 LR(1)项目集族的算法本质上和构造 LR(0)项目集族的算法是一样的,先介绍两个函数:CLOSURE 和 GO。

(1) 函数 CLOSURE(I)—I 的项目集。

①I 的任何项目都属于 CLOSURE(I);

②若项目$(A \rightarrow \alpha \cdot B\beta, a)$属于 CLOSURE(I),$B \rightarrow \gamma$ 是一个产生式,那么对于 FIRST(βa)中每个终结符 b,如果$(B \rightarrow \cdot \gamma, b)$原来不在 CLOSURE(I)中,则把它加进去;

③重复步骤②,直至 CLOSURE(I)不再扩大为止。

因为$(A \rightarrow \alpha \cdot B\beta, a)$属于 CLOSURE(I),那么$(B \rightarrow \cdot \gamma, b)$当然也属于 CLOSURE(I),其中 b 必定是跟在 B 后面的终结符,即 $b \in$ FIRST(βa),若 $\beta = \varepsilon$,则 $b = a$。

(2) GO 函数。

令 I 是一个项目集,X 是一个文法符号,函数 GO(I,X)定义为:

  GO(I,X)=CLOSURE(J)

其中,J={任何形如$(A \rightarrow \alpha X \cdot \beta, a)$的项目$|(A \rightarrow \alpha \cdot X\beta, a) \in I$}。

可见在执行转换函数 GO 时,搜索符并不改变。

(3) 构造拓广文法 G′的 LR(1)项目集族 C 的算法如下:

```
PROCEDURE ITEMSETIR(1)
    BEGIN
        C:={CLOSURE({(S'→ · S, ♯)})};
        REPEAT
            FOR C 中的每个项目集 I 和 G′的每个文法符号 X   DO
                IF GO(I,X)非空且不属于 C THEN 把 GO(I,X)加入 C 中
        UNTIL C 不再扩大为止
    END;
```

例如,仍以 G(Ex)文法为例,构造其 LR(1)项目集族。初态项目集 I_0,从$(S' \to \cdot S, \sharp)$项目开始求闭包可得图 6.9 所示的初态项目集:

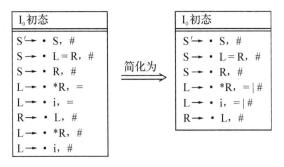

图 6.9 初态项目集

该项目集的项目数只比 LR(0)项目集的项目数多 2 个,可见有效的 LR(1)项目数增加并不太多。

接着利用 GO 函数对该项目集内的各项目求后继项目集,然后再对新求的项目集重复上述过程,直至项目集不再增加为止。最后可得图 6.10 所示的 LR(1)项目集族。

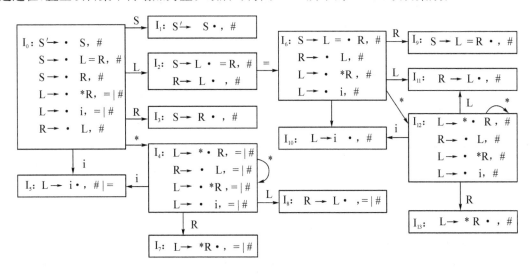

图 6.10 G(Ex)的 LR(1)项目集族

6.4.2 构造 LR(1)分析表的算法

下面是构造 LR(1)分析表的算法(算法 6.3):

设 C＝{$I_0, I_1, \cdots, I_n$},令每个项目集 I_k 的下标 k 为分析表中的状态,含有$(S' \to \cdot S, \sharp)$项目的状态为分析表初态,然后按下列步骤填 ACTION 和 GOTO 表:

(1) 若项目$(A \to \alpha \cdot \beta, b)$属于 I_k 且 GO(I_k, a)＝I_j,$a \in V_T$,则置 ACTION[k,a]为 S_j,意思是把 a 移进栈并转向 j 状态;

(2) 若项目$(A \to \alpha \cdot , a)$属于 I_k,则置 ACTION[k,a]为 r_j,按第 j 号产生式归约,其中 j 为

A→α产生式的编号;

(3) 若项目(S'→S·,#)属于 I_k,则置 ACTION[k,#]=acc,意思为接受;

(4) 若 GO(I_k,A)=I_j,则置 GOTO[k,A]=j;

(5) 分析表中凡不能用步骤(1)至(4)填写的空白项,均置报错标志。

定义:若文法 G'按算法 6.3 构造出来的分析表不存在多重定义项,则称文法 G'是 LR(1)的。

例如,文法 G(Ex)的规范 LR(1)分析表如表 6.4 所示。

表 6.4 G(Ex)的 LR(1)分析表

状态	ACTION				GOTO		
	=	i	*	#	S	L	R
0		S_5	S_4		1	2	3
1				acc			
2	S_6			r_6			
3				r_3			
4		S_5	S_4			8	7
5	r_5			r_5			
6		S_{10}	S_{12}			11	9
7	r_4			r_4			
8	r_6			r_6			
9				r_2			
10				r_5			
11				r_6			
12		S_{10}	S_{12}			11	13
13				r_4			

每个 SLR 文法都是 LR(1)文法,相反的并不一定成立。一个 SLR 文法的规范 LR 分析器比其 SLR 分析表含有更多状态。文法 G(Ex)若按 SLR 方法构造只有 10 个状态,按 LR(1)构造有 14 个状态。在严重情况下,状态数可能呈几倍增加,因此必须找一种更合适的 LR 分析法。

6.5 LALR 分析表构造

LR(1)分析法的能力较强,但它构造的分析表尺寸比较大,为此提出一种简化型的具有预测能力(Lookahead)的 LR(1)分析方法,称作 LALR 分析法。从分析能力上说,LALR 的能力弱于 LR(1),强于 SLR,构造的分析表尺寸与 SLR 分析表相同。

6.5.1 基本思想

LALR 分析法是在 LR(1) 文法的基础上构造出来的,仅当文法是 LR(1) 时才有可能构造 LALR 分析表。

若文法 G' 的 LR(1) 的两个项目集 I_i 和 I_j 在去掉各项目中的搜索符之后是相同的,则称这两项目集为同心的,例如 G(Ex) 的 LR(1) 项目集族中 7 与 13,5 与 10,4 与 12,8 与 11 都是同心的。合并同心项目集,可得到一个与 LR(0) 相同的项目集,也就是说它的状态数与 LR(0) 相同。

在合并同心项目集的同时,以某种方式合并 LR(1) 分析表中的 ACTION 表和 GOTO 表的对应项,从而可以在 LR(1) 分析表的基础上构造一个尺寸与 LR(0) 分析表相同的分析表。若这个表不含多重定义项,它就是 LALR 分析表。

例如,图 6.10 中将 5 与 10,4 与 12,7 与 13,8 与 11 进行合并,合并之后去掉 10、11、12、13 四个状态,变成状态数与 SLR 相同的分析表框架。

下面主要讨论如何合并 ACTION 和 GOTO 表中的对应项,合并时若出现冲突该怎么解决。

(1) GOTO 表合并之后不会出现转向冲突。

根据 GO 函数的定义 GO(I,X) = CLOSURE(J),其中 J = {形如 $(A \rightarrow \alpha X \cdot \beta, a)$ 的项目 | $(A \rightarrow \alpha \cdot X\beta, a) \in I$},转向之后搜索符不变,即与搜索符无关。

例如设 I_m, I_n 同心,则:

$(A \rightarrow \alpha \cdot X\beta, a) \in I_m \qquad GO(I_m, X) \Rightarrow (A \rightarrow \alpha X \cdot \beta, a)$

$(A \rightarrow \alpha \cdot X\beta, b) \in I_n \qquad GO(I_n, X) \Rightarrow (A \rightarrow \alpha X \cdot \beta, b)$

转向之后仍然是同心的,没有冲突。

(2) ACTION 表合并,分六种情况讨论如下:

① 出错与出错合并,结果仍为出错,没有冲突。

② 移进与移进合并,已讨论过无冲突。

③ 归约与归约合并,这里分两种情况讨论:

a. 按同一产生式归约,无冲突;

b. 按不同产生式归约,将造成冲突,因此 LALR 的能力弱于 LR(1)。

例如,文法:

(0) $S' \rightarrow S$

(1) $S \rightarrow aAd \mid bBd \mid aBe \mid bAe$

(2) $A \rightarrow c$

(3) $B \rightarrow c$

如果构造这个文法的 LR(1) 项目集族,那么将发现它不存在冲突性动作,所以该文法是 LR(1) 文法。在项目集族中含有两个项目{$(A \rightarrow c \cdot, d)(B \rightarrow c \cdot, e)$}和{$(A \rightarrow c \cdot, e)(B \rightarrow c \cdot, d)$},这两个项目集都不含冲突,而且是同心的。现在将它们合并变成{$(A \rightarrow c \cdot, d \mid e)(B \rightarrow c \cdot d \mid e)$}。显然,当面临 d 或 e 这两个搜索符时,我们不知用 $A \rightarrow c$ 还是 $B \rightarrow c$ 产生式来归约,即出现了归约—归约冲突。

④出错与移进合并,这种情况不会出现的,因为出错项目与移进项目不同心。

⑤移进与归约合并,这种情况也不会出现,道理同④。

⑥归约与出错合并,其结果人为地规定它做归约。在 G(Ex)的表 6.4 中,5 与 10、7 与 13、8 与 11 合并都出现这种情况。由此可见,LALR 与 LR(1)相比,放松了报错条件。也就是说,在 LR(1)中它能马上报告出错,但在 LALR 中却去做归约。好在 LALR 分析法对错误的定位能力没有降低,因为移进能力没有减弱,在下一个符号移进之前总能报告出错信息。显然这种现象并不影响分析过程,见例 6.3。

从上面的叙述能得到这样的结论,只要合并同心项目集之后,就不存在按不同产生式的归约—归约冲突,由 LR(1)项目集族总能构造出 LALR 分析表。

6.5.2　构造 LALR 分析表的算法

构造 LALR 分析表的算法(算法 6.4)的主要步骤是:

(1) 构造文法 G'的 LR(1)项目集族 $C=\{I_0,I_1,\cdots,I_n\}$。

(2) 把所有同心集合并在一起,记作 $C'=\{J_0,J_1,\cdots,J_m\}$,它为合并后的新族,含有项目 $(S'\to \cdot S,\#)$的 J_k 为分析表初态。

(3) 从 C'构造 ACTION 表:

①若$(A\to\alpha\cdot a\beta,b)\in J_k$ 且 $GO(J_k,a)=J_j$,a 为终结符,则置 $ACTION[k,a]=S_j$;

②若$(A\to\alpha\cdot,b)\in J_k$,则置 $ACTION[k,b]=r_j$,其中 j 为产生式 $A\to\alpha$ 的编号;

③若$(S'\to S\cdot,\#)\in I_k$,则置 $ACTION[k,\#]=acc$。

(4) 构造 GOTO 表:假定 J_k 是 $I_{i1},I_{i2},\cdots,I_{it}$ 合并后的新集。由于所有这些 I_i 同心,因此 $GO(I_{i1},X),GO(I_{i2},X)\cdots GO(I_{it},X)$也是同心的,并记作 J_i。也即 $GO(J_k,X)=J_i$,若有 $GO(J_k,A)=J_i,A\in V_N$,则置 $GOTO[k,A]=i$。

(5) 凡不能用步骤(1)至(4)填写的空白项,均填上报错标志。

定义:文法 G'按算法 6.4 构造分析表,若不存在多重定义项,则称文法 G'是 LALR(1)的。

例如,由 G(Ex)文法的 LR(1)项目集族(图 6.10)构造 LALR 分析表,如表 6.5 所示。

表 6.5　G(Ex)的 LALR 分析表

状态	ACTION				GOTO		
	=	i	*	#	S	L	R
0		S_5	S_4		1	2	3
1				acc			
2	S_6			r_6			
3				r_3			
4		S_5	S_4			8	7
5	r_5			r_5			
6		S_5	S_4			8	9

状态	ACTION				GOTO		
	=	i	*	#	S	L	R
7	r_4			r_4			
8	r_6			r_6			
9				r_2			

〔例 6.3〕设文法 G(Ex)：

      1. S′→S

      2. S→L=R

      3. S→R

      4. L→ * R

      5. L→i

      6. R→L

其 LR(1)分析表(见表 6.4)和 LALR 分析表(见表 6.5)已构造好,请给出分析输入串 i= * i= #的全过程。

解:LR(1)分析过程如下:

步骤	状态栈	符号栈	输入串
0	0	#	i= * i= #
1	0,5	#i	= * i= #
2	0,2	#L	= * i= #
3	0,2,6	#L=	* i= #
4	0,2,6,12	#L= *	i= #
5	0,2,6,12,10	#L= * i	= #
报告输入串有错			

LALR 分析过程如下:

步骤	状态栈	符号栈	输入串
0	0	#	i= * i= #
1	0,5	#i	= * i= #
2	0,2	#L	= * i= #
3	0,2,6	#L=	* i= #
4	0,2,6,4	#L= *	i= #
5	0,2,6,4,5	#L= * i	= #
6	0,2,6,4,8	#L= * L	= #

步骤	状态栈	符号栈	输入串
7	0,2,6,4,7	♯L=∗R	=♯
8	0,2,6,8	♯L=L	=♯
9	0,2,6,9	♯L=R	=♯
报告输入串有错			

由例 6.3 可见,用 LR(1)分析,遇到输入串有错时立刻报错;用 LALR 分析,遇到输入串有错时并没有立刻报错,而是多做了几步归约(步骤 6—步骤 9)后才发现。但是它们对错误的定位是一样的(例子指出:当"∗i"后跟"="时出错),可见 LALR 分析法的报错能力并没有减弱。

6.6　二义文法的应用

任何二义文法绝不是一个 LR 文法,因而也不是 SLR 或 LALR 文法,这是一条定理。但是,某些二义文法是非常有用的。例如,若用二义文法

G6.2：　$E' \to E$

　　　　$E \to E+E \mid E∗E \mid (E) \mid i$

来描述含有"+"、"∗"的算术表达式,并对算符"+"、"∗"赋予优先级和结合规则,那么这个文法是最简单的了。这个文法与文法(见 6.3 节)

G(E)：　$E' \to E$

　　　　$E \to E+T \mid T$

　　　　$T \to T∗F \mid F$

　　　　$F \to (E) \mid i$

相比,它们定义的语言相同,但它有两个明显的好处:首先,如需要改变算符的优先级或结合规则,无需去改变文法 G6.2 自身;其次,文法 G6.2 的分析表所包含的状态肯定比 G(E)所包含的状态要少得多,因为 G(E)中含有单非产生式 $E \to T$ 和 $T \to F$,这些旨在定义算符优先级和结合规则的产生式要占用不少状态和消耗不少时间。本节将讨论如何使用 LR 分析法的基本思想,凭借一些其他条件来分析二义文法所定义的语言。我们以文法 G6.2 为例进行讨论。

文法 G6.2 的 LR(0)项目集规范族如图 6.11 所示。在状态 I_1,存在"接受"和"移进"的冲突,这可用 SLR 的办法予以解决。因为 Follow(E')仅含♯,所以当面临"♯"时,接受是唯一可行的动作。另一方面,只有在面临"+"和"∗"时才要求执行"移进"。所以,I_1 状态不存在移进—归约冲突。

但是状态 I_7 在面临"+"或"∗"时所存在的归约(用 $E \to E+E$)和移进冲突却不是用 SLR 方法所能解决的,因为不论"+"或"∗"都属于 Follow(E)。状态 I_8 在面临"+"或"∗"时也类似地存在归约(用 $E \to E∗E$)和移进冲突。这些冲突只有借助于其他条件才能得到解决。这个条件就是使用关于算符"+"和"∗"的优先级和结合规则的有关信息。

让我们考虑输入串 i+i∗i。在处理了 i+i 之后,分析器进入到状态 I_7,这时符号栈内容为 ♯E+E,状态栈内容为 0、1、4、7,输入串的剩余部分为 ∗i♯。假定"∗"的优先级高于"+",则

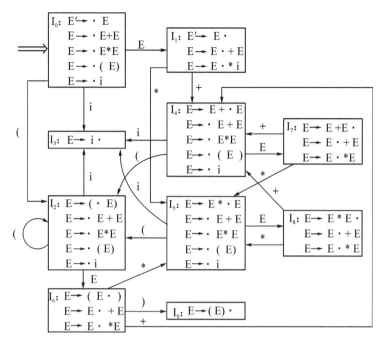

图 6.11 二义文法的 LR(0) 项目集

应把"＊"移进栈,准备先把"＊"和它的左右操作数 i 归约成表达式 E,这正是我们所希望的。也就是说,在状态 I_7,面临"＊"时应做移进操作,而不做归约操作。另一方面,如果我们人为地认为"＋"的优先级高于"＊",则这时应把 E＋E 归约为 E。可见,用这种方法改变算符优先级是极其方便的。

假定输入串为 i＋i＋i,在处理了 i＋i 后分析器仍然到达 I_7。这时符号栈内容同样是 ♯E ＋E,而输入串剩余部分为＋i♯。状态 I_7 面临＋号同样存在移进—归约冲突。算符"＋"的结合规则告诉我们,如果"＋"服从左结合,那就应首先用 E→E＋E 实行归约;如果"＋"服从右结合,那就应执行移进操作。

由于规定了"＊"的优先级高于"＋",且"＊"和"＋"算符服从左结合,所以在状态 I_7,面临"＊"时应采用移进动作,而面临"＋"时应采用 E→E＋E 归约操作。在状态 I_8,面临"＊"时应采用 E→E＊E 归约操作,面临"＋"时更应采用 E→E＊E 归约操作。

采用这种办法,我们得到文法

G6.2:　　　　(1) E→E＋E　　　　(3) B→(E)
　　　　　　(2) E→E＊E　　　　(4) E→i

的 LR 分析表如表 6.6 所示。

表 6.6 二义文法的 LR 分析表

状态	ACTION						GOTO
	i	＋	＊	(	)	♯	E
0	S_3			S_2			1
1		S_4	S_5			acc	

127

状态	ACTION						GOTO
	i	＋	＊	（	）	＃	E
2	S_3			S_2			6
3		r_4	r_4		r_4	r_4	
4	S_3			S_2			7
5	S_3			S_2			8
6		S_4	S_5		S_9		
7		$r_1(S_4)$	$S_5(r_1)$		r_1	r_1	
8		$r_2(S_4)$	$r_2(S_5)$		r_2	r_2	
9		r_3	r_3		r_3	r_3	

采用了附加条件之后,对于发生冲突的表元素(见表 6.6)仅保留一种操作,不被选择的操作括在括号内。

利用表 6.6 分析输入串 i＋i＊(i)＃的全过程如表 6.7 所示。注意,在第 5 步,状态 I_7 面临符号"＊"时选择做移进动作。因为"＊"的优先级高于"＋",尽管栈内句柄已形成,但不做归约动作。

表 6.7　i＋i＊i(i)的分析过程

步骤	状态栈	符号栈	输入串
0	0	＃	i＋i＊(i)＃
1	0,3	＃i	＋i＊(i)＃
2	0,1	＃E	＋i＊(i)＃
3	0,1,4	＃E＋	i＊(i)＃
4	0,1,4,3	＃E＋i	＊(i)＃
5	0,1,4,7	＃E＋E	＊(i)＃
6	0,1,4,7,5	＃E＋E＊	(i)＃
7	0,1,4,7,5,2	＃E＋E＊(	i)＃
8	0,1,4,7,5,2,3	＃E＋E＊(i	)＃
9	0,1,4,7,5,2,6	＃E＋E＊(E	)＃
10	0,1,4,7,5,2,6,9	＃E＋E＊(E)	＃
11	0,1,4,7,5,8	＃E＋E＊E	＃
12	0,1,4,7	＃E＋E	＃
13	0,1	＃E	＃
14	成功		

作为另一个例子,我们考虑条件语句 if…then…else 二义结构的文法,它可描述为:

G6.3: (1) S→iSeS

(2) S→iS

(3) S→a

它的 LR(0)项目集族如图 6.12 所示。

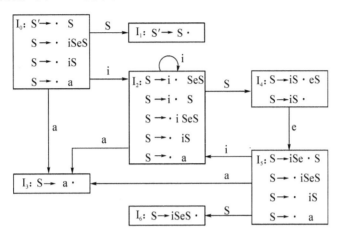

图 6.12　文法 G6.3 的 LR(0)项目集族

对于条件语句,当 if C then S 呈现于栈顶并面临输入 else 时,应该执行移进还是执行归约呢?按照通常的习惯,是让 else 与最近的一个 then 相结合,因此应该移进。由文法 G6.3 构造的 LR(0)项目集 I_4 来看,读头下所面临的 e 只是以(呈现于栈顶的符号串)iS 为首的候选的一部分。如果跟在 e 后面的符号不能归约出一个 S,那么整个输入串就无法最终归约为 S。如果认为呈现于栈顶的符号串 iS 已构成句柄,那么 eS 将永远不可能进栈,所以我们的结论是:状态 I_4 存在的"移进—归约"冲突应采用移进 e 的办法来解决。这样,可以从图 6.12 的 LR(0)项目集构造出文法 G6.3 的拓广文法的 LR 分析表(见表 6.8,注意 FOLLOW(S)＝ ｛e,♯｝,但在 ACTION[4,e]处仅选择 S_5,而不选 r_2)。

表 6.8　G6.3 文法的 LR 分析表

状态	ACTION				GOTO
	i	e	a	♯	S
0	S_2		S_3		1
1				acc	
2	S_2		S_3		4
3		r_3		r_3	
4		S_5		r_2	
5	S_2		S_3		6
6		r_1		r_1	

例如,假定输入串为 iiaea,整个分析过程如表 6.9 所示。注意,在第 5 行,状态 I_4 在面临 e 时选择了移进动作;而在第 9 行,状态 I_4 在面临 ♯ 时选择了用 S→iS 进行归约的动作。

表 6.9　iiaea 的分析过程

	状态序列	已归约串	输入串
1	0	#	iiaea#
2	02	#i	iaea#
3	022	#ii	aea#
4	0223	#iia	ea#
5	0224	#iiS	ea#
6	02245	#iiSe	a#
7	022453	#iiSea	#
8	022456	#iiSeS	#
9	024	#iS	#
10	01	#S	#

6.7　分析表的自动生成

在上一节,我们看到了如何用优先级和结合性质这些条件来构造二义文法的 LR 分析表。下面介绍一个编译程序编写系统 YACC 的基本思想。YACC 能接受用户提供的文法(可能二义)和优先级、结合性质等附加信息,自动产生这个文法的 LALR 分析表(有的甚至可包括接受语义描述和目标机器描述,并完成源语言到目标代码的翻译)。

对用户提供的文法,YACC 将首先产生它的 LALR(1)状态(项目集),然后试图为每个状态选择适当的分析动作。如果不存在冲突(即文法是 LALR(1)的),那就无需使用其他附加信息。如果文法是二义的,则附加信息是必不可少的。

6.7.1　终结符和产生式的优先级

YACC 解决移进—归约冲突的基本方法是赋予每个终结符和产生式以一定的优先级。假定在面临输入符号 a 时碰到移进和归约(用 A→α)的冲突,就比较终结符 a 和产生式 A→α 的优先级。若 A→α 的优先级高于 a 的优先级,则执行归约;反之,则执行移进。应当指出,如果对产生式 A→α 不特别赋予优先级,就认为 A→α 和出现在 α 中的最右终结符具有相同的优先级。自然,那些不涉及冲突性的动作将不理睬赋予终结符和产生式的优先级信息。

例如,考虑文法 S→iSeS|iS|a,它的 LR(0)项目集见图 6.12。如果只规定 e 的优先级高于 i,则产生式 S→iS 的优先级低于 e,因为 S→iS 的优先级和 i 相同,i 是这个产生式的最右一个终结符。在这个简单规定下,状态 I_4 面临 e 时所存在的移进—归约(用 S→iS·)冲突就解决为移进。

我们可以采用类似下面的写法,把一个文法连同它的优先信息提供给 YACC(真正的YACC 写法和这里所说的略有差别,它包含三节:定义节、文法节和可选的用户子程序节):

TERMINAL e   /＊优先级高的终结符列在前面＊/

TERMINAL i   /＊i 的优先级低于 e＊/

S→iSeS   /＊在列出有关终结符的优先顺序之后列出文法的所有

产生式。同样,列在前面的产生式的优先级较高＊/

S→iS

S→a

但是,也可以通过引进一个优先级低于 e 的哑终结符的办法,直接指明产生式 S→iS 的优先级。这种写法是:

TERMINAL   e

TERMINAL   dummy   /＊哑终结符 dummy 的优先级低于 e＊/

S→iSeS

S→iS   PRECEDENCE dummy   /＊PRECEDENCE 意味着"优先级等于"＊/

S→a

假如令 i 或 S→iS 的优先级高于 e,那么 I_4 在面临 e 时将使用 S→iS 进行归约。从图 6.12 看到,只有 I_4 有移进 e 的可能。如令 I_4 面临 e 时采用 S→iS 归约,那么 e 就永远无移进的可能。显然,令 i 或 S→iS 的优先级高于 e 是不合理的。

6.7.2 结合规则

再次考虑二义文法:

E→E＋E｜E＊E｜(E)｜i

它的 LR(0)项目集见图 6.11。我们将看到,只给出终结符和产生式的优先级还不足以解决所有冲突。在"＊"优先于"＋"的假定下,I_7 面临"＊"和 I_8 面临"＋"所存在的冲突问题可以解决。但当 I_7 面临"＋"或 I_8 面临"＊"时,移进—归约冲突仍然无法解决。如果规定了"＋"和"＊"的结合性质,那么这些冲突就可得到解决。

实际上,左结合意味着实行归约,右结合意味着实行移进。规定"＋"和"＊"都服从左结合,就可以正确地解决 I_7 和 I_8 所余下的冲突。有些算符(如关系符)不允许结合,这可用 YACC 的 NONASSOC 给以特别指明。

许多算符需要具备相同的优先级,例如,双目算符"＋"与"－"或"＊"与"/",这些同优先级的算符排列在同一个 YACC 的 TERMINAL 行中。例如:

TERMINAL＋,－LEFT

它说明"＋"、"－"具有相同优先级而且都服从左(LEFT)结合。YACC 的专用字 LEFT 表示"左结合",RIGHT 表示"右结合",NONASSOC 表示"禁止结合"。

下面的例子是关于 FORTRAN 表达式的算符优先关系和结合规则的 YACC 说明段。单目"－"(负符号)的优先级比"＊"、"/"高但比"↑"低。哑终结符 UMINUS 用来规定单目"－"的优先级。

TERMINAL   ↑   RIGHT   /＊乘幂算符优先级最高,它服从右结合＊/

TERMINAL UMINUS   /＊哑符隐含单目"－"＊/

TERMINAL   ＊,/   LEFT

TERMINAL   ＋,－   LEFT

TERMINAL	$<=>$ $\leqq\geqq$ $\neq$ NONASSOC	
TERMINAL	¬	/*非*/
TERMINAL	& LEFT	/*与*/
TERMINAL	| LEFT	/*或*/

在这个关于算符优先关系的说明段之后应紧接着列出关于表达式文法的产生式。其中关于引进单目"－"的产生式应写成：

E→－E PRECEDENCE UMINUS

表示产生式 E→－E 和哑终结符 UMINUS 具有相同的优先级。因此，在包含－E 有效的状态集中，当面临"＊"、"/"一类输入符号时，我们就能正确地用 E→－E 进行归约。但若让 E→－E 和双目减符号"－"具有相同的优先级，那么在面临"＊"、"/"这类符号时就得执行移进。

此外，YACC 采取一种极其简单的办法解决归约—归约冲突：优先使用列在前面的产生式进行归约。也就是在 YACC 程序中，列在前面的产生式具有较高的优先级。

〔例 6.4〕构造赋值语句文法 G(A) 的 LR 分析表。

G(A)：A→i:=E

E→－E|E＊E|E+E|(E)|i

解：经拓广文法并给出解决二义性的 YACC 说明如下：

TERMINAL UMINUS

TERMINAL ＊ LEFT

TERMINAL ＋ LEET

0. A'→A

1. A→i:=E

2. E→－E PRECEDNCE UMINUS

3. E→E＊E

4. E→E+E

5. E→(E)

6. E→i

按拓广文法构造 G(A) 的 LR(0) 项目集族，考虑到终结符的优先级以及"＊"与"＋"的左结合规则，消除了三个状态中存在的移进—归约冲突，最后可得表 6.10 的分析表。分析表有 15 个状态，在下一章中间代码生成时将要用到它。

最后，讨论 LR 分析表的实际安排。

表 6.10　赋值语句的 LR 分析表

状态	ACTION								GOTO	
	:=	@	＊	＋	(	)	i	#	A	E
0							S_2		1	
1								acc		
2	S_3									
3		S_5			S_6		S_7			4

状态	ACTION								GOTO	
	:=	@	*	+	(	)	i	#	A	E
4			S_8	S_9				r_1		
5		S_5			S_6	S_7				10
6		S_5			S_6	S_7				11
7			r_6	r_6		r_6		r_6		
8		S_5			S_6	S_7				12
9		S_5			S_6	S_7				13
10			r_2	r_2		r_2		r_2		
11			S_8	S_9		S_{14}				
12			r_3	r_3		r_3		r_3		
13			S_8	r_4		r_4		r_4		
14			r_5	r_5		r_5		r_5		

注:@为单目负符号。

6.7.3 LR 分析表的安排

一个包括 50 至 100 个终结符和 100 个产生式的程序设计语言大约包含数百个 LALR 状态,因此分析表的入口数(即 ACTION 和 GOTO 项数)很快就达到 2 万个以上,而且每个入口至少得用 1 字节编码。为了节省存储空间,应当找一种有效的数据结构来代替二维数组。

由表 6.10 可见,表是稀疏矩阵,而且 ACTION 表有许多行往往是相同的,如状态 3、5、6、8、9 均有相同的 ACTION 行。如果用指示器来指示一行,则所有相同行只需保留一行就足够了。因此,可以建立一个以状态为下标的一维数组。它的每个元素是一个指示器,指向某一ACTION 行。每个 ACTION 行自身是一个一维数组,它是以终结符为下标的。如果对终结符进行编号,从 0 编起,那么这个号码就用作 ACTION 的下标。

GOTO 表也可以作类似处理。但我们注意到 GOTO 表的空白入口(出错标志)是没有用的,因为分析时永远也进不了这些入口,所以可更大胆地简化,只保留非空的项,对每一个非终结符 A 安排一张包含二元式(当前状态,下一状态)的小表。例如,表 6.10 有两个非终结符 A与 E,其对应小表如下:

当前状态	下一状态
0	1

A 的状态转换表

当前状态	下一状态
3	4
5	10
6	11
8	12
其他	13

E 的状态转换表

采用了这些措施,可以大大压缩分析表的尺寸。

习 题

6-1 考虑文法 G_1:

$S \rightarrow AS | b \qquad A \rightarrow SA | a$

(1) 列出这个文法的所有 LR(0) 项目,并构造识别这个文法活前缀的 NFA,把这个 NFA 确定化为 DFA;

(2) 由算法构造 G_1 的 LR(0) 项目集规范族。

(3) 该文法是二义文法吗?

6-2 考虑文法 G_2:

$S \rightarrow (A) \qquad A \rightarrow ABB \qquad A \rightarrow B \qquad B \rightarrow b$

(1) 由算法构造 G_2 的 LR(0) 项目集规范族;

(2) 该文法是 SLR 文法吗? 若是,构造 SLR 分析表。

6-3 证明下列文法不是 SLR 的。

$$G3.1: \quad S \rightarrow E$$
$$B \rightarrow bEa$$
$$E \rightarrow aEb$$
$$E \rightarrow ba$$

$$G3.2: \quad S' \rightarrow S$$
$$S \rightarrow XYa$$
$$X \rightarrow a | Yb$$
$$Y \rightarrow c | \varepsilon$$

6-4 对于文法 G_4:

$S \rightarrow T \qquad T \rightarrow T(T) \qquad T \rightarrow \varepsilon$

(1) 构造文法 G_4 的 LR(1) 分析表;

(2) 给出语句 $((~~)) \sharp$ 的分析过程,并指出每一步动作。

6-5 对于文法 G_5:

$S \rightarrow AaAb | BbBa \qquad A \rightarrow \varepsilon \qquad B \rightarrow \varepsilon$

证明该文法是 LR(1) 的但不是 SLR。

6-6 文法 G6 的产生式如下:

$$P \rightarrow bD;Se$$
$$D \rightarrow d | D;d$$
$$S \rightarrow s | S;s$$

(1) 生成 G6 的 LR(1) 项目集族;

（2）构造 G6 的 LALR 分析表；

（3）如果文法是 LALR 的，请给出语句 bd;s;se 的分析过程。

6-7　证明文法 G_7：
$$S \rightarrow Aa \mid bAc \mid Bc \mid bBa \qquad A \rightarrow d \qquad B \rightarrow d$$
是 LR(1) 的但不是 LALR 的。

6-8　给定文法 G_8，试判断它是哪一类 LR 文法，并构造其相应的分析表。

$$G_8: \quad S \rightarrow P \qquad\qquad H \rightarrow bd \mid H;d$$
$$P \rightarrow C \mid B \qquad\quad T \rightarrow se \mid s;T$$
$$B \rightarrow H;T \qquad\quad C \rightarrow bT$$

注：S 为开始符号，b，e，d，s，；为终结符。

6-9　已知文法 G_9：
$$E \rightarrow E + E \mid EE \mid E * \mid (E) \mid a \mid b \mid \wedge$$

（1）试求 CLOSURE($\{(S \rightarrow \cdot E, \sharp)\}$)；

（2）求 GO(CLOSURE($\{(S \rightarrow \cdot E, \sharp)\}$)，E)；

（3）给出解决二义性的 YACC 说明，按照这个说明能正确地分析正规式。

6-10　给定文法 G_{10}：
$$E \rightarrow EE + \qquad E \rightarrow EE * \qquad E \rightarrow a$$

（1）文法是 SLR 的吗？若是，构造 SLR 分析表；

（2）文法是 LR(1) 的吗？若是，构造 LR(1) 分析表；

（3）给出后缀式 aaa+a * * $\sharp$ 的分析过程。

7 语法制导翻译并产生中间代码

7.1 概　述

通过词法分析和语法分析,我们已经能识别正确的源程序,但这些源程序所表示的含义是什么?有哪些内在联系?如何将它们表示成规格一致、便于计算机加工的指令形式?这是语法分析的后继阶段有待解决的核心任务。由于计算机指令与硬件关系太密切,不同硬件有不同的指令系统,所以通常是生成一组中间代码的形式——它不是机器语言,但又便于生成机器语言。中间代码的另一优点是便于代码优化。通常翻译都是将源语言转换成中间代码的形式。常用的中间代码有逆波兰表示法、P-代码、树形表示法、三元式和四元式等,其中以四元式用得最普遍,本章将重点介绍之。

词法分析与语法分析已经有相当成熟的理论基础及形式化系统,而中间代码生成还没有一种公认的形式化系统,其部分工作还处于经验阶段,因为语义形式化比语法形式化难得多。但我们还是尽量向形式化靠拢,其中语法制导翻译方法就是比较接近于形式化的。利用属性文法制导翻译也是接近于形式化的。本章以介绍前者为主。所谓语法制导翻译是在语法分析的基础上进行边分析边翻译。我们在语法分析时利用产生式进行归约或推导,但当时并未顾及产生式右部的符号串的含义,而现在要进行翻译,当然要知道它们的内在含义是什么,同时还要知道应产生什么样的目标(中间)代码形式。知道了这两者之后,就可以编制一个语义子程序,根据语义产生中间代码。具体做法是为每一个产生式配置一个语义子程序,当语法分析进行归约或推导时,就调用此语义子程序完成一部分翻译任务。语法分析完成,翻译工作也告结束。

自上而下分析时,由于采用推导,对每一个文法符号都可以配以语义动作,所以翻译比较细;而自下而上分析,仅当句柄形成时才能执行语义动作,有时感到太粗糙,在一些情况下不得不改写文法,将一个产生式分解成若干个产生式。对算符优先分析法,因为它并不是严格按照句柄归约,语义动作略有出入。总的来说,语法制导翻译对几种语法分析法都是适用的。本章以介绍 LR 分析的翻译为主,兼顾介绍自上而下分析的语法制导翻译。特别是对本课程实践的 EL 语言,就是要求在递归下降分析或算符优先分析的基础上产生中间代码。

一个语义子程序描述了一个产生式所对应的翻译工作。这些翻译工作在很大程度上取决于要产生什么形式的中间代码。一般而言,这些工作包括改变某些变量的值、查填各种符号表、发现并报告源程序错误、产生中间代码等。为了描述语义动作,需要为每个文法符号 $X(X \in V_T \cup V_N)$ 赋予各种不同的语义值:类型、地址、代码值等等。为了便于介绍,我们把语义子程序写在该产生式后面的花括号内,其一般形式为:

(1) $X \rightarrow \alpha$ 〈语义子程序 1〉

(2) Y→β ｛语义子程序 2｝

(3) A→γ ｛语义子程序 3｝

在一个产生式中,同一文法符号可能多次出现。它们代表不同的变量或值,为了区分可给它们加上角标,如将 E→E＋E 表示为 E→E$^{(1)}$＋E$^{(2)}$,这样就能区分三个 E 的语义值。当产生式进行归约时,对产生式右部符号的语义值进行综合,其结果作为左部符号的语义值保存下来。这些语义值放在哪里呢? 最好办法是放在语义栈内。因为,当栈顶句柄(即某产生式右部符号串)形成时,便被归约(被该产生式左部符号取代)。与此同时,产生式右部符号的语义值也被综合,并保存在与左部符号相应的语义栈内,而右部符号的语义值也就没有用处了,因此就不必保留,这个工作与分析栈几乎同步进行。为此对下推栈进行扩充,使它包含三栏:状态栏、符号栏和语义栏(习惯上称它们为状态栈、符号栈和语义栈),如图 7.1 所示。

假定语义栈内放的是文法符号的值 (VAL),其栈顶指针与分析栈栈顶指针相同,都用 TOP 表示。在语法分析时曾讲过,文法符号根本无需进栈,因为分析工作是由状态栈承担的,图中给出符号栈是为了介绍语义栈的内容与哪个文法符号有关才列出,实际分析时不需要符号栈。

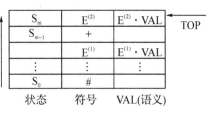

图 7.1 下推栈结构

作为一个例子,我们考虑二义的表达式文法,并给出计值的语义子程序描述。

产生式	语义子程序
(0) S'→E	｛PRINT E・VAL｝
(1) E→E$^{(1)}$＋E$^{(2)}$	｛E・VAL:＝E$^{(1)}$・VAL＋E$^{(2)}$・VAL｝
(2) E→E$^{(1)}$＊E$^{(2)}$	｛E・VAL:＝E$^{(1)}$・VAL＊E$^{(2)}$・VAL｝
(3) E→(E$^{(1)}$)	｛E・VAL:＝E$^{(1)}$・VAL｝
(4) E→i	｛E・VAL:＝LEXVAL｝

说明:

(1) 语义动作中的＋、＊代表整型量加、乘运算,即对语义栈中的值进行运算;

(2) LEXVAL 为词法分析送来的机内二进制整数。

根据图 7.1 的表示法,语义值是放在语义栈内,因此它也可用栈指针 TOP 来指出。譬如 E$^{(2)}$・VAL 在未归约时可写作 VAL[TOP],由于语义子程序是紧跟在归约动作之后执行的,所以归约之后 E$^{(2)}$・VAL 写作 VAL[TOP＋2]。同样,E$^{(1)}$・VAL 在归约之后可写作 VAL[TOP],E・VAL 在归约之后也可写作 VAL[TOP],这样语义子程序可改写如下:

产生式	语义子程序
(0) S'→E	｛PRINT VAL[TOP]｝
(1) E→E$^{(1)}$＋E$^{(2)}$	｛VAL[TOP]:＝VAL[TOP]＋VAL[TOP＋2]｝
(2) E→E$^{(1)}$＊E$^{(2)}$	｛VAL[TOP]:＝VAL[TOP]＊VAL[TOP＋2]｝
(3) E→(E$^{(1)}$)	｛VAL[TOP]:＝VAL[TOP＋1]｝
(4) E→i	｛VAL[TOP]:＝LEXVAL｝

表 7.1 列出了分析输入串(7＋9)＊5♯并给出它的计值的过程。语法分析采用 LR 总控程序,分析表用表 6.6。当状态 1 面临♯时,对应的动作是 acc,这时相应语义子程序为 PRINT

137

VAL［TOP］，即输出计值结果 80。

表 7.1　分析与计算语义值

步　骤	状　态	SYM	VAL	INPUT	ACTION
1	0	#	—	(7+9)＊5#	
2	0,2	#(	— —	7+9)＊5#	移进
3	0,2,3	#(7	— — —	+9)＊5#	移进
4	0,2,6	#(E	— — 7	+9)＊5#	r4
5	0,2,6,4	#(E+	— — 7—	9)＊5#	移进
6	0,2,6,4,3	#(E+9	— —7—	)＊5#	移进
7	0,2,6,4,7	#(E+E	— —7—9	)＊5#	r4
8	0,2,6	#(E	— —16	)＊5#	r1
9	0,2,6,9	#(E)	— —16—	＊5#	移进
10	0,1	#E	—16	＊5#	r3
11	0,1,5	#E＊	—16—	5#	移进
12	0,1,5,3	#E＊5	—16— —	#	移进
13	0,1,5,8	#E＊E	—16—5	#	r4
14	0,1	#E	—80	#	r2
15	acc				

注：VAL 栈中"—"表示该单元为空。

　　按照上述的实现办法，若把语义子程序改成产生某种中间代码的动作，就能在语法分析制导下，随着分析的进展逐步生成中间代码。若把语义子程序改为产生某种机器的汇编语言指令，那么，随着分析的进展就能将源程序翻译成某机器的汇编语言程序。

　　下面，我们将着重介绍产生四元式中间代码。其他的中间代码形式将在本章的最后部分予以简单介绍。

7.2　简单算术表达式和赋值语句的翻译

7.2.1　四元式

　　四元式类似于三地址指令，其形式如下：

　　　　(OP, ARG_1, ARG_2, RESULT)

其中，OP 指运算符；ARG_1、ARG_2 指两个运算量，这意味着 OP 是双目运算符，若只给一个运算量（比如只给 ARG_1）则 OP 为单目运算符；RESULT 存放结果单元。所以，ARG_1、ARG_2、RESULT 可能是用户自定义的变量，也可能是编译时引进的临时变量。我们可以很容易将一

赋值语句表示成四元式,例如赋值语句 A:=−B∗(C+D)可表示为:

序　号	OP	ARG$_1$	ARG$_2$	RESULT	注　解
(1)	@	B	−	T$_1$	T$_1$ 临时变量
(2)	＋	C	D	T$_2$	T$_2$ 临时变量
(3)	∗	T$_1$	T$_2$	T$_3$	T$_3$ 临时变量
(4)	:=	T$_3$	−	A	赋值

四元式排列顺序与表达式计值顺序一致,它们都是在语法制导下完成的。操作码 OP 在机内实际上是整数值,也就是词法分析送回的单词类别,有时根据需要再加上类型的信息。操作数 ARG 与结果 RESULT 通常是指示器,指向某一变量的符号表入口地址,或者是临时变量的序号。临时变量序号一般用整常数表示,它不进符号表,也不分配存储单元,究竟怎么处理待优化和目标代码生成阶段考虑。这里是不加限制地使用。

很明显,若机器本身就是采用三地址指令,那么执行上面的序列就可得结果;若不是三地址指令,那么转换成单地址或双地址指令也不难。另外,由于四元式优化比较容易,这就是中间代码多采用四元式的原因。

此外,为什么四元式中变量多采用变量的符号表入口地址而不直接采用变量地址本身呢?这是因为给了符号表入口地址就能查得变量的属性、类型、地址等,这是语义分析所必需的。

7.2.2　赋值语句的翻译

首先讨论仅含简单变量的表达式和赋值语句的翻译。含有复杂数据结构(如数组元素引用)的表达式和赋值语句的翻译将在以后讨论。为简单起见,先不讨论类型检查问题。

赋值语句的文法描述为

G7.1：　A→i:=E

E→E＋E|E∗E|−E|(E)|i

非终结符 A 代表"赋值语句"。分析表采用表 6.10。

为了实现从表达式到四元式的翻译,需要一些语义变量和语义过程,对此先介绍如下:

①NEWTEMP:函数过程,每次调用送回一个代表新的临时变量的序号(递增的整数值),可理解为 T$_1$,T$_2$,…,这样一些临时变量。

②ENTRY(i):函数过程,它用于查变量 i 的符号表入口地址,其返回量就是 i 的符号表入口地址。

③GEN (OP,ARG$_1$,ARG$_2$,RESULT):语义过程,它产生一个四元式,并填进四元式序列表。

④E·PLACE:与非终结符 E 相联系的语义变量,它的值可能是某变量的符号表入口地址,或者是临时变量序号。

语义变量总是和文法的非终结符相联系,它随着分析过程的需要而建立或消亡,它与用户定义的变量不同。

使用这些语义过程与语义变量,对文法 G7.1 所定义的赋值语句的翻译算法可由下面的语义子程序予以描述。

	产生式	语义子程序

(1) A→i:=E   {GEN(:=,E·PLACE,−,ENTRY(i))}

(2) E→−E$^{(1)}$ {T:=NEWTEMP;
GEN(@,E$^{(1)}$·PLACE,−,T);E·PLACE:=T}

(3) E→E$^{(1)}$ ∗ E$^{(2)}$ {T:=NEWTEMP;
GEN(∗,E$^{(1)}$·PLACE,E$^{(2)}$·PLACE,T);E·PLACE:=T}

(4) E→E$^{(1)}$＋E$^{(2)}$ {T:=NEWTEMP;
GEN(＋,E$^{(1)}$·PLACE,E$^{(2)}$·PLACE,T);E·PLACE:=T}

(5) E→(E$^{(1)}$)   {E·PLACE:=E$^{(1)}$·PLACE}

(6) E→i   {E·PLACE:=ENTRY(i)}

表 7.2 列出赋值语句 A:=−B∗(C+D)♯ 的 LR 分析过程。语法分析采用表 6.10。语义变量 E·PLACE 存入语义栈 PLACE 中,而符号栈 SYM 只是为了介绍才列出,实际上并不存在。相反地,状态栈实际上是需要的,但由于与语义动作无关,而没有列出。分析结果产生四元式序列,列在第四栏。这个分析过程是针对整型变量作出的。

表 7.2　赋值语句语法制导翻译过程

输入符号串	SYM 栈	PLACE 栈	生成四元式
A:=−B∗(C+D)♯			
:=−B∗(C+D)♯	i	A	
−B∗(C+D)♯	i:=	A−	
B∗(C+D)♯	i:=−	A− −	
∗(C+D)♯	i:=−i	A− −B	
∗(C+D)♯	i:=−E	A− −B	
∗(C+D)♯	i:=E	A−T$_1$	(@,B,−,T$_1$)
(C+D)♯	i:=E∗	A−T$_1$−	
C+D)♯	i:=E∗(	A−T$_1$− −	
+D)♯	i:=E∗(i	A−T$_1$− −C	
+D)♯	i:=E∗(E	A−T$_1$− −C	
D)♯	i:=E∗(E+	A−T$_1$− −C−	
)♯	i:=E∗(E+i	A−T$_1$− −C−D	
)♯	i:=E∗(E+E	A−T$_1$− −C−D	
)♯	i:=E∗(E	A−T$_1$− −T$_2$	(+,C,D,T$_2$)
♯	i:=E∗(E)	A−T$_1$− −T$_2$−	
♯	i:=E∗E	A−T$_1$−T$_2$	
♯	i:=E	A−T$_3$	(∗,T$_1$,T$_2$,T$_3$)
♯	A	−	(:=,T$_3$,−,A)

7.2.3 类型转换

在上面的例子中,假定所有变量 i 是同一类型(整型)。实际上,在一个表达式中,可能出现各种不同类型的变量或常量。所以,编译程序必须做到:或者拒绝接受某种混合运算,或者产生有关类型转换的指令。

例如,令文法 G7.1 中的 i 既可以是实型量也可以是整型量。当两个不同类型的量进行运算时,我们规定必须把整型量先转换为实型量。在这种混合运算的情况下,每个非终结符的语义值必须添加类型信息。我们用 E·MODE 表示非终结符 E 的类型信息,E·MODE 的值或为 r(实型)或为 int(整型)。于是,对应产生式 $E \rightarrow E^{(1)}$ op $E^{(2)}$ 的语义动作中关于 E·MODE 的语义规则可定义为:

{IF $E^{(1)}$·MODE＝int AND $E^{(2)}$·MODE＝int

THEN E·MODE:＝int ELSE E·MODE:＝r}

从而,关于 $E \rightarrow E^{(1)}$ op $E^{(2)}$ 的语义子程序应做修改,使得必要时能够产生对运算量进行类型转换的四元式。四元式(itr, A_1, －, T)意味着把整型量 A_1 转换成实型量,结果存于 T 中。此外,对运算符应指出相应的类型,并说明是定点还是浮点运算。例如,假定输入串为

X:＝Y+I * J

其中,X,Y 为实型;I,J 为整型。这个赋值句产生的四元式为:

(* ^{i}, I, J, T_1)

(itr, T_1, －, T_2)

(+^{r}, Y, T_2, T_3)

(:＝, T_3, －, X)

关于产生式 $E \rightarrow E^{(1)}$ op $E^{(2)}$ 的语义子程序更为具体的描述是:

T:＝NEWTEMP;

IF $E^{(1)}$·MODE＝int AND $E^{(2)}$·MODE＝int THEN

  BEGIN GEN(op^i, $E^{(1)}$·PLACE, $E^{(2)}$·PLACE, T);

    E·MODE:＝int

  END

ELSE IF $E^{(1)}$·MODE＝r AND $E^{(2)}$·MODE＝r THEN

  BEGIN GEN(op^r, $E^{(1)}$·PLACE, $E^{(2)}$·PLACE, T);

    E·MODE:＝r

  END

ELSE IF $E^{(1)}$·MODE＝int/ * AND $E^{(2)}$·MODE＝r * /THEN

  BEGIN U:＝NEWTEMP;

    GEN(itr, $E^{(1)}$·PLACE, －, U);

    GEN(op^r, U, $E^{(2)}$·PLACE, T);

    E·MODE:＝r

  END

ELSE/ * $E^{(1)}$·MODE＝r AND $E^{(2)}$·MODE＝int * /

```
BEGIN U:=NEWTEMP;
      GEN(itr,E⁽²⁾ · PLACE,−,U);
      GEN(opʳ,E⁽¹⁾ · PLACE,U,T);
      E · MODE:=r
END
```
$$E · PLACE:=T; \qquad / * \text{ T 和 U 是临时变量 } * /$$

此外,关于产生式 E→i 的语义子程序应修改为:

$$\{E · PLACE:=ENTRY(i); E · MODE:=Lookup(ENTRY(i))\}$$

其中,Lookup(ENTRY(i))是函数过程,根据变量 i 的符号表入口地址查得该变量 i 的类型,返回值为变量类型。

在上述语义规则中,非终结符 E 的语义值除了含有 E · PLACE 外还含有 E · MODE,这两方面的信息都必须保存在语义栈中。如果运算量的类型增多,语义子程序需要区别的情形也就迅速增多,从而使语义子程序变得累赘不堪。因此,在运算量的类型比较多的情况下,仔细推敲语义规则是一件重要的事情。

7.3 布尔表达式的翻译

在程序设计语言中,布尔表达式的作用有两个:一是用作控制语句(如 if 语句或 while 语句)中的条件表达式,二是用于逻辑赋值语句中的布尔表达式演算。布尔表达式由布尔算符($\land$、$\lor$、$\neg$)作用于布尔变量(或常量)或关系表达式而形成。关系表达式的形式是 $E^{(1)}$ rop $E^{(2)}$,其中 rop 是关系算符(如<、<=、=、<>、>=、>),$E^{(1)}$ 和 $E^{(2)}$ 为算术表达式。为简单起见,我们将布尔表达式文法简化成如下形式:

$$G(B):E→E\land E|\ E\lor E|\ \neg E|(E)|\ i\ |\ E_a\ rop\ E_a$$

其中,i 为布尔变量(或常量),E_a 为算术表达式,可以证明这个文法也是二义文法。按照常规的布尔算符优先顺序为:$\neg$、$\land$、$\lor$,$\land$ 和 $\lor$ 服从左结合律。所有关系算符优先级相同,并无结合关系,它的优先级高于布尔算符,但低于算术算符。按照这样的 YACC 说明,当然也可为 G(B)构造 LR 分析表。

下面针对两种不同用途,讨论两种不同翻译方法。

7.3.1 布尔表达式在逻辑演算中的翻译

布尔表达式演算与算术表达式计算非常相似,例如布尔式 $1\lor(\neg 0\land 0)\lor 0$ 的计算过程是:

$$1\lor(\neg 0\land 0)\lor 0$$
$$=1\lor(1\land 0)\lor 0$$
$$=1\lor 0\lor 0=1\lor 0=1$$

若要翻译成中间代码,也可以仿照算术表达式翻译方法,为每个产生式配上相应语义子程序,其描述如下:

	产生式	语义子程序

产生式 语义子程序

(1) $E \rightarrow E_a^{(1)}$ rop $E_a^{(2)}$ {T:=NEWTEMP;

GEN(rop, $E_a^{(1)} \cdot$ PLACE, $E_a^{(2)} \cdot$ PLACE, T); E $\cdot$ PLACE:=T}

(2) $E \rightarrow E^{(1)}$ bop $E^{(2)}$ {T:=NEWTEMP;

GEN(bop, $E^{(1)} \cdot$ PLACE, $E^{(2)} \cdot$ PLACE, T); E $\cdot$ PLACE:=T}

(3) $E \rightarrow \neg E^{(1)}$ {T:=NEWTEMP;

GEN($\neg$, $E^{(1)} \cdot$ PLACE, $-$, T); E $\cdot$ PLACE:=T}

(4) $E \rightarrow (E^{(1)})$ {E $\cdot$ PLACE:=$E^{(1)} \cdot$ PLACE}

(5) $E \rightarrow i$ {E $\cdot$ PLACE:=ENTRY(i)}

例如,考虑布尔式 $X+Y>Z \vee A \wedge (\neg B \vee C)$ 的翻译,因为其中有算术表达式,所以在构造 LR 分析表时必须将算术表达式文法与布尔表达式文法一起考虑。假定 G(B)文法的 LR 分析表已构造好,那么该布尔式翻译成的四元式序列应该是:

ORDER	OP	ARG$_1$	ARG$_2$	RESULT
(1)	$+$	X	Y	T_1
(2)	$>$	T_1	Z	T_2
(3)	$\neg$	B	$-$	T_3
(4)	$\vee$	T_3	C	T_4
(5)	$\wedge$	A	T_4	T_5
(6)	$\vee$	T_2	T_5	T_6

从上面翻译过程的结果看,用 LR 分析和翻译与人工翻译结果完全相同,我们只要遵守如下规则:从左至右扫描输入符号串,比较左右两个算符,若右算符的优先级低于左算符,那么左算符就可归约并生成相应四元式,然后继续扫描输入符号串;若右算符的优先级高于左算符,则比较后面两个算符,即把原右算符当左算符,再读入下一算符进行比较,直至右算符比左算符优先级低时,就对左算符归约并生成左算符的相应四元式。重复上述过程,直至所有算符都处理完毕。今后,我们就不再提及构造 LR 分析表和 LR 分析过程,但实际上都是在语法制导下翻译的。

7.3.2 控制语句中布尔式的翻译

从 7.3.1 节的布尔表达式文法及其翻译中间代码的算法来看,其翻译质量并不高,根据布尔表达式的特点,完全可以简化。例如,假定要计算 $A \vee B$,如果已计算出 A 的值为 1,那么就无需再计算 B,因为不管 B 值是什么,$A \vee B$ 总是 1;同理,计算 $A \wedge B$,若发现 A 是 0,也不要知道 B 是什么,$A \wedge B$ 总是 0。也就是说,可以用 if-then-else 来解释 $\wedge$、$\vee$ 和 $\neg$。即:

把 $A \vee B$ 解释成 if A then true else B;

把 $A \wedge B$ 解释成 if A then B else false;

把 $\neg A$ 解释成 if A then false else true。

在控制语句中的布尔式处理更简单,它并不需要计算表达式的值,它的作用仅在于控制程序流向,这时用 if-then-else 来解释 ∧、∨、¬ 显得更方便。

例如,条件语句 if E then S_1 else S_2 中的布尔表达式 E 仅用于选择是做语句 S_1 还是语句 S_2:如果 E 值为真,就转向 S_1 语句处理,S_1 语句处理完,有一条无条件转移语句跳过 S_2 语句而转到后继语句处理;若 E 值为假,就跳过 S_1 语句而转向 S_2 语句处理。条件语句翻译成的代码结构如图 7.2 所示,E 为真就转向 S_1,E 为假就转向 S_2。所以布尔式 E 翻译成仅含下述三种形式的四元式:

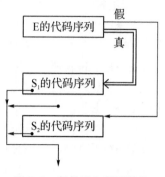

图 7.2　条件语句代码结构

①$(jnz, A_1, -, P)$,若 A_1 为真(非 0),则转向第 P 个四元式;

②$(j\theta, A_1, A_2, P)$,若关系 $A_1\theta A_2$ 为真,则转向第 P 个四元式,其中 θ 为关系算符;

③$(j, -, -, P)$,无条件转向 P 四元式。

这些四元式都是转移四元式,其中与 E 的真假值相对应的分为"真出口"和"假出口"两类四元式。其中 P 为出口的四元式的序号。

例如,可把语句:

if $A \vee B < D$ then S_1 else S_2

翻译成四元式序列:

(1) $(jnz, A, -, (5))$;　　　　　　　真出口,A 为真即 E 为真,转 S_1 代码段

(2) $(j, -, -, (3))$;　　　　　　　　A 为假,要看后继关系表达式的值才能决定 E 值

(3) $(j<, B, D, (5))$;　　　　　　　真出口,关系表达式为真即 E 为真,转 S_1

(4) $(j, -, -, (p+1))$;　　　　　　假出口,表示 E 为假时转 S_2 代码段

(5) S_1 语句的第一句四元式

　　…　　　　　　　　　　　　　　　S_1 代码段

(p) $(j, -, -, (q))$;　　　　　　　无条件跳过 S_2 代码段,转后继语句翻译

(p+1) S_2 语句的第一句四元式

　　…　　　　　　　　　　　　　　　S_2 代码段

(q) 后继语句的翻译代码

由上例可见,四元式(1)~(4)是对应于布尔式 $A \vee B < D$ 而产生的中间代码,它都翻译成转移四元式,原有布尔运算不见了。变量 A 为"真"就表示 E 也为"真",所以(1)式为真出口;关系 B<D 为真,也表示 E 为真,所以(3)式也为真出口;而 A 为假并不表示 E 为假,必须 B<D 也为假时才为假,所以假出口只有(4)式。

在翻译时,每个布尔量译成两个四元式,一个表示该布尔量为真,另一个表示为假。这种翻译质量并不高,有多余四元式,如(2)式显然是不需要的,而(3)和(4)式也不难合并为$(j\geqslant, B, D, P+1)$。这些是优化问题,暂不讨论。在自下而上分析过程中,一个布尔式的真假出口四元式的转向序号往往不能在产生转移四元式时就填上。例如,对于 $A \vee B < D$,当把 A 归约为 E(用 E→i)时应产生四元式$(jnz, A, -, P)$,但由于 A 之后的输入符号尚未处理,它们相应的四元式也未产生,因此这个 P 是什么暂时还不知道。我们只好把这个待填的四元式序号作为 E 的语义值暂时保存起来,等到该四元式出口明朗了再行回填。另外,由上例可见,真出口或

144

假出口的四元式可能不止一个,这就要求我们对它们进行拉链以链接在一起,等到出口知道了再一起回填。

为了完成上面介绍的翻译工作,要对文法 G(B) 做适当改写。例如,产生式 $E→E^{(1)}\lor E^{(2)}$ 在产生式 $E^{(1)}→i$ 归约时翻译成两个四元式,一个表示真转移,一个表示假转移。其中,假转移的目的地是"$\lor$"之后,也就是说读了"$\lor$"之后就可回填假出口,这就要求有 $E^0→E\lor$ 这样的产生式,当它归约时能做回填的语义子程序。也即把产生式 $E→E^{(1)}\lor E^{(2)}$ 改写成:

$$E→E^0 E^{(2)}, E^0→E^{(1)}\lor$$

同样把 $E→E^{(1)}\land E^{(2)}$ 改写成:

$$E→E^A E^{(2)}, E^A→E^{(1)}\land$$

这样,G(B) 文法改写成 G′(B) 文法:

$$E→E^A E\mid E^0 E\mid \neg E\mid (E)\mid i\mid E_a \text{ rop } E_a$$
$$E^A→E\land$$
$$E^0→E\lor$$

为了实现对转移四元式的拉链与回填,为每个非终结符 E, E^A, E^0 赋予两个语义值:$E\cdot TC, E\cdot FC$,它们分别记录非终结符 E 需回填真、假出口四元式的序号所构成的链。这个语义值也可放在语义栈内,如图 7.3 所示。

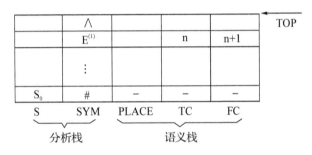

图 7.3 下推栈增加 TC,FC 栏

图中增加了 TC 栏与 FC 栏,其中 n 表示 $E^{(1)}$ 为真时对应的四元式序号,n+1 表示 $E^{(1)}$ 为假时对应的四元式序号。譬如 A 归约为 $E^{(1)}$,产生的四元式为

$$(n) \qquad (jnz, A, -, 0)$$
$$(n+1) \qquad (j, -, -, 0)$$

并将 n 填入 $E^{(1)}\cdot TC$ 栏,n+1 填入 $E^{(1)}\cdot FC$ 栏。

下面给出文法 G(B) 的每个产生式相应的语义子程序。

产生式	语义子程序
(1) E→i	$\{E\cdot TC:=NXQ; E\cdot FC:=NXQ+1;$
	$GEN(jnz, ENTRY(i), -, 0);$
	$GEN(j, -, -, 0)\}$
(2) $E→E_a^{(1)} \text{ rop } E_a^{(2)}$	$\{E\cdot TC:=NXQ; E\cdot FC:=NXQ+1;$
	$GEN(jrop, E_a^{(1)}\cdot PLACE, E_a^{(2)}\cdot PLACE, 0);$
	$GEN(j, -, -, 0)\}$

145

(3) $E \rightarrow (E^{(1)})$ $\{E \cdot TC_:=E^{(1)} \cdot TC; E \cdot FC_:=E^{(1)} \cdot FC\}$

(4) $E \rightarrow \neg E^{(1)}$ $\{E \cdot TC_:=E^{(1)} \cdot FC; E \cdot FC_:=E^{(1)} \cdot TC\}$

(5) $E^A \rightarrow E^{(1)} \wedge$ $\{BACKPATCH(E^{(1)} \cdot TC, NXQ);$

                                   $E^A \cdot FC_:=E^{(1)} \cdot FC\}$

(6) $E \rightarrow E^A E^{(2)}$ $\{E \cdot TC_:=E^{(2)} \cdot TC$

                                   $E \cdot FC_:=MERG(E^A \cdot FC, E^{(2)} \cdot FC)\}$

(7) $E^0 \rightarrow E^{(1)} \vee$ $\{BACKPATCH(E^{(1)} \cdot FC, NXQ);$

                                   $E^0 \cdot TC_:=E^{(1)} \cdot TC\}$

(8) $E \rightarrow E^0 E^{(2)}$ $\{E \cdot FC_:=E^{(2)} \cdot FC;$

                                   $E \cdot TC_:=MERG(E^0 \cdot TC, E^{(2)} \cdot TC)\}$

其中：

①NXQ 为下一个将要建立的四元式序号，即 NXQ＝当前四元式序号＋1；

②BACKPATCH(p,t)称作回填过程，把以 p 为链首的所链接的每个待回填四元式的第四段均填以 t，这个过程较形式化的算法如下：

```
PROCEDURE BACKPATCH(p,t)
BEGIN
    Q:=p;                  /* Q 为工作单元 */
    WHILE Q≠0 DO           /* 链尚未填完 */
    BEGIN
        q:=四元式 Q 的第四段的内容;
        把 t 填入四元式 Q 的第四段;
        Q:=q
    END
END;
```

算法基本思想是从链头填起，边找边填，直至填到链尾为止。

③MERG(p_1, p_2)称作并链函数过程，把以 p_1, p_2 为链头的两条链并成一条链，其中 p_2 可为空链，并链之后链头送 MERG 返回。

$$合并后的链首 = \begin{cases} p_1 & 当 p_2 = 0 \quad /* p_2 为空链 */ \\ p_2 & 当 p_2 \neq 0 \end{cases}$$

算法如下：

```
FUNCTION MERG(p₁,p₂);
BEGIN
    IF p₂=0 THEN MERG:=p₁ ELSE
    BEGIN
        p:=p₂;           /* p 为工作单元 */
        WHILE 四元式 p 的第四段的内容不为 0   DO
            p:=四元式 p 的第四段的内容;
        把 p₁ 填进四元式 p 的第四段;
        MERG:=p₂,
```

　　　　　END

　　　END；

　　算法的基本思想是找 p_2 的链尾,然后将 p_1 连接到 p_2 的链尾,构成一条链。

　　例如,将布尔式 $A \wedge B \vee \neg C$ 在语法制导下翻译成四元式的过程见表 7.3,共产生六条转移四元式,并留下待填的两条链:真链头在(6)式、假链头在(5)式。为了便于阅读,四元式的第四段加括号的内容表示转移序号,不加括号的内容表示待填的链。

表 7.3　布尔式翻译过程

INPUT	SYM栈	TC栈	FC栈	QUADRUPLE
$A \wedge B \vee \neg C\#$	$\#$	—	—	
$\wedge B \vee \neg C\#$	$\#i$	— —	— —	
$\wedge B \vee \neg C\#$	$\#E$	—(1)	—(2)	(1) (jnz, A, —, (3))
$B \vee \neg C\#$	$\#E\wedge$	—(1)—	—(2)—	(2) (j, —, —, (5))
$B \vee \neg C\#$	$\#E^A$	— —	—(2)	
$\vee \neg C\#$	$\#E^A i$	— — —	— —(2)—	
$\vee \neg C\#$	$\#E^A E$	— —(3)	—(2)(4)	(3) (jnz, B, —, 0)
$\vee \neg C\#$	$\#E$	—(3)	—(4)	(4) (j, —, —, (5))
$\neg C\#$	$\#E\vee$	—(3)—	—(4)—	
$\neg C\#$	$\#E^0$	—(3)	— —	
$C\#$	$\#E^0 \neg$	—(3)—	— — —	
$\#$	$\#E^0 \neg i$	—(3)— —	— — — —	
$\#$	$\#E^0 \neg E$	—(3)—(5)	— — —(6)	(5) (jnz, C, —, 0)
$\#$	$\#E^0 E$	—(3)(6)	— —(5)	(6) (j, —, —, 3)
$\#$	$\#E$	—(6)	—(5)	
	识别成功			

〔例 7.1〕按控制语句要求翻译布尔式 $A \vee B < C \wedge D = E$ 成四元式序列。

　　解：　　　　(1) (jnz, A, —, 0)

　　　　　　　　(2) (j, —, —, (3))

　　　　　　　　(3) (j<, B, C, (5))

　　　　　　　　(4) (j, —, —, 0)

　　TC头→　　(5) (j=, D, E, 1)

　　FC头→　　(6) (j, —, —, 4)

　　注:(5)为待填假链头,(6)为待填真链头。

7.4　控制语句的翻译

　　控制语句很多,有条件语句、无条件转移语句、迭代语句、循环语句还有分情语句等。下面

147

分别介绍。

7.4.1 标号和转移语句

多数程序设计语言使用 GOTO 语句实现无条件转移，为了确定转移的目的语句，需要给语句赋予标号。一个带标号的语句形式是"L:S"，其中 L 称标号，它可以是标识符也可以是语句号(数字串)，如果语句 S 生成一系列四元式，那么 L 的值应该是 S 语句所对应四元式序列的第一个四元式序号。我们称这种语句形式对标号而言是已定义的。

标号在程序中有两种不同的出现顺序：

(1) 先定义后使用，形如：

  L:S

   …

   GOTO L

   …

标号与 GOTO 语句的翻译是借助于符号表(图 7.4)进行的。当先遇到定义性标号语句，即将 L 归约为 label(产生式 label→i:)时，将"L"填进符号表，并且 CAT 栏填"标号"，定义否栏填"已"，同时将 S 对应的入口四元式序号"S·QUAD"(即 NXQ)填在地址栏，见图 7.4 所示符号表的标识符"L"这一行，然后当遇到 GOTO L 语句时，便产生四元式(j，−，−，p)，其中 p=S·QUAD。

NAME	INFORMATION			
	CAT	⋯	定义否	地址
⋮		⋮		
L	标号		已	S·QUAD
		⋮		
L′	标号		未	r
		⋮		

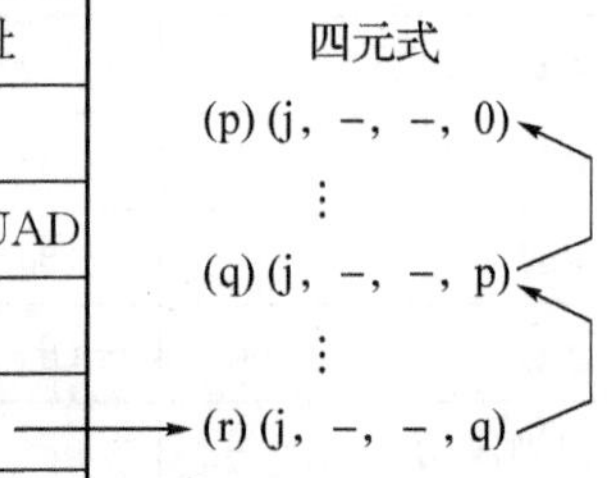

四元式

(p) (j, −, −, 0)
 ⋮
(q) (j, −, −, p)
 ⋮
(r) (j, −, −, q)

图 7.4　符号表中标号

(2) 先使用后定义，形如：

GOTO L′

…

GOTO L′

…

GOTO L′

…

L′:S

先遇到使用性标号 L′ 时，因为它还没有定义，所以在符号表中填入"L′"，CAT 栏填"标号"，定义否栏填"未"，地址栏暂填即将生成的四元式序号"p"，然后生成四元式：

148

$$(p) \quad (j, -, -, 0)$$

接着又遇到使用性标号 L′,这时仅将"L′"这一行的地址栏内容修改为即将生成的四元式序号"q",并生成四元式:

$$(q) \quad (j, -, -, p)$$

其中,第四段的 p 取自符号表的地址栏在修改前的内容。若后面又遇上使用性标号 L′ 则同上述生成:

$$(r) \quad (j, -, -, q)$$

其中,"r"填在地址栏,即地址这一栏始终是填未定义标号的转移语句的链首,而把转移语句本身拉成一条链(其形状见图 7.4 中"L′"这一行)。等到定义性语句"L′:S"出现时,用 S 语句所对应的第一个四元式序号来回填这个链,即调用 BACKPATCH 过程。请注意,这时的链首是在符号表的地址栏内。

稍微形式化一点描述的语义子程序如下:

产生式	语义子程序
S→GOTO L	{查符号表,若 L 不在表中,在表中建"L"这一行,CAT 栏置"标号",定义否栏填"未",L. 地址:=NXQ;GEN(j, -, -, 0);若 L 已在表中,但未定义,则 p:=L. 地址,L. 地址:=NXQ,GEN(j, -, -, p);若 L 已在表中,且已定义,则 p:=L. 地址;GEN(j, -, -, p)}
Label→L:	{查符号表,若 L 不在表中,则建 L 这一行,CAT 栏置"标号",定义否栏填"已",L. 地址:=NXQ;若 L 已在表中,但 CAT≠"标号"或已定义否="已",则出错;否则,将定义否改为"已"。q:=L. 地址,BACKPATCH(q,NXQ),L. 地址:=NXQ}

7.4.2 IF 语句的翻译

描述 IF 语句的文法如下:

$$S \rightarrow if \ E \ then \ S^{(1)}$$

或

$$S \rightarrow if \ E \ then \ S^{(1)} \ else \ S^{(2)}$$

在进行自左至右扫描,自下而上分析时,IF 语句的翻译大致可以想象成如下过程:

(1) 完成布尔式 E 的翻译,获得一组四元式,并留下两个待填的语义值 E·TC 和 E·FC。

(2) 接着扫描了 then,这时获得布尔式 E 的真出口,即可用 BACKPATCH(E·TC, NXQ)过程来回填。但假出口 E·FC 尚不知,还得往后传递。

(3) 接着翻译 $S^{(1)}$,$S^{(1)}$ 可以是 IF 语句也可以是其他语句,也就是说语句是可以嵌套的,不管怎样,它总可以递归地调用语句翻译过程来完成,并译成一组四元式序列。

(4) 遇到 else,表示 $S^{(1)}$ 语句已翻译结束,应无条件地生成一条 COTO 四元式(j, -, -, 0),转到 $S^{(2)}$ 语句之后,表示这个 IF 语句已执行结束。但是,在完成 $S^{(2)}$ 的翻译之前,这条无条件转移指令的转移目标是不知道的,甚至在翻译完 $S^{(2)}$ 之后,这条转移指令的转移目标仍然无法确定。这种情况是由于语句的嵌套性所决定的。例如,对于下面的语句:

$$if \ E_1 \ then \ if \ E_2 \ then \ S_1 \ else \ S_2 \ else \ S_3$$

在 S_1 的代码生成之后的那条无条件转移指令不仅应跳过 S_2 而且还应跳过 S_3。因为 S_1 的代码执行完成就表示整个 IF 语句也执行结束,所以该转移指令的转移目标只能等到出口明确了才能回填,这时应把该待填的四元式序号并链后存于与代表整个语句的非终结符 S 相关联的语义栈 S·CHAIN 中。同时,遇到 else 还表示已获得布尔式 E 的假出口,可以用 BACKPATCH(E·FC,NXQ)返填 E 的假出口链;若不遇 else(IF 语句的第一种句型),那么布尔式假出口与 $S^{(1)}$ 的结束出口都表示 IF 语句的结束,结束后的出口如上述尚未知,应将它们并链,链首也置于 S·CHAIN 中。

(5) 翻译 $S^{(2)}$ 语句成四元式序列。$S^{(2)}$ 执行之后也表示该 IF 语句结束,所以它与 $S^{(1)}$ 结束是一样的,为此将 $S^{(2)}$ 的结束出口与 $S^{(1)}$ 的出口相并链,链首置于 S·CHAIN 中。

总之,条件语句的翻译,除了相应生成 E,$S^{(1)}$,$S^{(2)}$ 的四元式序列外,最后还剩下一个待填的语句链,其链首存于 S·CHAIN 中,待到出口明确了按此链首进行回填。

由上述的分析可知,为了语义动作的需要,要改写产生式,并配置如下相应语义子程序:

S→if E then $S^{(1)}$ else $S^{(2)}$ 改写为:

C→if E then

T→C $S^{(1)}$ else

S→T $S^{(2)}$

S→if E then $S^{(1)}$ 改写为:

C→if E then

S→C $S^{(1)}$

产生式	语义子程序
(1) C→if E then	{BACKPATCH(E·TC,NXQ);C·CHAIN=E·FC}
(2) T→C $S^{(1)}$ else	{q:=NXQ;GEN(j,−,−,0);
	BACKPATCH(C·CHAIN,NXQ); /＊回填 E·FC＊/
	T·CHAIN:=MERG($S^{(1)}$·CHAIN,q)}
(3) S→T $S^{(2)}$	{S·CHAIN:=MERG(T·CHAIN,$S^{(2)}$·CHAIN)}
(4) S→C $S^{(1)}$	{S·CHAIN:=MERG(C·CHAIN,$S^{(1)}$·CHAIN)}

当 if E then 归约为 C 时,布尔式 E 已不在栈内了,所以它的语义值 E·FC 也不复存在,但 E·FC 尚未回填,可将它暂存于非终结符 C 的 CHAIN 中,通过后来的拉链回填 C·CHAIN,实际上就是对 E·FC 的回填。

语句翻译完了,但 S·CHAIN 尚未回填,待遇到";"或"end"时才用 NXQ 回填,否则还只能认为它是嵌套句中的子句,还要继续拉链。

〔例 7.2〕试翻译条件嵌套语句

　　　　　if a then if b then A:=2 else A:=3 else if c then A:=4 else A:=5

成四元式序列。其中 else 与其前面尚未匹配的 then 相匹配。

解:仍然按语法制导翻译,但只写出结果的四元式序列及其相应的结构框(图7.5)。

(1) (jnz,a,−,⓪(3))

(2) (j,−,−,⓪(9))

(3) (jnz,b,−,⓪(5))

(4) (j,−,−,⓪(7))

(5) $(:=, 2, -, A)$

(6) $(j, -, -, 0)$

(7) $(:=, 3, -, A)$

(8) $(j, -, -, ⓪6)$

(9) $(jnz, c, -, ⓪(11))$

(10) $(j, -, -, ⓪(13))$

(11) $(:=, 4, -, A)$

(12) $(j, -, -, ⓪8)$

(13) $(:=, 5, -, A)$

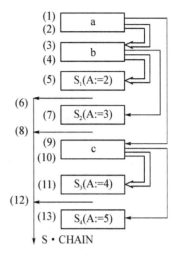

图 7.5　条件语句代码结构

最后，S·CHAIN 中存放（12）号为待填的语句链链首的四元式序号。

在扫描到第一个 else 之后，按语义动作做三件事：产生转移四元式，这就是（6）号四元式；填布尔式 b 的假链，即用（7）回填（4）号四元式；将（6）号四元式与 S_1 语句链进行并链，因为 S_1 语句是赋值语句没有链，结果还是（6）号本身。扫描到第二个 else 之后，正常完成下列三个语义动作：产生（8）号四元式；回填布尔式 a 的假链；并链，（6）号并入（8）号，链首在（8）号。扫描到第三个 else 之后，同样也完成产生（12）号四元式；回填布尔式 c 的假链，即用 NXQ 回填（10）号四元式；并链（因 S_3 为赋值语句，无链可并，不做）。最后将（8）号并入（12）号链，链首在（12）号，并将它作为整个语句的语句链存于 S·CHAIN 中。

7.4.3　WHILE 语句的翻译

WHILE 语句的文法如下：

　　　$S \rightarrow while\ E\ do\ S^{(1)}$

该语句翻译成四元式的结构如图 7.6 所示。翻译的大致过程是：

（1）翻译 E 代码段，并留两个待填的 E·TC，E·FC 链；

（2）扫描过 do 之后就可以回填 E·TC；

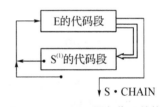

图 7.6　WHILE 语句代码结构

（3）翻译 $S^{(1)}$ 语句成代码段，$S^{(1)}$ 语句翻译之后，应无条件转到 E 代码段的第一条四元式，若 $S^{(1)}$ 有语句链，也应转到 E 代码段第一条四元式。为此，在开始翻译 WHILE 语句时，应留下第一条四元式序号，以备 $S^{(1)}$ 语句翻译结束时用。而布尔式为假，意味着 WHILE 语句的结束，其出口在哪里？暂时还不知道，因为 WHILE 语句可能是条件嵌套语句中的一个子句，所以把布尔式待填假链当作语句链留在 S·CHAIN 中，以便以后返填。

根据上述翻译过程，可以改写 WHILE 语句文法并给出相应语义子程序如下：

　　　产生式　　　　　　　语义子程序

　　　$W \rightarrow while$　　　　　$\{W·QUAD:=NXQ\}$

　　　$W^d \rightarrow WE\ do$　　　　$\{BACKPATCH(E·TC, NXQ);$

　　　　　　　　　　　　　$W^d·CHAIN:=E·FC;$

$$S \to W^d S^{(1)} \quad \{ W^d \cdot QUAD_{:} = W \cdot QUAD \}$$
$$\{ BACKPATCH(S^{(1)} \cdot CHAIN, W^d \cdot QUAD)$$
$$GEN(j, -, -, W^d \cdot QUAD) \}$$
$$S \cdot CHAIN_{:} = W^d \cdot CHAIN \}$$

其中,W·QUAD 是与非终结符 W 相连的另一个语义值,它存放后面要使用的四元式序号。

〔**例 7.3**〕 翻译 while(A<B)do if(C<D)then X:=Y+Z;语句成四元式序列。

解:翻译结果如下:

(100) (j<,A,B,(102))
(101) (j,−,−,(107))
(102) (j<,C,D,(104))
(103) (j,−,−,(100))
(104) (+,Y,Z,T_1)
(105) (:=,T_1,−,X)
(106) (j,−,−,(100))

该源语句最后有";",所以可以回填语句链(101)号,即用(107)填(101)号的第四段。

7.4.4 REPEAT 语句的翻译

REPEAT 语句的文法如下:

$$S \to repeat \, S^{(1)} \, until \, E$$

它翻译成四元式的结构如图 7.7 所示。翻译的大致过程是:

(1) 翻译 $S^{(1)}$ 的代码段,留下待回填的语句链 $S^{(1)}$·CHAIN;

(2) 扫描过 until 之后,就可以回填 $S^{(1)}$·CHAIN;

(3) 翻译 E 代码段,并留两个待填的 E·TC 与 E·FC

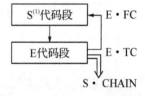

图 7.7 REPEAT 语句代码结构

链。E·FC 应无条件回到本 REPEAT 语句的第一条四元式,因此它与 WHILE 语句翻译时一样,在进入本 REPEAT 翻译时,应将它的四元式序号留下来,以备 E 代码段生成后使用,而把 E·TC 作为整个语句结束后的语句链,留在 S·CHAIN 中待回填。

根据上述翻译过程可以改写 REPEAT 语句的文法,并给出相应的语义子程序:

产生式   语义子程序

(1) R→repeat   {R·QUAD:=NXQ}

(2) U→RS$^{(1)}$ until   {U·QUAD:=R·QUAD;
                        BACKPATCH(S$^{(1)}$·CHAIN,NXQ)}

(3) S→UE   {BACKPATCH(E·FC,U·QUAD)
                        S·CHAIN:=E·TC}

例如,原语句 repeat X:=X+1 until X>Y;翻译成四元式为:

(m)   (+,X,1,T_1)

(m+1) $(:=,T_1,-,X)$

(m+2) $(j>,X,Y,(m+4))$

(m+3) $(j,-,-,(m))$

7.4.5　循环 FOR 语句的翻译

许多程序语言具有下面形式的循环语句：

$S{\to}$for i$:=E^{(1)}$ step $E^{(2)}$ until $E^{(3)}$ do $S^{(1)}$

但有些语言外表形式不同，如 FORTRAN 写作 $S{\to}$DO 标号 i$=E^{(1)},E^{(2)},E^{(3)}$；还有些语言形式略有变化，如 Pascal 写作 $S{\to}$for i$=E^{(1)}$ to $E^{(3)}$ do $S^{(1)}$，它的步长隐含为 1，所以 $E^{(2)}$ 可缺省。这些 FOR 语句的实质相同。

对于 FOR 语句的翻译，不同语言有不同的解释，下面介绍三种解释方法。

(1) 按 PL/1 将 FOR 语句翻译成：

i$:=E^{(1)}$；

INCR$:=E^{(2)}$；

LIMIT$:=E^{(3)}$；

goto OVER；

AGAIN：i$:=$i$+$INCR

OVER：if i$\leqslant$LIMIT then

begin $S^{(1)}$；goto AGAIN end；

因为 $E^{(2)}$ 和 $E^{(3)}$ 表达式在循环期间一般是不会改变的（即使改变仍以循环前为准），所以可以提前先翻译，结果留给循环体内引用。该解释的特点是进入循环体前先判定初值是否小于等于终值，若为真就做循环体语句，做完循环体语句后回过来修改循环控制变量，继续判定循环控制变量是否小于等于终值，重复上述过程；若判定结果为假，便完成该语句，将此假的四元式序号作为语句链，留在 S・CHAIN 中。

为了实现这种解释，改写 FOR 语句文法，并给出相应语义子程序如下：

产生式	语义子程序
(1) F$\to$for i$:=E^{(1)}$ step $E^{(2)}$ until $E^{(3)}$	$\{$F・PLACE$:=$ENTRY(i)； GEN($:=,E^{(1)}$・PLACE，$-$，F・PLACE)； q$:=$NXQ；F・QUAD$:=$q$+1$； GEN (j，$-$，$-$，q$+2$)； GEN ($+$，F・PLACE，$E^{(2)}$・PLACE，F・PLACE)； GEN (j$\leqslant$，F・PLACE，$E^{(3)}$・PLACE，q$+4$)； F・CHAIN$:=$NXQ；GEN(j，$-$，$-$，0)$\}$
(2) S$\to$F do $S^{(1)}$	$\{$BACKPATCH (S$^{(1)}$・CHAIN，F・QUAD)； GEN (j，$-$，$-$，F・QUAD)； S・CHAIN$:=$F・CHAIN$\}$

在做第一个产生式归约前 $E^{(1)},E^{(2)},E^{(3)}$ 都已生成了相应四元式序列，其结果已留在各自的 PLACE 中。因此，这里进行第一个产生式归约时，将留在 PLACE 栈中各自的内容分别生

成如下三个四元式：

$$(:=,E^{(1)} \cdot PLACE,-,ENTRY(i));$$
$$(+,ENTRY(i),E^{(2)} \cdot PLACE,ENTEY(i));$$
$$(j\leqslant,ENTRY(i),E^{(3)} \cdot PLACE,q+4);$$

即生成控制循环的中间代码四元式，以备循环体内使用。

（2）FOR 语句至少做一次循环体（像 FORTRAN Ⅳ 那样），即解释成：

$$i:=E^{(1)};$$
$$INCR:=E^{(2)};$$
$$LIMIT:=E^{(3)};$$
$$AGAIN: \quad S^{(1)};$$
$$i:=i+INCR$$
$$if\ i\leqslant LIMIT\ goto\ AGAIN$$

改写文法并配上相应语义子程序：

产生式	语义子程序
（1）F→for i：=E$^{(1)}$ step E$^{(2)}$ until E$^{(3)}$	{F·PLACE：=ENTRY(i)； GEN(：=,E$^{(1)}$·PLACE,−,F·PLACE)； INCR：=E$^{(2)}$·PLACE； LIMIT：=E$^{(3)}$·PLACE； F·QUAD：=NXQ}
（2）S→F do S$^{(1)}$	{BACKPATCH (S$^{(1)}$·CHAIN,NXQ)； GNE(+,F·PLACE,INCR,F·PLACE)； GEN(j≤,F·PLACE,LIMIT,F·QUAD) S·CHAIN：=0}

其中，F·PLACE 存于语义栈，INCR，LIMIT 是语义变量，它们分别存放循环控制变量的入口地址，以及 E$^{(2)}$，E$^{(3)}$ 表达式的结果临时变量序号或入口地址。这里 E$^{(2)}$·PLACE，E$^{(3)}$·PLACE 没有用语义栈而用语义变量缓存是为了节省语义栈的数目。

这种翻译不留语句链，因为该语句执行结束后自动转后继语句执行，这正像赋值语句的翻译，结果语句链为 0（在做 S→i：=E 归约时应增加语义动作 S·CHAIN：=0）。这种翻译目标代码质量较高，但它要求循环体语句至少做一次，有时不满足用户编程要求。不过我们能从第二种解释联想到可把第一种解释改成如下第三种解释形式，也能获得目标代码质量较高的结果：

（3）FOR 语句一种较优的解释：

$$i:=E^{(1)};$$
$$INCR:=E^{(2)};$$
$$LIMIT:=E^{(3)};$$
$$AGAIN: \quad if\ i>LIMIT\ goto\ NEXT,$$
$$begin$$
$$S^{(1)};$$

154

$$i:=i+INCR;$$
$$goto\ AGAIN;$$
$$end$$

NEXT：

作为练习,请读者写出翻译成这种形式的语义子程序。

〔例 7.4〕 按上述三种不同语义子程序,翻译 for i：＝1 step 2 until 2＊X do A：＝A＋2 成四元式序列。

解： <u>按第一种语义子程序翻译</u>　　<u>按第二种语义子程序翻译</u>

按第一种语义子程序翻译
(1) $(*,2,X,T_1)$
(2) $(:=,1,-,i)$
(3) $(j,-,-,(5))$
(4) $(+,i,2,i)$
(5) $(j\leqslant,i,T_1,(7))$
(6) $(j,-,-,0)$
(7) $(+,A,2,T_2)$
(8) $(:=,T_2,-,A)$
(9) $(j,-,-,(4))$

按第二种语义子程序翻译
(1) $(*,2,X,T_1)$
(2) $(:=,1,-,i)$
(3) $(+,A,2,T_2)$
(4) $(:=,T_2,-,A)$
(5) $(+,i,2,i)$
(6) $(j\leqslant,i,T_1,(3))$

／＊(6)式为待填 S・CHAIN＊／

<u>按第三种语义子程序翻译</u>
(1) $(*,2,X,T_1)$
(2) $(:=,1,-,i)$
(3) $(j>,i,T_1,\underline{0})$　　／＊(3)式为待填 S・CHAIN＊／
(4) $(+,A,2,T_2)$
(5) $(:=,T_2,-,A)$
(6) $(+,i,2,i)$
(7) $(j,-,-,(3))$
(8) …

＊7.4.6　分情语句的翻译

许多程序语言中含有不同形式的分情语句(CASE 语言或 SWITCH 语句),这里主要讨论 Pascal 的 CASE 语句,它的语法结构如下：

$$S\rightarrow case\ E\ of$$
$$L_1:S^{(1)};$$
$$L_2:S^{(2)};$$
$$…$$
$$L_n:S^{(n)}　　／＊L_n\ 可能是\ else\ 或\ otherwise＊／$$
$$end$$
$$L_j\rightarrow i\mid L_j,i　　／＊j=1,2,…,n＊／$$

155

这里 E 称为选择器,是整型表达式或字符(char)型变量,每个 L_j 是常数表,$S^{(j)}$ 是语句。分情语句的语义是:若 E 的值等于 L_j 中某个常数 i,则执行 $S^{(i)}$ 语句,当某个 $S^{(i)}$ 执行完之后,整个 CASE 语句也就执行完了。

CASE 语句的翻译有多种方法,如果分情不太多(如只有 10 个以下),那么可以翻译成如下一连串的条件转移语句:

$$T:=E;$$
$$B_1:IF\ T\neq L_1\ GOTO\ B_2;$$
$$S^{(1)};GOTO\ NEXT;$$
$$B_2:IF\ T\neq L_2\ GOTO\ B_3;$$
$$S^{(2)};GOTO\ NEXT;$$
$$\cdots$$
$$B_n:S^{(n)};$$
$$NEXT:$$

如果语法结构中 L_n 是 else(或 otherwise)的形式,因为其他条件不满足,必定它要满足。不过 $S^{(n)}$ 语句可以是空语句或出错处理语句。如果 L_j 是常数表,那么对于每一个常数,都生成相应的条件语句。

另外一种更加紧凑的考虑是生成一张表,它包含两栏,一栏是标号常量本身,一栏是它对应的语句入口。并且将选择器 E 的值作为表的最后一行常量。等到 CASE 语句翻译完,构造一个对 E 值查找此表的循环程序。同时将此表和此程序带到运行时使用。

但更常用的办法是造表与查表程序不带到运行时处理,而在编译时译好以供运行时执行。它是将中间代码翻译成如下形式:

生成 E 代码段,并将 E 值存于 T 单元,然后生成如下代码序列:

$$GOTO\ TEST$$
$$B_1:关于\ S^{(1)}\ 中间代码$$
$$GOTO\ NEXT$$
$$B_2:关于\ S^{(2)}\ 中间代码$$
$$GOTO\ NEXT$$
$$\cdots$$
$$B_n:关于\ S^{(n)}\ 中间代码$$
$$GOTO\ NEXT$$
$$TEST:IF\ T=L_1\ GOTO\ B_1$$
$$IF\ T=L_2\ GOTO\ B_2$$
$$\cdots$$
$$IF\ T=L_{n-1}\ GOTO\ B_{n-1}$$
$$GOTO\ B_n$$
$$NEXT:$$

由于把条件转移语句附在整个语句翻译完之后,这样就省去在运行时做这件工作,而且条件语句集中在一起也便于产生较高质量的目标代码。

在考虑如何翻译 CASE 语句前,对 Pascal 中的 CASE 语句需要进一步了解。

（1）标号 L_j 可以是常数表。因此可把 L_j 中的每个常数都当作一个标号来翻译，只不过它们所对应的语句是相同的而已。

（2）CASE 语句可以嵌套 CASE 语句，而且这种嵌套在文法上是不加限制的。因此，在每进入一个 CASE 语句时都要构造一个队列（就是前面讲的表），它也由两栏组成。当退出此 CASE 语句时就归还给系统。为了实现这种嵌套 CASE 语句翻译，仍需一个语义栈，以记录每个嵌套 CASE 语句翻译时的队列首址、末址、该 CASE 的 E·PLACE 值和待填的 TEST 与 NEXT 链。为此，采用如下的数据结构与语义过程：

①STACK 栈：分五个域（五栏），TOP 为指示器，初值为 0，栈初值也为 0，每进入一层 CASE，TOP 加 1。五个域涵义为：

STACK[TOP]·FIRST——该层 CASE 的 QUEUE 表的首址；

STACK[TOP]·LAST——该层 CASE 的 QUEUE 表的末址；

STACK[TOP]·TEMP——该层 CASE 的 E·PLACE；

STACK[TOP]·NEXT——该层 CASE 的 NEXT（待填的链）；

STACK[TOP]·TEST——该层 CASE 的 TEST（待填的链）。

②QUEUE 队列：各层队列可共用一个二维数组。用指示器 P 来区分，P 初值为 0。QUEUE 队列有两栏，其含义是：

QUEUE(P)·LABEL——CASE 语句一个标号；

QUEUE(P)·QUAD——CASE 语句中某标号对应的语句起始四元式序号。

③LOOKUP 语义过程：用于查找 CASE 语句内是否有重定义标号错。因为语法检查时查不出来，所以由语义检查来完成。

下面将 Pascal 的 CASE 语句文法改写，并给出相应的语义子程序。

产生式 | 语义子程序

（1）$C_1 \rightarrow$ case
{TOP:=TOP+1;STACK[TOP]·FIRST:=P+1;
STACK[TOP]·LAST:=null;
STACK[TOP]·NEXT:=null}

（2）$C_2 \rightarrow C_1$ E of
{STACK[TOP]·TEMP:=E·PLACE;
STACK[TOP]·TEST:=NXQ;
GEN(j,－,－,0)}

（3）$L \rightarrow i$
{if STACK[TOP]·LAST≠null then
LOOKUP(TOP,i);p:=p+1;
QUEUE(p)·LABEL:=i;QUEUE(p)·QUAD:=NXQ;
STACK[TOP]·LAST:=p}

（4）$L \rightarrow L^{(1)}$,i
{LOOKUP(TOP,i);p:=p+1;
QUEUE(p)·LABEL:=i;
QUEUE(p)·QUAD:=NXQ;
STACK[TOP]·LAST:=p}

（5）$W \rightarrow L:S^{(1)}$
{BACKPATCH(S$^{(1)}$·CHAIN,NXQ);
q:=NXQ;
GEN(j,－,－,0);

STACK[TOP] · NEXT:=MERG;

(STACK[TOP] · NEXT,q)}

(6) W→W$^{(1)}$;L:S$^{(1)}$ {BACKPATCH(S$^{(1)}$ · CHAIN,NXQ);

q:=NXQ;

GEN (j,－,－,0);

STACK[TOP] · NEXT:=MERG;

(STACK[TOP] · NEXT,q)}

(7) S→C$_2$ W end   {BACKPATCH(STACK[TOP] · TEST,NXQ);

T:=STACK[TOP] · TEMP;

for t:=STACK[TOP] · FIRST to STACK[TOP] · LAST do

  begin

    C:=QUEUE[t] · LABEL;

    Q:=QUEUE[t] · QUAD;

    if C≠L$_n$ then   / * L$_n$ 是 else 或 otherwise * /

      GEN(case,C,Q,－)

      else

      GEN(case,T,Q,－)

  end

GEN(lable,－,－,－);

S · CHAIN:=STACK[TOP] · NEXT;

TOP:=TOP－1;

p:=STACK[TOP] · LAST}

/ * 恢复外层的队列指针 * /

其中产生新形式的四元式(case,C,Q,－),它实际代表一个条件语句

    IF T=C GOTO Q

这里之所以用 case 作为四元式操作码,乃是希望目标代码产生器能对它进行优化处理。(label,－,－,－)四元式用来告诉目标代码生成器,它现在可以将其前面的一组(case, C, Q, －)四元式变换成高效的目标代码(比如用散列技术等)。

例如,写出下列语句的四元式序列。

    case I+J of

  2: K:=M

  7: case K of

    0: I:=J+1;

    1:I:=J+3;

    else I:=2

     end;

  9:K:=M－1;

  else K:=M+1

   end

158

这是嵌套 CASE 语句,当加工到内层 CASE 句的 else 时得到的 STACK 栈和 QUEUE 队列的形式如图 7.8 所示。队列指针 P 从 1+1 开始填,至此已填到 1+5。

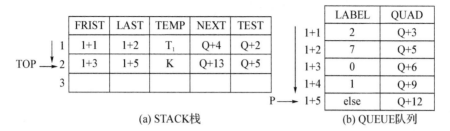

(a) STACK栈 (b) QUEUE队列

图 7.8 栈与队列结构

当加工到外层 CASE 语句的 else 时,STACK 栈和 QUEUE 队列的形式如图 7.9 所示。这时内层 CASE 结束,队列占有的单元退回,栈也弹出,继续外层处理。

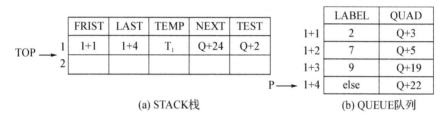

(a) STACK栈 (b) QUEUE队列

图 7.9 栈与队列

最后生成的四元式序列为:

(Q+1)	$(+,I,J,T_1)$	
(Q+2)	$(j,-,-,Q+25)$	/ * 转向外层 case * /
(Q+3)	$(:=,M,-,K)$	
(Q+4)	$(j,-,-,0)$	
(Q+5)	$(j,-,-,Q+14)$	/ * 转向内层 case * /
(Q+6)	$(+,J,1,T_2)$	
(Q+7)	$(:=,T_2,-,I)$	
(Q+8)	$(j,-,-,Q+18)$	
(Q+9)	$(+,J,3,T_3)$	
(Q+10)	$(:=,T_3,-,I)$	
(Q+11)	$(j,-,-,Q+18)$	
(Q+12)	$(:=,2,-,I)$	
(Q+13)	$(j,-,-,Q+18)$	
(Q+14)	$(case,0,Q+6,-)$	/ * 内层 case 测试 * /
(Q+15)	$(case,1,Q+9,-)$	
(Q+16)	$(case,K,Q+12,-)$	
(Q+17)	$(label,-,-,-)$	
(Q+18)	$(j,-,-,Q+4)$	

(Q+19)	$(-, M, 1, T_4)$	
(Q+20)	$(:=, T_4, -, K)$	
(Q+21)	$(j, -, -, Q+18)$	
(Q+22)	$(+, M, 1, T_5)$	
(Q+23)	$(:=, T_5, -, K)$	
S·CHAIN←(Q+24)	$(j, -, -, Q+21)$	
(Q+25)	$(case, 2, Q+3, -)$	/＊外层 case 测试＊/
(Q+26)	$(case, 7, Q+5, -)$	
(Q+27)	$(case, 9, Q+19, -)$	
(Q+28)	$(case, T_1, Q+22, -)$	
(Q+29)	$(label, -, -, -)$	

最后 S·CHAIN＝Q+24。

7.4.7　复合语句的翻译

前面已介绍了各类语句的翻译,还剩下的问题就是回填语句链,这个任务很简单,可由复合语句翻译来承担,复合语句文法可改写作:

S→begin L end

L→S

L→L^{S}S

L^S→L;

相应语义子程序描述如下:

产生式	语义子程序
(1) L→S	{L·CHAIN:=S·CHAIN}
(2) L^S→L;	{BACKPATCH(L·CHAIN,NXQ)}
(3) L→L^{S}S	{L·CHAIN:=S·CHAIN}
(4) S→begin L end	{BACKPATCH(L·CHAIN,NXQ);S·CHAIN:=0}

7.5　数组元素及其在赋值语句中的翻译

7.5.1　数组及其下标变量地址的计算

数组是一种结构类型,它是由相同类型的一组元素组成的。数组有一维、二维、多维之分,一维数组又称向量,二维数组又称矩阵。每一维都有下标,用于区分数组元素在数组中的位置。例如,二维数组 $A_{mn}=(a_{ij})_{m*n}$,它可以看成由 m 行向量组成的向量,当然也可看成由 n 列向量组成的向量。对于二维数组的每个元素 a_{ij},i,j 分别称作行下标和列下标,它们表示 a_{ij} 这个元素在行、列向量中的位置,比如 a_{23} 习惯上称作第二行、第三列上的元素。每维的下标只能在该维的上、下界之间变动,一般来说,上、下界可以是任意整数(可正,可负),维数也不受限制

(当然,在计算机具体实现时必须加以限制)。数组的每个元素(俗称下标变量)是由数组名连同各维的下标值命名的,如 $A[i_1,i_2,\cdots,i_n]$。根据数组类型(实际上是每个元素的类型),每个数组元素在计算机中占有相同的存储空间。如果一个数组所需的存储空间在编译时就已知道,则称此数组为确定数组;否则,称作可变数组。数组可以是多维的,但计算机的内存结构是一维的。用一维内存来存放多维数组的序列时通常采用两种方式。一种是按行存放:第一行元素放完,依次放第二行等;一种是按列存放:第一列元素放完,依次放第二列等。前者是至今大部分程序语言仍采用的存储方式,后者主要是在 FORTRAN 中采用。设有数组说明 A:array[1:2,1:3],这两种存储方式的存储分配分别如下所示:

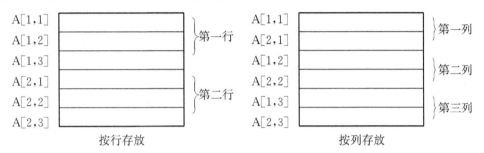

按行存放　　　　　　　　　　　　按列存放

数组元素的存储地址和存储方式密切相关。先讨论按行存放时如何计算数组元素的地址。设有一数组 A,说明成 array[1:10,1:20],数组的首地址为 a,即 $A[1,1]$ 存于 a 单元,每个数组元素占 m 个字单元,那么数组元素 $A[i,j]$ 的地址为:

$$a+((i-1)*20+(j-1))*m$$

或写作:

$$(a-21*m)+(20*i+j)*m$$

一般而言,设 A 是由下面说明语句定义的一个 n 维数组:array$[l_1:u_1,l_2:u_2,\cdots,l_n:u_n]$,令 $d_i=u_i-l_i+1,i=1,2,\cdots,n$ 为每一维尺寸;a 为数组的首地址,每个元素占 m 个字单元。那么在按行存放的前提下,数组元素 $A[i_1,i_2,\cdots,i_n]$ 的地址 D 为:

$$D=a+((i_1-l_1)d_2d_3\cdots d_n+(i_2-l_2)d_3d_4\cdots d_n+\cdots+(i_{n-1}-l_{n-1})d_n+(i_n-l_n))m$$

经因式分解后得:

$$D=CONSPART+VARPART$$

其中:

$$CONSPART=a-C$$

$$C=((\cdots((l_1d_2+l_2)d_3+l_3)d_4+\cdots+l_{n-1})d_n+l_n)m$$

$$VARPART=((\cdots((i_1d_2+i_2)d_3+i_3)d_4+\cdots+i_{n-1})d_n+i_n)m$$

CONSPART 称作不变部分,它与下标 $i_1,i_2,\cdots,i_n$ 无关,只同各维尺寸和下界有关,所以 CONSPART 只需计算一次,特别是其中的 C 在编译时就可计算出,以供计算下标变量地址时引用。而 VARPART 部分与下标值 $i_1,i_2,\cdots,i_n$ 有关,称作可变部分,它必须根据下标值转换成相应代码,待运行时计算出。不过在转换成中间代码时也用到数组的一些信息,如每维尺寸、类型等。

为此,在编译程序遇到数组说明时,必须把数组的有关信息记录在一张"内情向量"表中。以便以后计算数组下标变量地址时引用这些信息。这张内情向量表必须包括:维数、各维上下界、首地址、类型以及 C 值。其结构如图 7.10 所示，其中 TYPE 为类型，知道了 TYPE，就知道了每个下标变量占多少单元。

对于确定的数组来说，内情向量可登记在编译时的符号表中；对于可变数组，内情向量的一部分（或全部）在编译时无法知道，只有在运行时才能计算出来。因此，编译程序必须为可变数组设置一个存储空间，以便在运行时建立相应的内情向量表。不论是对确定数组还是可变数组，数组元素的地址计算公式都是一样的，其算法也一样。要在运行时建立内情向量表，必须在编译时为运行程序准备好调用的程序（称运行子程序），当执行到数组 A 所在的分程序时，就把内情向量的各有关参数填进表内，然后动态地申请数组所需的存储空间。下面简单地讨论这个子程序的算法。假定数组的维数为 n，各维界值是 $l_1, u_1, l_2, u_2, \cdots, l_n, u_n$，下标变量类型为 TYPE，数组按行存放，算法如下：

l_1	u_1	d_1
l_2	u_2	d_2
⋮	⋮	⋮
l_n	u_n	d_n
n	C	
TYPE	a	

图 7.10　内情向量表结构

```
BEGIN
    i：＝1；N：＝1；C：＝0；/＊N 是数组占有的内存空间，C 为不变部分常数＊/
    WHILE i≤n DO /＊n 为维数＊/
        BEGIN
            dᵢ：＝uᵢ—lᵢ+1；
            N：＝N＊dᵢ；
            C：＝C＊dᵢ+lᵢ；
            把 lᵢ，uᵢ，dᵢ 填进内情向量表中；
            i：＝i+1
        END
    N：＝N＊m；/＊按 TYPE 类型，每个元素占 m 个字单元＊/
    C：＝C＊m；
    申请 N 个单元的数组空间，令这片空间的首地址为 a；
    把 n 和 C 以及 TYPE 和 a 填进内情向量表中
END
```

对于数组元素按列存放时的存储地址计算略有不同，这里仅简单地列出计算 $A[j_1, j_2, \cdots, j_n]$ 的地址公式，其他的讨论同行存放方式。

$$D = CONSPART + VARPART$$
$$CONSPART = a - C \quad (a \text{ 为数组 A 的首地址})$$
$$C = 1 + d_1 + d_1 d_2 + \cdots + d_1 d_2 \cdots d_{n-1}$$
$$VARPART = i_1 + i_2 d_1 + i_3 d_1 d_2 + \cdots + i_n d_1 d_2 \cdots d_{n-1}$$
$$= i_1 + d_1(i_2 + d_2(i_3 + \cdots + d_{n-2}(i_{n-1} + d_{n-1} i_n) \cdots))$$

上面的公式有两个假定：数组的下界取 1，这也是 FORTRAN 语言所规定的；数组的每个元素占一个字单元。

7.5.2　数组元素引用的中间代码形式

为简单起见,我们只讨论确定的数组(也称静态数组,它在编译时就可确定数组的大小)的翻译问题。按计算机结构,访问数组元素 $A[i_1, i_2, \cdots, i_n]$ 可设想为:把它的 VARPART 计算在某一变址单元 T 中,用 CONSPART 作为"基址",然后以变址方式访问存储单元,写作

CONSPART[T]

由于数组是静态的,因此 CONSPART＝a－C,其中的 C 在处理说明语句时已填在内情向量表中,可以查得;而 a 在处理说明语句时可能知道也可能不知道,但在运行时总是可以确定的,所以可以生成 a－C 代码,待运行时再行确定。假定 T_1:＝a－C 是用于存放 CONSPART 的临时单元,那么 $T_1[T]$ 就可用来表示数组元素的地址。在对数组元素引用时,可以写成变址取数四元式:

$$(=[\quad], T_1[T], -, X)$$

其含义相当于 X:＝$T_1[T]$,其中"＝[　]"为变址取数赋值号。在对数组元素赋值时,可以写成变址存数四元式:

$$([\quad]=, X, -, T_1[T])$$

其含义相当于 $T_1[T]$:＝X,其中"[　]＝"为变址存数赋值号。

7.5.3　按行存放的赋值语句中数组元素的翻译

首先,给出含数组元素的赋值句文法。这个文法可写作:

A→V:＝E
V→i[elist]| i
elist→elist,E| E
E→E op E|(E)| V

其中,E op E 的 op 表示各种算术算符(比如＋,－,＊,/等)。一个赋值语句 A 是一个 V(指简单变量或下标变量)后跟赋值号:"＝"和一个算术表达式。V 可以是简单变量也可以是下标变量;下标变量是由数组名后跟括号及括号内由逗号分开的若干表达式组成;表达式按常规定义,但表达式中变量又可以是下标变量。这种递归定义形成数组嵌套数组结构。

为了便于计算 VARPART 和产生相应四元式代码,将文法改写成:

A→V:＝E
V→elist]| i
elist→elist[1],E | i[E
E→E op E|(E)| V

把数组名 i 和最左下标表达式写在一起的目的是表示为数组 i 开始计算第一个下标,同时使我们在整个下标串 elist 的翻译过程中随时都能知道数组 i 的符号表入口地址及表中相应信息。

下面先介绍几个语义变量及函数过程。

(1) 语义变量。

ARRAY——数组名的符号表的入口地址。

DIM——数组下标维数计数器,每扫描一个下标表达式 DIM 加 1。

PLACE——语义变量,它或是存符号表入口地址或是临时变量的序号。

OFFSET——①简单变量,若 OFFSET＝null(null 是特殊记号);②下标变量,若 OFF-SET 保存已计算的 VARPART。

(2) 函数过程。

LIMIT[ARRAY,k]——通过符号表查内情向量表,返回第 k 维的尺寸 d_k。

HEAD[ARRAY]——或者是查内情向量表的数组首地址 a,或者是等到运行时分配到数组地址 a。

CONS[ARRAY]——查内情向量表,得 C 值。

TYPE[ARRAY]——查内情向量表 TYPE 项,返回一个数组元素占有的字单元数 m。

按照求 VARPART 的公式,若每个下标变量占一个字单元编址,则可以写出计算 VARPART 的算法:

```
        VARPART:=i₁;
        k:=1;
        WHILE   k<n    DO     /＊n 为维数＊/
            BEGIN
                VARPART:=VARPART＊dₖ₊₁+iₖ₊₁;        /＊设下标表达式已计算好,并存
                                                        于 iₖ 单元中＊/

                k:=k+1
            END
```

这是个迭代算法,每通过一次迭代,计算 VARPART 总要做一次乘法和一次加法,其计算过程正好与 elist 归约过程吻合。因此,可以利用从左到右扫描输入串,边扫描下标表达式,边归约边产生计算 VARPART 的中间代码。其产生的中间代码序列如下(这里略去计算表达式的中间代码):

$$(＊ ,i_1 ,d_2 ,T_1)$$
$$(+ ,T_1 ,i_2 ,T_2)$$
$$(＊ ,T_2 ,d_3 ,T_3)$$
$$(+ ,T_3 ,i_3 ,T_4)$$
$$\cdots$$

下面是关于含有数组元素的赋值语句的翻译规则。我们仅列出每个产生式的主要语义动作,而省略了一切语义检查。

产生式	语义子程序
(1) A→V:=E	{IF(V・OFFSET=null)THEN/＊V 是简单变量＊/
	GEN(:=,E・PLACE,－,V・PLACE)
	ELSE GEN([ ]=,E・PLACE,－,V・PLACE[V・OFFSET])}

这里,若 V 是下标变量,则产生变址存数四元式。

(2) E→E⁽¹⁾ op E⁽²⁾   {T:=NEWTEMP;

GEN(op,E⁽¹⁾・PLACE,E⁽²⁾・PLACE,T);

E・PLACE:=T}

164

(3) E→(E$^{(1)}$)　　　　　　{E・PLACE:=E$^{(1)}$・PLACE}

(4) E→V　　　　　　　　{IF(V・OFFSET=null)/＊V 是简单变量＊/

　　　　　　　　　　　THEN E・PLACE:=V・PLACE

　　　　　　　　　　　ELSE　　　/＊V 是下标变量＊/

　　　　　　　　　　　BEGIN T:=NEWIEMP;

　　　　　　　　　　　　GEN(=[　],V・PLACE[V・OFFSET],−,T);

　　　　　　　　　　　　E・PLACE:=T

　　　　　　　　　　　END}

若 V 是下标变量,产生变址取数四元式,送临时变量 T 暂存。

(5) V→elist]　　　{IF(TYPE・[ARRAY]≠1 THEN　　　/＊下标变量非 1 字编址＊/

　　　　　　　　　BEGIN T:=NEWTEMP;

　　　　　　　　　　GEN(＊,elist・PLACE,TYPE[ARRAY],T);

　　　　　　　　　　elist・PLACE:=T

　　　　　　　　　END;

　　　　　　　　　V・OFFSET:=elist・PLACE;

　　　　　　　　　T:=NEWTEMP;

　　　　　　　　　GEN(−,HEAD[ARRAY],CONS[ARRAY],T);

　　　　　　　　　V・PLACE:=T}

这里,三个函数过程 HEAD[ARRAY],CONS[ARRAY],TYPE[ARRAY]用来查内情向量表,获得 a,C 和每个数组元素占有的字单元数 m。第一个四元式仅当数组元素不等于 1 个字单元时才做,用来最终计算 VARPART 部分,并存于 V・OFFSET 中。第二个四元式用来计算 CONSPART 并存于 V・PLACE。这些是变址存数和变址取数指令所需要的。

(6) V→i　　　{V・PLACE:=ENTRY[i];

　　　　　　　V・OFFSET:=null}

对于简单变量的归约,它无需计算地址,它从符号表入口查地址栏即可。而 null 是为其他语义动作设置逻辑判断条件的,这一点是对简单变量归约时增加的语义动作。

(7) elist→elist$^{(1)}$,E　　{T:=NEWTEMP;

　　　　　　　　　　　k:=elist$^{(1)}$・DIM+1;

　　　　　　　　　　　d_k:=LIMIT(elist$^{(1)}$・ARRAY,k);

　　　　　　　　　　　GEN(＊,elist$^{(1)}$・PLACE,d_k,T);

　　　　　　　　　　　T_1:=NEWTEMP;

　　　　　　　　　　　GEN(+,T,E・PLACE,T_1);

　　　　　　　　　　　elist・ARRAY:=elist$^{(1)}$・ARRAY;

　　　　　　　　　　　elist・PLACE:=T_1;

　　　　　　　　　　　elist・DIM:=k}

这里产生的两个四元式就是下标表达式归约时用来逐步计算可变地址部分的。它相当于执行 elist・PLACE←elist$^{(1)}$・PLACE ＊ d_k+E・PLACE。

(8) elist→i[E　　　{elist・PLACE:=E・PLACE;

　　　　　　　　　　elist・DIM:=1;

$$\text{elist} \cdot \text{ARRAY}:=\text{ENTRY}(i)\}$$

第一维下标值存在 PLACE 栈内。数组名 i 的符号表入口存在 ARRAY 栈,以便以后查找用。

例如,数组 A 说明为 array[1:10,1:20],且从内情向量表查得数组首地址为 a,C=21,$d_2=20$,m=1,则为 X:=A[I,J]语句生成的四元式序列为:

   (1)$(*,I,20,T_1)$

   (2)$(+,T_1,J,T_2)$

   (3)$(-,a,21,T_3)$

   (4)$(=[\ ],T_3[T_2],-,T_4)$

   (5)$(:=,T_4,-,X)$

再如,设数组 A 说明为 array[2:10,-2:10],每一个数组元素占 4 个单元,a 是首地址,试编出 A[I+2,J+1]:=A[I,J]+2 的四元式序列。可以先计算 $C=(l_1*d_2+l_2)*m=(2*13+(-2))*4=96$,四元式序列如下:

   (1)$(+,I,2,T_1)$

   (2)$(+,J,1,T_2)$

   (3)$(*,T_1,13,T_3)$

   (4)$(+,T_3,T_2,T_4)$

   (5)$(*,T_4,4,T_5)$ /*其中 4 表示每个数组元素占 4 个单元*/

   (6)$(-,a,96,T_6)$

   (7)$(*,I,13,T_7)$

   (8)$(+,T_7,J,T_8)$

   (9)$(*,T_8,4,T_9)$

   (10)$(-,a,96,T_{10})$

   (11)$(=[\ ],T_{10}[T_9],-,T_{11})$

   (12)$(+,T_{11},2,T_{12})$

   (13)$([\ ]=,T_{12},-,T_6[T_5])$

请注意,在赋值语句左部的下标变量地址(包括可变部分和不变部分)算好之后,要等待右部表达式算好才能做赋值操作。另外赋值语句右部即使遇到与左部有相同的下标地址,还是得计算一遍,这是语法制导所要求的,其间冗余的计算要等到优化时去掉。

*7.5.4 按列存放的赋值语句中数组元素的翻译

按列存放时计算 VARPART 和 CONSPART 的地址与按行存放时的计算略有差别。CONSPART 部分是在编译时计算,与生成代码无关,不讨论。而 $\text{VARPART}=i_1+d_1(i_2+d_2(i_3\cdots+d_{n-2}(i_{n-1}+d_{n-1}i_n)\cdots))$的计算不能按下标式出现的顺序从左到右进行累计,它必须待所有下标式都处理完毕之后再从右到左累计。因此,对于下标式的处理需要一个栈 STACK(不是语义栈)来记录每个下标式的结果值,或者是符号表入口地址或者是临时变量序号。待到所有下标式处理完毕后再自栈顶而下,按计算 VARPART 的公式累计它的值。

这里,无需对 7.5.3 节中的文法进行改写,即对非终结符 V 和 elist 的产生式可沿用:

V→i[elist]│i

elist→elist,E │ E

但对 elist→E 产生式归约时,要建立一个空栈 STACK,并将 E・PLACE 压入栈内;在 elist→elist,E 产生式归约时,把 E・PLACE 压入栈内;在 V→i[elist]产生式归约时,要将 STACK 栈中内容依次弹出计算 VARPART 地址。弹出过程 POP[STACK]的含义是从 STACK 栈顶移出一项内容,栈指针减 1。

下面列出计算按列存放的 VARPART 部分的语义子程序。

产生式	语义子程序

(1)～(4)   同前

(5) V→i[elist]

```
{IF ENTRY(i)・DIM≠elist・DIM THEN
ERROR ELSE
BEGIN
    VP:=POP[STACK];
    K:=elist・DIM;
    WHILE K>1 DO
    BEGIN K:=K-1;
        d_k:=LIMIT (ENTRY (i),K);
        TERM:=POP[STACK];
        T:=NEWTEMP;
        GEN( * ,VP,d_k,T);
        GEN(+,T,TERM,T);
        VP:=T;
     END
    IF (TYPE(ENTRY(i))≠1) THEN
    GEN( * ,TYPE(ENTRY(i)),VP,VP);
    V・OFFSET:=VP;
    T:=NEWTEMP;
    GEN(-,HEAD(ENTRY(i)),CONS(ENTRY(i)),T);
    V・PLACE:=T
END}
```

(6) V→i   {同前}

(7) elist→elist[(1)],E

```
{elist・DIM:=elist[(1)]・DIM+1;
把 E・PLACE 压入 STACK 栈}
```

(8) elist→E

```
{elist・DIM=1;
建立一个空栈 STACK;
把 E・PLACE 压入 STACK 栈}
```

对于嵌套数组的情况,STACK 栈可公用,DIM 相当于栈指针。

例如,设数组 A 的说明是 array [1:10,1:20,1:30],每个数组允许占 2 个字单元,首地址为 a。赋值语句 X:=A[I+1,J,K * 5]的四元式序列为:

(1) $(+,I,1,T_1)$

(2) $(*,K,5,T_2)$

(3) $(*,T_2,20,T_3)$

(4) $(+,T_3,J,T_3)$

(5) $(*,T_3,10,T_4)$

(6) $(+,T_4,T_1,T_4)$

(7) $(*,T_4,2,T_4)$

(8) $(-,a,422,T_5)$ $/*C=(1+d_1+d_1*d_2)*2=422*/$

(9) $(=[\ ],T_5[T_4],-,T_6)$

(10) $(:=,T_6,-,X)$

7.6　过程调用语句

过程调用的实质是把程序控制转到子程序(过程段)。在转到子程序之前必须用某种办法把实际参数的信息传递给被调用的子程序,并且应该告诉子程序在它工作完毕后返回到什么地方(返回地址),对于动态数据区分配还要保存老数据区首址,传递全局 display 地址。对于后两点留到下一章介绍。现在的转子指令大多在实现转移的同时就把返回地址(转子指令之后的那条指令地址)放在内存某栈区或专用寄存器中,因此返回地址并没有什么需要特殊考虑的问题。关于参数传递方面,不同的机器采用不同方法。一般来说,可以把参数先传递到一个公共区域,而那区域是其他过程可以取得到的,当进入过程之后,再将参数从该区域中取出,送到过程的形式参数数据区中。或者直接把实际参数传递到被调过程的形式参数单元(下一章详细介绍)。参数的传递根据不同机器也有不同的形式,有传地址、传值和传名之分。下面我们先介绍参数传递的几种形式,然后再以传地址为例,介绍在编译时要做哪些工作,如何在语法制导下实现参数传递。

7.6.1　参数传递

定义和调用过程是程序语言的主要特征之一。过程是模块化程序设计的主要手段,同时也是节省程序代码和扩充语言能力的主要途径。

一个过程一旦定义后就可以在别的地方调用它。调用与被调用的信息往来主要是通过参数传递或函数名实现。参数分为实际参数(实参)与形式参数(形参)。实际参数是施调过程中提供给被调过程的变量、值、表达式、数组等;形式参数是被调过程中准备接受实际参数的单元,在被调之前,它的内容是毫无意义的。在许多语言中都要求实参与形参的个数相等、类型一致、顺序对应。

1）传地址（Call by reference）

所谓传地址是指把实际参数的地址传递给相应的形式参数单元,简称形式单元。如果实际参数是一个变量(包括下标变量),则直接传递它的地址;如果实际参数是常数或其他表达式(如 A+B),那就先把它的值计算出来并存放在某一临时单元之中,然后传递这个临时单元的地址。当程序控制转入被调用过程之后,被调用段首先把实参地址从连接数据区中读入形参

168

单元(若已直接传至形参单元,此步不做)中。过程体内,对形式参数的任何引用或赋值都被看作对形参单元的间接访问。对形参单元的间接引用并不改变实参单元的内容,但对形参单元的间接赋值将直接修改实参单元的内容。因此,用户在使用传地址方式进行过程调用时必须小心谨慎。当然,对形参单元的赋值也可直接从调用段带回所希望的结果。例如,对于下面的FORTRAN过程:

```
        SUBROUTINE INCSWAP(M,N,O)
          M=M+1
          J=N
          N=O
          O=J
          RETURN
        END
```

现在有调用语句 CALL INCSWAP(I,I,K[I]),假定在调用程序中 I=3,K[3]=5,K[4]=10,那么当进入过程后,相当于执行下列的指令步骤:

1. $M:=I;N:=I;O:=K[I]$,   /* 实参地址传到形参单元 */
2. $M\uparrow:=M\uparrow+1$ /* $M\uparrow$ 指对 M 的间接访问,这里相当于将变量 I 改为 4 */
3. $J:=N\uparrow$;   /* J=4 */
4. $N\uparrow=O\uparrow$;   /* 对 N 的间接赋值,相当于将变量 I 改为 5 */
5. $O\uparrow=J$;

执行结果是返回调用段时 I=5,K[3]=4,K[4]=10。

由于过程体内在运行时会修改实参内容,因而往往会产生一些不希望的结果。所以 FOR-TRAN Ⅳ 以后的版本中增加了一种传递参数的类型,称"传结果"(call by result),它是在传地址的基础上作了点改动。其实质是每个形式参数对应两个单元,第一个单元存放实参地址,第二个单元存放实参的值。在过程体中对形参的任何引用或赋值都被看成对它的第二个单元的直接访问。但在过程结束返回前必须把第二个单元的内容存放到由第一个单元所指的那个实参单元中。

如果按传结果传递参数,也用 CALL INCSWAP(I,I,K[I]) 语句调用上列过程,假定初值还是 I=3,K[3]=5,K[4]=10,那么从过程返回后 I=5,K[3]=3,K[4]=10,与传地址调用的结果不同。由于 FORTRAN 编译程序对"传地址"和"传结果"两种参数传递方法都得处理,从而增加了编译程序的复杂性。所以,传结果这种参数传递方式的使用并不普遍。

2）传值(Call by value)

这是一种最简单的参数传递方法。调用段把实际参数的值计算出来,然后将这些值直接传送到形式参数单元中。在过程体中使用这些单元像使用局部量那样,与调用段无关,因而也无法修改实参单元的值。对于上面的 INCSWAP 例子,若采用传值方式传递参数,则使用语句 CALL INCSWAP(I,I,K[I]) 将不返回任何结果,也即原先的值并没有被改变。

3）传名(Call by name)

这是 ALGOL 60 所定义的一种特殊的形-实参数结合方式。ALGOL 60 使用"替换规则"来解释"传名"。过程调用的作用相当于用被调用段的过程代替调用语句,并且过程体内所有形式参数名皆用相应的实际参数名来代替。在替换时,如果发现过程体内的局部名和实际参数中的名相同时,则应理解成不同标识符,分配不同单元。最好在替换前将实参做些标志,以免出现这种不必要矛盾。

例如,对于前面的过程 INCSWAP,假定采用传名方式传递实参,则过程调用语句 CALL INCSWAP(I,I,K[I])的作用等价于执行下面的语句:

$$I_:=I+1;$$
$$J_:=I;$$
$$I_:=K[I];$$
$$K[I]_:=J;$$

如果初值还是 I=3,K[3]=5,K[4]=10,执行这些语句后结果是 I=10,K[3]=5,K[10]=4。显然和前面三种的结果都不相同。

由于传名方式存在一些副作用,效率也比较低,现在一般语言都不用它。

7.6.2 过程调用语句的翻译

下面以传地址为例,介绍过程调用语句翻译。根据前面的介绍,过程调用:

CALL S(A+B,Z)

大致应译成:

k	(+,A,B,T)	/＊计算表达式＊/
k+1	(par,−,−,T)	/＊传递第一个参数＊/
k+2	(par,−,−,Z)	/＊传递第二个参数＊/
k+3	(jsr,−,2,S)	/＊转子指令,转到 S 过程,有两个参数＊/

这里(par,−,−,T)的含义是将参数 T 传递到一个公共的区域或直接传递到过程的形参单元。所以,这条四元式翻译成什么样的目标代码由具体机器进行解释。(jsr,−,n,S)是一条转子指令,转移到 S 过程的四元式入口序号。若(jsr,−,n,S)这条指令序号是 k,则返回地址就是 k+1。

考虑一个描述过程调用语句的文法:

S→call i(arglist)
arglist→arglist,E
arglist→E

为了在处理实际参数串的过程中记住每个实际参数的地址,以便最后把它们排在转子指令前面一起传送出去,需要设置一个语义队列 QUEUE,每当 arglist→E 产生式或 arglist→arglist,E 产生式归约时,把 E・place 添加至队列之尾。等到实际参数扫描完,进行 S→call i (arglist)产生式归约时,把队列中元素从头到尾依次取出到 p 并生成一系列(par,−,−,p),最后产生一条(jsr,−,n,ENTRY(i))四元式,其中 n 是参数的数目。

过程调用语法制导翻译的语义子程序为:

产生式	语义子程序
(1) S→call i (arglist)	{n:=0;
	FOR 队列 arglist・QUEUE 中的每一个 p DO
	(GEN(par,−,−,p);n:=n+1);
	GEN(jsr,−,n,ENTRY(i))}

（2）arglist→arglist$^{(1)}$，E　　　　｛把 E·PLACE 添加入 arglist$^{(1)}$·QUEUE 末端；

arglist·QUEUE：＝arglist$^{(1)}$·QUEUE｝

（3）arglist→E　　　　　　　　　｛建立一个 arglist·QUEUE 空队列；

arglist·QUEUE：＝队列 QUEUE 头；

将 E·PLACE 添入队列｝

其中，arglist·QUEUE 存放队列头指针，它存于 QUEUE 语义栈。

7.6.3　过程调用和数组元素相混淆的处理

许多程序语言的数组元素（下标变量）和过程（或函数）调用语句在外部形式上没有什么区别，比如：

X：＝A(I,J)

的赋值语句中，A(I,J)是下标变量呢？还是调用过程（函数）A 的语句？这种二义性造成了语法制导翻译的困难。因为，语法制导翻译纯粹是按语法规则（产生式）机械执行的。

如何解决这个问题呢？回答是查符号表。因为在符号表中已登记了 A 是过程名还是数组名。然而这种回答意味着把 A(I,J)中的第一个表达式 I 归约为 elist 或 arglist 之前要查符号表，根据查得的结果决定用 elist→E 或 arglist→E 产生式进行归约。也就要求回溯到 A 的现场去查符号表，以决定以后的归约操作。

一种较好的解决办法是，让词法分析器在发送单词 A 的类号之前先查询符号表。当它发现 A 是一个过程（函数）名时就把 A 作为一个 proc i 的类号送出，否则作为一般的标识符 i 的类号送出。这样，就可以毫无困难地实现语法制导翻译。但是，词法分析器要判断出一个标识符是否代表一个过程名也是不容易的，因为这就要求在引用数组元素或调用过程之前必须对数组和过程加以说明，如果有些语言允许数组引用出现在说明之前，那么要求编译程序至少要扫描两遍。

7.7　说明语句的翻译

绝大多数程序语言的说明语句不产生中间代码。对于说明语句，其编译的任务是：

（1）登记符号表，包括填名字及有关属性；

（2）为变量分配内存地址（相对地址），包括内情向量表地址及构造部分或全部内情向量表。

词法分析虽然也查造符号表，但因为不知道标识符的属性，对该标识符所处的环境也一无所知，特别是在分程序结构的语言中，它允许过程嵌套，所以那时的符号表很不成熟，推迟到现在再来构造符号表是合理的。下面先介绍符号表的一般结构，然后再介绍说明语句的有关文法及其相应的内存地址分配等操作。

7.7.1　分程序结构的符号表

ALGOL，Pascal 以及 Ada 等语言不但允许过程递归调用还允许过程嵌套。这些语言的标识符具有以下性质：

（1）所有标识符必须先定义后使用；

（2）标识符的使用遵守最小作用域原则，即标识符的使用范围不超出定义它的分程序；

（3）同一分程序内标识符不允许重名，不同分程序内的相同标识符表示不同的名字。

〔例7.5〕下面举一分程序结构的例子（见图7.11(a)），看看它的符号表应包含哪些结构。

从分程序结构上看，本程序由三层组成。第0层为主程序MAIN；第1层有2个并列过程：过程P和过程R；第2层只有函数Q，它嵌套于P过程中。从变量作用域来说，函数Q中的变量X的作用域仅限于Q；过程P中变量X的作用域也仅限于P，因为Q中的X已另外说明，尽管类型相同，仍被认为是不同名字；主程序中的变量C是全程变量，它在所有过程中都可用。

为了表示过程的嵌套关系，给分程序编两种号码，一种是按过程出现先后编一个顺序号（BLKN），并为每一个顺序号建立一张符号表，序号从1开始；另一种是嵌套层次号（LN）。上例中，程序MAIN的层号为0，过程P、R的层号为1，函数Q的层号为2。层号用来实现对直系外层外部量的引用。上例中在函数Q内如何引用直系外层的变量A，B，C？这个问题详解见下一章。

为管理各个分程序中的说明信息和各分程序变量间的相互关系，符号表应按图7.11(b)设置（这里只画出部分分程序符号表）。

```
(0) program MAIN;
        var A,B,C:real;
(1)    procedure P(var X:integer);
              var A,Y:integer;
                  B:array[1..10,10..20] of real;
(2)           function Q(var T:integer):boolean;
                  var X:integer;
                  begin
                  ...
                  end;
              begin
                Q(Y);
              end;
(1)    procedure R(var Y:integer);
              var X:integer;
              begin
                P(X);
              end;
        begin
          R(A);
        end.
```

图 7.11(a)   分程序结构示例

172

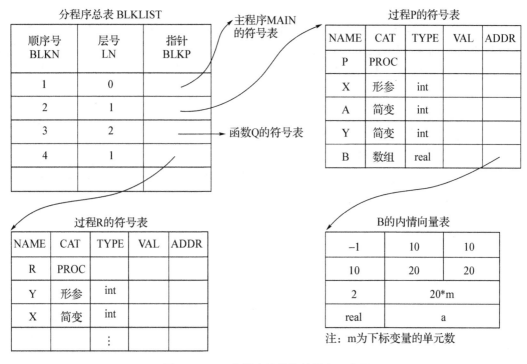

图 7.11(b) 分程序结构的符号表示意图

图 7.11（b）中分程序总表（BLKLIST）中包含各分程序顺序号（BLKN）、层号（LN）以及符号表指针（BLKP）。每扫描一个分程序便建立一项，同时建立一张该分程序符号表。符号表通常由名字（NAME）、种属（CAT）、类型（TYPE）、值（VAL）和地址（ADDR）栏组成。种属栏用于区分标识符是程序名、过程名、函数名、形参、数组、简变和标号等不同种属的单词。类型栏用作登记标准类型，值栏用于登记常量。地址栏用作变量的内存地址分配，若是数组，则用于登记其内情向量表首址。不同语言采用的符号表结构也不相同，上面不过给出示例罢了。针对图 7.11（b）的分程序符号表也可以拟定右侧算法 7.1 来实现对它们的填写。

这里使用层号计数器 bn 来控制

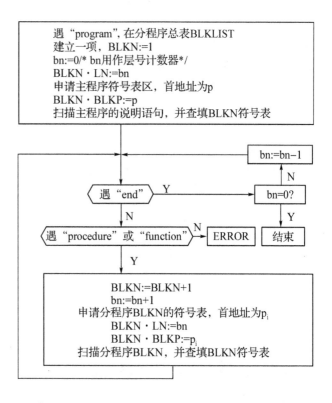

整个填表过程。每当遇上"procedure"或"function"时 bn 加 1，当遇过程（或函数）结束符时它

173

减 1。

　　有了上述的符号表结构,在某过程内引用标识符 A 的方法如下:设该过程的层号 LN=n,顺序号 BLKN=m,从 BLKLIST 表开始查 BLKN 所对应的符号表,若查不到 A,则沿层号减小方向查,首先查层号比 n 小 1 的那个分程序符号表,若当层号为 0 时仍查不到 A,则 A 为未定义错;否则,在哪一层查到就算是哪一层的。这个过程是符合变量先定义后使用和最小作用域原则的。

　　例如,若在上例的函数 Q 中引用变量 A,但 Q 的符号表中未定义 A,当查到 Q 的直系外层 P 的符号表时发现了 A,这种引用是合法的。

　　上述的符号表管理技术采用的是线性查找技术,即按照标识符出现的顺序填写符号表。这也是目前结构化程序设计语言常采用的一种技术,因为结构化程序设计语言是采用模块化结构,每个模块的长度是有限的,其变量也不多,所以查找效率受到的影响并不大。而且由于线性表的结构简单,节省存储空间,是目前编译系统中用得最广的一种。

　　为了提高线性表的查找速率,在线性表中增加一栏——指示器,该指示器把所有的项按"最新最近"访问原则连成一条链。任何时候,这条链的第一个所指的项是那个最新最近被查询过的项,第二个所指的项是那个次新次近被查询过的项,以此类推。每次查表时都按这条链进行查找,一旦找到,就修改这条链,使得链头指向刚查到的那一项。每当填入新项时,总让链头指向这个最新项。含有这种链的线性表叫作自适应线性表。这种按最新最近访问的原则常具有较大的被访问概率。

　　自适应线性符号表结构如图 7.12 所示。符号表中增添了一栏 LINK。其中指针 AVA 为符号表中空白区首址,HEAD 为链首指针。图 7.12 所示的这条链是 5→3→2→1→4→6。若当前访问入口为 4 的项,则链变成 4→5→3→2→1→6。

　　符号表管理技术除了采用线性表外,还采用二叉排序树和散列表等,这些技术都很成熟,而且适用于大型表格的查造,效率很高。这些技术在数据结构课中已学过,恕不赘述。

	NAME	INFORMATION	LINK
1			4
2			1
3			2
4			6
HEAD→5			3
6			0
AVA→			
		⋮	

图 7.12　自适应线性符号表

　　下面介绍几种说明语句的翻译:

（1）整型、实型说明语句的翻译;

（2）常量定义语句的翻译;

（3）数组说明语句的翻译;

（4）过程说明语句的翻译。

7.7.2　整型、实型说明语句的翻译

　　先介绍几个过程:

（1）函数过程 ENTRY(i)——查造符号表,若无 i 项则开辟一项,在 NAME 栏填上变量

名 i,同时返回它在符号表的入口地址;若已有 i,只返回它在符号表的入口地址;

（2）过程 FILL(P,A)——将属性 A 填到 P 所指符号表项相应栏内,它是被用来填种属 CAT 和类型 TYPE 用的;

（3）函数过程 ALLOCATION(T)——根据 T 的属性为变量分配存储单元数,并回送数据区指针,同时让数据区指针指向下一个可用单元。

说明语句的语法一般可描述如下:

$$D \rightarrow integer\ namelist \mid real\ namelist$$

$$namelist \rightarrow namelist,i \mid i$$

用这个文法来制导翻译存在着这样一个问题:仅当把所有的名字都归约成 namelist 之后才能把它们的属性登记进符号表。这意味着 namelist 必须用一个队列（或栈）来保存所有这些名字。一种更好方法是改写文法为:

$$D \rightarrow D,i$$
$$\mid\ integer\ i$$
$$\mid\ real\ i$$

这样,就能在从左到右扫描的过程中边归约边填表,用不着等到变量都归约后才填表。现在,我们来定义这些产生式所对应的语义动作。首先定义一个非终结符语义变量 D·ATT,它用来记录该说明语句所定义的属性。

语义子程序描述如下:

产生式	语义子程序
（1）D→integer i	{FILL(ENTRY(i),int);
	D·ATT:=int;
	FILL(ENTRY(i),ALLOCATION(D·ATT))}
（2）D→real i	{FILL(ENTRY(i),real);
	D·ATT:=real;
	FILL(ENTRY(i),ALLOCATION(D·ATT))}
（3）D→D$^{(1)}$,i	{FILL(ENTRY(i),D·ATT);
	D·ATT:=D$^{(1)}$·ATT;
	FILL(ENTRY(i),ALLOCATION(D·ATT))}

如果说明语句文法写成

$$D \rightarrow var\ ID$$
$$ID \rightarrow i,ID$$
$$ID \rightarrow i:integer$$
$$ID \rightarrow i:real$$

形式（实际上 Pascal 语言就是这种形式）,那么可以直接利用这些产生式写语义子程序。不过这时的语法制导翻译是先将变量移进栈内,最后遇上类型说明符 integer 或 real 时,将栈顶符号串 i:integer（或 i:real）归约为 ID 并填写符号表,接着再归约次栈顶……直至 var ID 归约为 D 才结束。也就是说它是按变量的逆序填写符号表。按这种方法,很容易写出相应的语义子程序来实现符号表的填写及内存分配操作。

175

7.7.3 常量定义语句的翻译

常量定义文法是:
  (1) CONSTD→CONST Constlist |ε
  (2) Constlist→i=INT;Constlist
  (3) |i=STR;Constlist
  (4) |i=INT
  (5) |i=STR

其中,INT 代表某常量,其值在常量表中可查得(用 ENTRY(INT)过程);STR 代表某字符(串)常量,其字符串在符号表中可查得(用 ENTRY(STR)过程)。常量定义的语义动作主要是在符号表中为变量 i 填写其值、类型和种属。为此语义子程序可写作:

产生式	语义子程序
(4) Constlist→i=INT	{ENTRY(i) • VAL:=ENTRY(INT);
	ENTRY(i) • TYPE:=int;
	ENTRY(i) • CAT:=数值常量}
(5) Constlist→i=STR	{ENTRY(i) • VAL:=ENTRY(STR);
	ENTRY(i) • TYPE:=char;
	ENTRY(i) • CAT:=字符常量}

产生式(2)的语义子程序同(4),(3)同(5),产生式(1)不需语义子程序。如果词法分析不填造符号表,这时的语义子程序略有修改。

7.7.4 数组说明语句的翻译

数组说明语句文法假定为:
  A→i:array[alists] of TYPE
  alists→ alist
    | alists,alist
  alist→ int
    | $int^{(1)}$ • • $int^{(2)}$
  TYPE→integer | real | bool | char

其中,int 表示该维的上界,是整数,而下界隐含为 1;$int^{(1)}$,$int^{(2)}$ 分别表示该维下、上界;alists 是下标界表;alist 是单个下标界。数组说明语句的语义动作主要填写符号表和构造内情向量表 P。假定数组按行存放,内情向量表结构见图 7.10。我们改写文法产生式并给出语义子程序如下:

产生式	语义子程序
(1) A→A_1 of TYPE	{FILL(P • TYPE,t)}/ * 用类型 t 填入内情向量表 * /
(2) A_1→A_2[alists]	{FILL(P • C,C);FILL(P • n,DIM)}
	/ * 填内情向量表的 C 和维数 n * /

(3) $A_2 \rightarrow i$: array

$\{L_:=ENTRY(i);$

$FILL(L \cdot CAT, 'ARRAY');$

申请一张内情向量表,首址为 p,P:=p;

$FILL(L \cdot ADDR, P);$

$DIM:=0\}$

(4) alists→alist $\{DIM:=DIM+1\}/*$维数计数器加 $1*/$

(5) alists→alists,alist $\{DIM:=DIM+1\}$

(6) alist→int $\{FILL(P \cdot l_{dim}, 1);/*$第 DIM 维下界填 $1*/$

$FILL(P \cdot u_{dim}, int);/*$第 DIM 维上界填 int $*/$

$FILL(P \cdot d_{dim}, int)\}/*$第 DIM 维尺寸也填 int $*/$

(7) alist→alt int$^{(2)}$ $\{FILL(P \cdot u_{dim}, int^{(2)});$

$FILL(P \cdot d_{dim}, (int^{(2)} - int^{(1)} + 1))\}$

(8) alt→int$^{(1)}$ · $\{FILL(P \cdot l_{dim}, int^{(1)})\}$

(9) TYPE→integer|$\cdots$| char $\{$ $\}$

上面的语义子程序是针对确定的数组而编写的,可变数组的处理已在 7.5.1 节介绍过。上述语义动作主要是填表,符号表入口地址 ENTRY(i)存于语义变量 L 中,内情向量表的入口地址存于 P 中。

7.7.5 过程说明语句的翻译

假定过程说明或函数说明的首部定义具有如下形式:

        procedure⟨过程名⟩(⟨形参表⟩);

或

        function⟨函数名⟩(⟨形参表⟩):TYPE;

当分析到它们时,应该产生计数 LN(层号)和 BLKN(顺序号),建立一个分程序符号表,并在 BLKLIST 表中增加一个表项。在分程序符号表中填写过程名(或函数名)、形参名及其有关的属性。为此写出如下产生式及语义子程序:

        产生式   语义子程序

(1) P→PP(parg) $\{$ $\}$

(2) P→PF(parg):TYPE $\{FILL(L \cdot TYPE, TYPE)\};/*$填函数名类型 $*/$

(3) PP→procedure i $\{LN:=LN+1;BLKN:=BLKN+1;$

为过程 i 建立一个分程序符号表,设其首址为 p,在 BLKLIST 表中增加一行,将 BLKN,LN 和 p 填入;

$L:=ENTRY(i);$

$FILL(L \cdot CAT, 'proc')\}$

(4) PF→function i $\{$除最后一项改用 $FILL(L \cdot CAT, 'function')$外,其他同上$\}$

(5) parg→arg:TYPE $\{FILL(K \cdot TYPE, TYPE)\}/*$填形参类型 $*/$

(6) parg→arg:TYPE, parg $\{FILL(K \cdot TYPE, TYPE)\}$

(7) arg→i $\{K:=ENTRY(i);$

$FILL(K \cdot CAT, '形参')\}/*$将'形参'填入符号表的 CAT 栏 $*/$

7.8 输入/输出语句的翻译

不同语言的输入/输出语句差别相当大,格式繁多,有的以外部设备为中心来解释 I/O 的含义,有的以文件为中心来阐述 I/O 语句。由于前者与设备关系太密切,现在的程序设计语言大多采用后一种来解释 I/O 语句。I/O 语句的执行是由一组计算机系统内定义的子程序实现的。这组子程序称作 I/O 控制系统(简记 IOCS)或基本 I/O 系统(简记 BIOS)。编译对输入/输出语句的处理主要是将这些语句转换为这些系统子程序所要求的参数形式,然后调用这些系统子程序完成 I/O 语句功能。可见,不同机器及不同系统,要求编译程序将 I/O 语句加工的结果也不同。所以,无法讨论通用的翻译方法。下面我们以 Pascal 中的六个输入/输出操作来介绍翻译的基本方法。

这六个操作的关键字是 input,output,read,write,readln,writeln,后四个关键字表示开始执行一个 I/O 过程,而且忽略了参数表中格式说明,前两个仅作为参数提供给系统。如果需要执行不带文件的输入/输出操作(比如用键盘输入、终端显示输出),那么要求 input 和/或 output 出现在程序首部的参数表中,即写作:

        program⟨程序名⟩(input,output);

以通知系统,本程序需不带文件名的 I/O 操作(不过现在好多 Pascal 版本可以省却这种表示法)。

对输入/输出语句的几点规定:

(1) 所有出现在参数表中的变量必须是说明过的;

(2) 所有出现在 write 或 writeln 的表达式表中的变量必须是已赋值的;

(3) 所有 I/O 文件都是顺序文件,也即仅考虑顺序访问,不考虑直接访问和索引访问;

(4) 忽略参数表中的格式说明。

执行读语句 readln$(a_1,a_2,\cdots,a_n)$ 时,输入子程序从当前文件指针位置开始搜索非空字符(串),并把它赋给 a_1 变量,这时当然要求输入串的类型与 a_1 类型匹配,输入值之间以空格为界。接着读下一个值至 a_2 ……直至 a_n 被赋值。然后,文件指针从当前位置跳过当前行的剩余部分到新行开始位置,readln 便执行完毕。如果后面还有 read$(m_1,\cdots,m_k)$ 语句,那么从刚才文件指针的位置接着开始读。不过这次没有跳行操作。

write 语句和 writeln 语句用于向顺序文件输出。执行 writeln$(E_1,E_2,\cdots,E_n)$ 语句时,依次将表达式 E_i 按规定宽度输出。比如宽行打印输出,每个 E_i 占 m 个位置。那么当 n 个值都输出完毕后,打印机自动退回换行到下一行开始位置。这里要求每行打印宽度必须大于等于 m * n。

描述输入/输出功能的文法可写作:

(1) PROG→program i(ε|$'($PROG_PAR$)'$);/ * 这里"("和")"是终结符 * /

(2) PROG_PAR→input| output| input,output;

(3) READST→(read| readln)$'('$ID$')'$

(4) WRITEST→(write| writeln)$'('$ELIST$')'$

要实现上述功能,很容易写出其语义子程序。第二个产生式归约时,根据选择的不同候选式,将一个语义变量 y 分别置以 1 或 2 或 3。这样,就容易为第一个产生式配置以下语义动作：$\{GEN(program, -, y, ENTRY(i))\}$，其含义是通知系统，当前程序 i 需要哪一种不带文件的 I/O 操作。第三个产生式可改写并设置相应语义子程序如下：

产生式   语义子程序

READST→read(ID) $\{n := 0;$

repeat

依指针 n，从队列 ID·QUEUE 取出一项 i_n；

$GEN(par, -, -, i_n);$

$n := n+1;$

until ID·QUEUE 为空；

$GEN(call, 0, n, SYSIN)\}$

其中，$(call, 0, n, SYSIN)$ 指令中第二元为"0"表示 read，为"1"表示 readln；第三元 n 告诉系统读 n 个数据；SYSIN 为系统输入子程序。

ID→i   {建立一个 ID·QUEUE 空队列，并将 ENTRY(i)添入队列}

ID→i, ID   {把 ENTRY(i)添入队列的末端}

第四个产生式的处理方式与第三个产生式相似，只不过最后形成的四元式是$(call, w, n, SYSOUT)$，其中 w 表示操作类型，SYSOUT 为系统输出子程序。

7.9 自上而下分析制导的翻译

自上而下分析采用按产生式推导的方式进行分析，通过推导自左至右地产生句子的各终结符。如果产生的终结符与输入符号相吻合，则匹配成功；否则，认为输入串有错。利用自上而下分析同样可以将源程序变换成所希望的中间代码，只不过 LR 分析法适应更多文法而已。实际上，程序设计语言绝大部分都可采用自上而下分析，并生成相应中间代码。我们的 EL 语言就打算用这种技术。所以，我们这里专门作些介绍，具体实现将通过上机来完成。

自上而下分析的优点是，在按产生式推导的中间任何一步都可以添加语义子程序。比如 X→abc 是一个产生式，则在识别出 a, b, c 之后都可以添加语义，无需待到整个候选式匹配完之后，也就是说它不必改写文法。

下面以递归下降子程序为例，讨论表达式和简单语句的翻译。复杂语句与说明语句的翻译可以仿照写出。

7.9.1 算术表达式的翻译

算术表达式文法 G(E)：

$$\begin{cases} E \to E+T \mid T \\ T \to T*F \mid F \\ F \to (E) \mid i \end{cases}$$
消除左递归并改写成扩充 BNF 表示法：
$$\begin{cases} E \to T\{+T\} \\ T \to F\{*F\} \\ F \to (E) \mid i \end{cases}$$

为每一个非终结符画出转换图，并给每个文法符号配上语义动作，语义动作用花括号内省略号表示，见图 7.13。

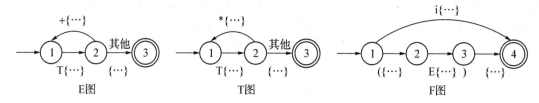

图 7.13　算术表达式状态转换图

下面将在 4.4 节的递归下降分析程序基础上添加语义动作,将过程调用改为函数过程调用,并把语义动作置于花括号之中。语法制导翻译过程如下:

```
FUNCTION E:INTEGER
    BEGIN
        {E⁽¹⁾ · PLACE:=}T;        / * 调用过程 T * /
        WHILE SYM='+'DO
        BEGIN
            ADVANCE;
            {E⁽²⁾ · PLACE:=}T;        / * 调用过程 T * /
            {T₁:=NEWTEMP;
            GEN(+,E⁽¹⁾ · PLACE,E⁽²⁾ · PLACE,T₁);
            E⁽¹⁾ · PLACE:=T₁}
        END
        {E:=E⁽¹⁾ · PLACE}
    END
FUNCTION T:INTEGER;
    BEGIN
        {T⁽¹⁾ · PLACE:=}F;        / * 调用过程 F * /
        WHILE SYM=' * 'DO
        BEGIN
            ADVANCE;
            {T⁽²⁾ · PLACE:=}F;        / * 调用过程 F * /
            {T₁:=NEWTEMP;
            GEN( * ,T⁽¹⁾ · PLACE,T⁽²⁾ · PLACE,T₁);
            T⁽¹⁾ · PLACE:=T₁}
        END
        {T:=T⁽¹⁾ · PLACE}
    END
```

过程中,用到的语义变量不再用语义栈单元,而是用过程体内的局部变量。

```
FUNCTION F:INTEGER;
    BEGIN
        IF SYM='i'THEN
```

180

BEGIN {F:=ENTRY(i);}ADVANCE END

EISE IF SYM='d'THEN

BEGIN {F:=ENTRY (d)+c;}ADVANCE END

ELSE IF SYM='('THEN

BEGIN

ADVANCE;

{F:=}E;   /＊调用过程 E＊/

IF SYM=')'THEN ADVANCE

ELSE ERROR(1)

END

ELSE ERROR(2)

END

"i"表示变量,"d"表示常量。ENTRY(d)+c 表示常量表入口地址,其中"+c"用于与变量入口地址区别。ERROR(1)表示缺")",ERROR(2)表示缺因子,它们用作打印出错信息。

7.9.2　布尔表达式的翻译

这里仅讨论在控制语句中布尔表达式的翻译。

首先我们写出无二义的布尔表达式文法,并简化成下列形式:

$$G(B): \begin{cases} E_b \rightarrow E_b \vee T_b | T_b \\ T_b \rightarrow T_b \wedge F_b | F_b \\ F_b \rightarrow i_b | \neg F_b | (E \text{ rop } E) \end{cases} \quad \begin{array}{c} \text{消除左递归并改} \\ \text{写成扩充 BNF 式:} \end{array} \quad \begin{cases} E_b \rightarrow T_b \{ \vee T_b \} \\ T_b \rightarrow F_b \{ \wedge F_b \} \\ F_b \rightarrow i_b | \neg F_b | (E \text{ rop } E) \end{cases}$$

按照控制语句中的布尔表达式翻译,主要是产生一组转移四元式,并留下待填的真假链链首。下面的程序中 TC 表示待填真链首,FC 表示待填假链首。每一非终结符写一过程。为便于阅读,下面不再将语义动作用花括号括起来。

PROC E_b(VAR E・TC, E・FC:INTEGER);

BEGIN

$T_b(E^{(1)}$・TC,$E^{(1)}$・FC);   /＊调用 T_b 过程＊/

WHILE SYM='∨'DO

BEGIN

ADVANCE;

BACKPATCH($E^{(1)}$・FC,NXQ);

$T_b(E^{(2)}$・TC,$E^{(2)}$・FC);   /＊调用 T_b 过程＊/

$E^{(1)}$・TC:=MERG($E^{(1)}$・TC,$E^{(2)}$・TC);

$E^{(1)}$・FC:=$E^{(2)}$・FC

END;

E・TC:=$E^{(1)}$・TC;E・FC:=$E^{(1)}$・FC

END;

PROC T_b(Var T・TC, T・FC:INTEGER)

BEGIN

    $F_b(T^{(1)} \cdot TC, T^{(1)} \cdot FC)$；   /＊调用 F_b 过程＊/

    WHILE SYM＝$'\wedge'$DO

    BEGIN

      ADVANCE；

      BACKPATCH$(T^{(1)} \cdot TC, NXQ)$；

      $F_b(T^{(2)} \cdot TC, T^{(2)} \cdot FC)$；   /＊调用 F_b 过程＊/

      $T^{(1)} \cdot FC_:=MERG(T^{(1)} \cdot FC, T^{(2)} \cdot FC)$；

      $T^{(1)} \cdot TC_:=T^{(2)} \cdot TC$；

    END；

    $T \cdot TC_:=T^{(1)} \cdot TC; T \cdot FC_:=T^{(1)} \cdot FC$

END；

PROC F_b(VAR F $\cdot$ TC, F $\cdot$ FC：INTEGER)；

    BEGIN

    IF SYM＝$'i_b'$THEN

      BEGIN F $\cdot$ TC$_:=$NXQ；

        GEN$(jnz, ENTRY(i_b), -, 0)$；

        F $\cdot$ FC$_:=$NXQ；

        GEN$(j, -, -, 0)$；

        ADVANCE

      END；

    ELSE IF SYM＝$'\neg'$THEN

      BEGIN

        ADVANCE：

        $F_b(F_b^{(1)} \cdot TC, F_b^{(1)} \cdot FC)$；   /＊递归调用 F_b＊/

        F $\cdot$ TC$_:=F_b^{(1)} \cdot$ FC；

        F $\cdot$ FC$_:=F_b^{(1)} \cdot$ TC；

      END

    ELSE IF SYM＝$'('$THEN

      BEGIN ADVANCE；

        $E^{(1)} \cdot$ PLACE$_:=$E；   /＊调算术表达式 E＊/

        IF SYM＝$'rop'$THEN

        BEGIN

          $SYM_1＝rop$；

          ADVANCE；

          $E^{(2)} \cdot$ PLACE$_:=$E，   /＊调算术表达式 E＊/

          F $\cdot$ TC$_:=$NXQ；

          GEN$(j\ SYM_1, E^{(1)} \cdot PLACE, E^{(2)} \cdot PLACE, 0)$；

          F $\cdot$ FC$_:=$NXQ；

```
                    GEN(j,－,－,0);
                    IF SYM=')'THEN ADVANCE
                    ELSE ERROR      /＊缺")"＊/
                END
                ELSE ERROR      /＊缺"rop"＊/
            END
        ELSE ERROR      /＊缺布尔量＊/
        END
```

这里列出的 G(B)文法是作了点约定的,假定关系运算必须括在括号内。若不这样约定,必须在词法分析时采用超前搜索技术,将布尔量和一般变量加以区分。否则读到一个标识符时不知它起什么作用,因此也就无法进行翻译。EL 语言的 G(B)文法仅考虑关系运算,因此处理就比较简单。

7.9.3 简单语句的翻译

有关语句的文法可写作:

$$S \to if\ E_b\ then\ S^{(1)}$$
$$|\ if\ E_b\ then\ S^{(1)}\ else\ S^{(2)}$$

改写成

$$S \to if\ E_b\ then\ S^{(1)}\ TAIL$$
$$TAIL \to else\ S^{(2)}\ |\varepsilon$$

$$|\ while\ E_b\ do\ S^{(1)}$$
$$|\ begin\ L\ end$$
$$|\ i\colon =E$$
$$|\ read\ (IDT)$$
$$|\ write\ (ET)$$
$$|\varepsilon$$

$$L \to L;S$$
$$|\ S$$
$$\Rightarrow L \to S\{;S\}$$

语句翻译除了在翻译过程产生相应的四元式外,主要是获得待填的语句链的链首位置。

```
PROC S(VAR S・CHAIN:INTEGER);
    BEGIN ADVANCE;
        CASE SYM OF
    'if': BEGIN
            ADVANCE;
            Eb(TC, FC);
            IF SYM='then' THEN
              BEGIN
              ADVANCE;
              BACKPATCH (TC, NXQ);
              S(S(1)・CHAIN);        /＊递归调用 S 过程＊/
              END
```

```
          ELSE ERROR;
        IF SYM='else' THEN
          BEGIN ADVANCE;
            q:=NXQ;GEN(j,—,—,0);
            BACKPATCH (FC,NXQ);
            S⁽¹⁾·CHAIN:=MERG (S⁽¹⁾·CHAIN,q)
            S(S⁽²⁾·CHAIN);          /*递归调用S过程*/
            S·CHAIN:=MERG (S⁽¹⁾·CHAIN, S⁽²⁾·CHAIN);
          END
        ELSE S·CHAIN:=MERG (FC,S⁽¹⁾·CHAIN)
      END;
'while':BEGIN
        ADVANCE;
        QUAD:=NXQ;
        E_b(TC,FC);
        IF SYM='do'THEN
        BEGIN
          ADVANCE;
          BACKPATCH(TC,NXQ);
          S(S·CHAIN);        /*递归调用S过程*/
          BACKPATCH(S·CHAIN,QUAD);
          GEN(j,—,—,QUAD);
          S·CHAIN:=FC;
        END
        ELSE ERROR
      END;
'i':BEGIN
      SYM1:=SYM;
      ADVANCE;
      IF SYM=':='THEN
      BEGIN
        ADVANCE;
        E·PLACE:=E;       /*调表达式E函数*/
        GEN(:=,E·PLACE,—,ENTRY(SYM1));
      END
      ELSE ERROR;
      S·CHAIN:=0
    END
```

```
'begin':BEGIN
        ADVANCE;
        L (L·CHAIN);        /*调用L过程*/
        IF SYM〈 〉'end'THEN ERROR
        ELSE BEGIN
                ADVANCE;
                BACKPATCH(L·CHAIN,NXQ);
                END;
        S·CHAIN:=0
     END
'read':BEGIN
      ADVANCE;
      IF SYM〈 〉'('THEN ERROR
      ELSE BEGIN
        ADVANCE;
        IF SYM='i'THEN
          BEGIN
            ADVANCE;
            GEN(in,-,-,ENTRY(i));        /*输入四元式,这里没有使用调
                                          用系统的命令形式*/
          END
        ELSE ERROR;
        WHILE SYM=','DO
          BEGIN
          ADVANCE;
          IF SYM='i'THEN
            GEN (in,-,-,ENTRY(i)) ELSE ERROR;
          ADVANCE
          END;
        IF SYM〈 〉')'THEN ERROR
        ELSE ADVANCE
      END;
      S·CHAIN:=0
      END
'write':BEGIN ADVANCE;
        IF SYM〈 〉'('THEN ERROR ELSE
          REPEAT
            ADVANCE;PLACE:=E;        /*调用表达式E过程*/
            GEN (out,-,-,PLACE);        /*输出的四元式形式*/
```

185

```
                    UNTIL SYM〈〉',' 
                 IF SYM〈〉')'THEN ERROR;
                 ADVANCE;
                 S·CHAIN:=0
              END;
           ELSE      /*空语句*/
           END OF CASE
        END;
        PROC·L(VAR L·CHAIN:INTEGER);
           BEGIN
           S (L⁽¹⁾·CHAIN);
           WHILE SYM=';'DO
             BEGIN
               ADVANCE;
               BACKPATCH (L⁽¹⁾·CHAIN,NXQ)
               S (L⁽¹⁾·CHAIN);
             END
             L·CHAIN:=L⁽¹⁾·CHAIN;
           END
```

7.9.4　LL(1)语法制导翻译

在 LL(1)分析法中,语义制导翻译是这样做的:它预先在文法产生式的相应位置上嵌入语义动作符号(相当于一段语义子程序),用来提示语法分析程序,当分析到达这些位置时,应调用相应的语义子程序。带有动作符号的文法称翻译文法。为了与文法符号区别起见,我们把翻译文法中每个动作符号 a 用花括号括起来,即用{a}表示。

在翻译文法中引入动作符号,而不需要对原分析算法及其分析表作大的变动,就能在自上而下分析时进行翻译。动作符号通常表示为语义子程序的入口。

与递归下降法不同,LL(1)分析法需要使用语义栈记录分析过程中的语义信息。而 LL(1)分析法中的语义栈操作与自下而上分析法中的语义栈操作大不相同。在自下而上分析中,语义栈是和分析栈同步操作的,即文法符号和相应的语义信息是同时进栈,同时出栈的(实际上,LR 分析时文法符号不必进栈,而是状态进栈,见 6.1 节)。但在 LL(1)分析法中,对语义栈的管理却不是这样的。下面以赋值语句翻译为例,说明 LL(1)分析法中,语义栈和分析栈之间的关系。下面是带有动作符号的赋值语句文法(即翻译文法)。

$$G(TE)：\quad A→i\{a_1\}:=\{a_2\}E\{a_3\}$$
$$E→TE'$$
$$E'→+\{a_2\}T\{a_4\}E'|\varepsilon$$
$$T→FT'$$
$$T'→*\{a_2\}F\{a_4\}T'|\varepsilon$$

$F \to (E) | i\{a_1\}$

其中语义动作 $a_1 \sim a_4$ 主要是针对语义栈操作的，其动作含义如下：

a_1：查找符号表，取变量 i 的入口地址，即取 ENTRY(i)，并将其移进语义栈。

a_2：将分析栈栈顶与读头下匹配的符号移进语义栈。

a_3：弹出语义栈栈顶三项，即做 $M_1 := POP$；$M_2 := POP$；$M_3 := POP$ 和 GEN(M_2, M_1, —, M_3)。（产生赋值四元式。）

a_4：弹出语义栈栈顶三项，即做 $M_1 := POP$；$M_2 := POP$；$M_3 := POP$；T := NEWTEMP；GEN (M_2, M_3, M_1, T)；然后做 PUSH T，将 T 推进语义栈。（产生双目运算四元式。）

例如，用上面的翻译文法，采用 LL(1)分析法，将语句 A:=B*(C+D)翻译成中间代码的过程见表 7.4。从例子看出，在 LL(1)分析法中，分析栈与语义栈相互关系不大，各自与对方无关地增长或减少。在自上而下分析中，栈顶非终结符总是被不断地替换，去匹配当前读头下符号。因此，各分析步中的语义信息和语法栈并无明显的关系。这种无关性使得语义栈的管理比起自下而上分析时语义栈的管理要困难一些。在例中，语义栈内 ENTRY(i)可简写为 i。

表 7.4　LL(1)翻译过程

步骤	分析栈	语义栈	输入串	四元式/动作
0	A		A:=B*(C+D)#	
1	{a_3}E{a_2}:={a_1}i		A:=B*(C+D)#	推导
2	{a_3}E{a_2}:=	A	:=B*(C+D)#	匹配
3	{a_3}E	A:=	B*(C+D)#	移进
4	{a_3}E'T'F	A:=	B*(C+D)#	推导两步
5	{a_3}E'T'{a_1}i	A:=	B*(C+D)#	推导
6	{a_3}E'T'	A:=B	*(C+D)#	匹配
7	{a_3}E'T'{a_4}F{a_2}*	A:=B	*(C+D)#	推导
8	{a_3}E'T'{a_4}F	A:=B*	(C+D)#	移进
9	{a_3}E'T'{a_4})E(	A:=B*	(C+D)#	推导
10	{a_3}E'T'{a_4})E	A:=B*	C+D)#	匹配不移进
11	{a_3}E'T'{a_4})E'T'F	A:=B*	C+D)#	推导两步
12	{a_3}E'T'{a_4})E'T'{a_1}i	A:=B*	C+D)#	推导
13	{a_3}E'T'{a_4})E'T'	A:=B*C	+D)#	匹配
14	{a_3}E'T'{a_4})E'	A:=B*C	+D)#	推导空串
15	{a_3}E'T'{a_4})E'{a_4}T{a_2}+	A:=B*C	+D)#	推导
16	{a_3}E'T'{a_4})E'{a_4}T	A:=B*C+	D)#	匹配
17	{a_3}E'T'{a_4})E'{a_4}T'{a_1}i	A:=B*C+	D)#	推导两步
18	{a_3}E'T'{a_4})E'{a_4}T'	A:=B*C+D	)#	匹配

步骤	分析栈	语义栈	输入串	四元式/动作
19	$\{a_3\}E'T'\{a_4\})E'\{a_4\}$	$A:=B*C+D$	$)\#$	推导空串
20	$\{a_3\}E'T'\{a_4\})$	$A:=B*T_1$	$)\#$	$(+,C,D,T_1)$
21	$\{a_3\}E'T'\{a_4\}$	$A:=B*T_1$	$\#$	匹配不移进
22	$\{a_3\}E'$	$A:=T_2$	$\#$	$(*,B,T_1,T_2)$
23			$\#$	$(:=,T_2,-,A)$

用同样方法,也能翻译其他的语句。例如,WHILE 语句的翻译文法写作:

$$S \rightarrow while \{w_1\} E \ do \{w_2\} \ s^{(1)}\{w_3\}$$

其中:

w_1:记住 WHILE 语句的入口四元式序号,即 $w \cdot GUAD:=NXQ;PUSH \ w \cdot GUAD$。

w_2:(布尔式 E 翻译后留下 $E \cdot TC$ 在栈顶,$E \cdot FC$ 在次栈顶,)$M_1:=POP;BACK-PATCH(M_1,NXQ)$;(回填真链,留假链在栈顶。)

w_3:($S^{(1)}$ 翻译之后 $S^{(1)} \cdot CHAIN$ 在栈顶。)

$M_1:=POP;$	$S^{(1)} \cdot CHAIN \rightarrow M_1$
$M_2:=POP;$	$E \cdot FC \rightarrow M_2$
$M_3:=POP;$	$w \cdot GUAD \rightarrow M_3$
$BACKPATCH(M_1,M_3);$	用 $w \cdot GUAD$ 回填 $S^{(1)} \cdot CHAIN$
$GEN(j,-,-,M_3);$	无条件转 WHILE 开始四元式
$S \cdot CHAIN:=M_2;$	布尔式的假链用作语句链
$PUSH \ S \cdot CHAIN;$	最后布尔式 E 的假链作为语句链留在语义栈内

只要掌握利用语义栈在各个语义动作之间传递语义信息,就不难设计其余语句的 LL(1) 语法制导翻译的方法,有兴趣的读者可以为它们拟定相应的语义动作。

*7.10 属性文法与属性翻译

在 LL(1) 语法制导翻译中,语义栈不能和分析栈同步操作,管理有些困难。语义栈的管理问题可以通过消除语义栈而消除。为此,我们为文法的终结符、非终结符以及动作符号附加语义参数以实现消除语义栈。一个文法符号可以和多个语义参数相关联,这些参数称作文法符号的属性。在属性文法中,是利用各种属性而不是语义栈作为语义动作之间的通信介质。

7.10.1 属性文法与 L 属性文法

属性分为两种,一种是继承属性(inherited attribute),其属性值的计算按自上而下方式进行,即产生式右部符号的某些属性值根据其左部符号的属性和右部其他符号的某些属性计算而得,这种属性又称推导型;另一种是综合属性(synthesized attribute),其属性值的计算按自下而上方式进行,即产生式左部符号的某些属性根据其右部符号的属性和左部其他属性求得,这种属性又称归约型。

例如,下面是综合属性的一个例子,它是带属性的简单表达式文法,每个属性用小写字母表示,并放在相应文法符号的右下角,列于产生式右边的是属性规则(属性间关系),"←"表示赋值。

带属性符号产生式	属性规则
(1) $S_s \rightarrow E_q$	$s \leftarrow q$
(2) $E_q \rightarrow E_r$ op E_t	$q \leftarrow r$ op t / * op 为运算符 * /
(3) $E_q \rightarrow (E_r)$	$q \leftarrow r$
(4) $E_q \rightarrow C_r$	$q \leftarrow r$
(5) $C_r \rightarrow$ digit	$r \leftarrow$ digit · lexval

假定输入串为 $3+5*7$,其翻译过程可用图 7.14 的属性翻译树表示。

从翻译树可见,其信息是从叶结点沿树向树根方向传递的,也即每个非终结符的属性是由其子结点符号的属性确定的。

再举一个继承属性的例子,设带属性的说明语句文法写作:

带属性符号产生式	属性规则
(1) $S \rightarrow real_r$ $V-LIST_s$	$s \leftarrow r$
(2) $V-LIST_s \rightarrow i_{p1}\{fill-type\}_{p,t}, V-LIST_{s1}$	$(s1, t) \leftarrow s, p \leftarrow p1$
(3) $V-LIST_s \rightarrow i_{p1}\{fill-type\}_{p,t}$	$t \leftarrow s, p \leftarrow p1$

花括号内是动作符号,这里的含义是用类型 t 来填入口地址为 p 的符号表的类型栏。规则 $(s1,t) \leftarrow s$ 表示将属性 s 自上而下传播给 s1 和 t,而 s 是继承了 real 的属性 r。规则 $p \leftarrow p1$ 表示同层内将变量 i 的入口地址 p1 属性传递给动作符号的属性 p。这个例子说明了自上而下或同层内传播属性的方式。

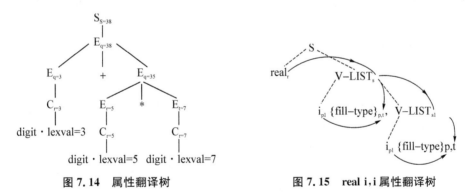

图 7.14 属性翻译树   图 7.15 real i,i 属性翻译树

例如,说明语句 real i,i 的翻译树如图 7.15 所示。注:实线表示属性传递,虚线表示产生式。

L 属性文法又称自上而下的属性翻译文法,它的属性规则应满足:

(1) 给定一个产生式,右部某一文法符号的继承属性值是其左部的继承属性或产生式右部但位于该文法符号左边符号的任何属性的函数值;

(2) 给定一个产生式,其左部符号的综合属性是该符号的继承属性或产生式右部的任意属性的函数值;

(3) 给定一个动作符号,其综合属性值是该动作符号的继承属性的函数值。

189

假定用向下箭头(↓)表示继承属性,用向上箭头(↑)表示综合属性,例如↑a,b 表示 a 与 b 是综合属性,↓c 表示 c 是继承属性,那么下面的表达式属性文法是 L 属性文法:

带属性符号的产生式	属性规则
(1) S→E↑v {print} ↓w	w←v
(2) E↑v→T↑xE′↓y↑z	y←x;v←z
(3) E′↓s↑t→+T↑aE′↓d↑c	d←s+a;t←c
(4) E′↓s↑t→ε	t←s
(5) T↑v→F↑xT′↓y↑z	y←x;v←z
(6) T′↓s↑t→*F↑aT′↓d↑c	d←s*a;t←c
(7) T′↓s↑t→ε	t←s
(8) F↑v→I↑w	v←w
(9) F↑v→(E↑w)	v←w

7.10.2 属性翻译

因为我们是采用自上而下进行语法分析的方式,因此必须采用非二义文法,并且是消除了左递归、提过左因子的文法,在此基础上附加属性而成的。上面的文法正是按这种原则写出的。该文法用作表达式计值,如果要生成某种中间代码,可以在属性规则的相应位置嵌入语义子程序来实现。

如何把消除了左递归、提过左因子的文法改造成可进行语义分析和翻译的属性文法呢?方法是为每个文法符号附加属性变量,并在产生式右部适当位置嵌入属性规则。有的属性规则很简单,仅用于传递语义值,给出传递指针即可;有的规则比较复杂,需由语义子程序实现。

一个文法符号究竟应配上几个属性变量?这由具体情况决定。属性变量是为语义分析需要而建立的,在翻译时属性变量通常是用于存放变量或常量的内存地址、临时变量以及生成目标指令的地址和各种链值等。有的文法符号不需要属性变量,有的则需要一个或几个。属性变量分为继承属性和综合属性,继承属性用于存放自上而下从左至右分析时传递的语义值,综合属性用于存放终结符的有关信息以及非终结符和语义子程序的结果值。语义子程序的嵌入位置应确保它的动作对象(继承属性)仅依赖于产生式左部符号和(或)该语义子程序左边符号的属性,而依赖于语义子程序结果的属性必须位于该语义子程序的右边。

为此,上述的文法可改写成如下形式的属性文法。其中花括内的标识符表示语义子程序,有向弧号表示传递继承属性(从左传至右),即传递语义值。

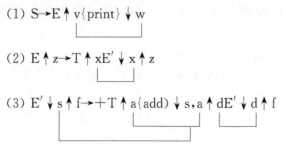

(1) S→E↑v{print}↓w

(2) E↑z→T↑xE′↓x↑z

(3) E′↓s↑f→+T↑a{add}↓s,a↑dE′↓d↑f

（4）$E' \downarrow s \uparrow f \rightarrow \{echo\} \downarrow s \uparrow f$

（5）$T \uparrow z \rightarrow F \uparrow xT' \downarrow x \uparrow z$

（6）$T' \downarrow s \uparrow f \rightarrow *F \uparrow a\{mult\} \downarrow s, a \uparrow dT' \downarrow d \uparrow f$

（7）$T' \downarrow s \uparrow f \rightarrow \{echo\} \downarrow s \uparrow f$

（8）$F \uparrow w \rightarrow I\{ld\} \uparrow w$

（9）$F \uparrow w \rightarrow (E \uparrow w)$

其中：

$\{print\} \downarrow w$——打印子程序，将属性值 w 打印输出；

$\{add\} \downarrow s, a \uparrow d$——加法子程序，即做 $d \leftarrow s+a$；

$\{echo\} \downarrow s \uparrow f$——将继承属性 s 的值赋给综合属性 f；

$\{ld\} \uparrow w$——取读入变量或常量的符号表入口地址到综合属性 w。

利用这个属性文法进行 LL(1)语法制导翻译，便能对表达式进行计值。例如，输入串为 8 ＊7＃，其制导翻译过程（假定栈底在右边）如表 7.5 所示。

分析栈可以是这样的结构：它除了存放文法符号外，就是存放属性值及指示器。指示器用以表示各属性之间的联系，以指明该属性从栈顶弹出后应传递到相应继承属性在栈中的位置（见图上有向弧连线），而属性名不必存入栈内。所以属性名取什么无关紧要，例中给出的属性名仅仅为了阅读方便。从例子可见，它是把分析栈与语义栈合二而一。

为进一步理解如何给文法增加属性，下面给出 IF 语句的属性文法的例子。

（1）$S \uparrow s \rightarrow if\ E \uparrow e_0, e_1\{i_1\} \downarrow e_0, e_1 \uparrow q\ then\ S^{(1)} \uparrow s_1\{i_2\} \downarrow q, s_1 \uparrow s$

（2）$S \uparrow s \rightarrow if\ E \uparrow e_0, e_1\{i_1\} \downarrow e_0, e_1 \uparrow q\ then\ S^{(1)} \uparrow s_1\ else\{i_3\} \downarrow s_1, q \uparrow t\ S^{(2)} \uparrow s_2\{i_2\} \downarrow t, s_2 \uparrow s$

表 7.5 LL(1)语法制导翻译过程

步　骤	输入串	分　析　栈
0	8＊7＃	S＃
1	8＊7＃	$E \uparrow v\{print\} \downarrow w$＃
2	8＊7＃	$T \uparrow xE' \downarrow x \uparrow z\{print\} \downarrow w$＃
3	8＊7＃	$F \uparrow xT' \downarrow x \uparrow zE' \downarrow x \uparrow z\{print\} \downarrow w$＃
4	8＊7＃	$I\{ld\} \uparrow xT' \downarrow x \uparrow zE' \downarrow x \uparrow z\{print\} \downarrow w$＃
5	＊7＃	$T' \downarrow 8 \uparrow zE' \downarrow x \uparrow z\{print\} \downarrow w$＃
6	＊7＃	$*F \uparrow a\{mult\} \downarrow 8, a \uparrow dT' \downarrow d \uparrow fE' \downarrow x \uparrow z\{print\} \downarrow w$＃
7	7＃	$F \uparrow a\{mult\} \downarrow 8, a \uparrow dT' \downarrow d \uparrow fE' \downarrow x \uparrow z\{print\} \downarrow w$＃

步　骤	输入串	分　析　栈
8	7#	I{ld}↑a{mult}↓8, a↑dT′↓d↑fE′↓x↑z{print}↓w#
9	#	{mult}↓8, 7↑dT′↓d↑fE′↓x↑z{print}↓w#
10	#	T′↓56↑fE′↓x↑z{print}↓w#
11	#	{echo}↓56↑fE′↓x↑z{print}↓w#
12	#	E′↓56↑z{print}↓w#
13	#	{echo}↓56↑z{print}↓w#
14	#	{print}↓56#
15	#	#

其中：

  $\{i_1\}$↓e_0,e_1↑q

    BACKPATCH(e_1,NXQ);/＊回填 e_1,即 E・TC＊/

    q:＝e_0;/＊e_0 为假链,留在综合属性 q 中＊/

  $\{i_2\}$↓x,y↑s/＊合并 x,y 链,链头留在 s 中＊/

    S・CHAIN:＝MERG(x,y);

    s:＝S・CHAIN;

  $\{i_3\}$↓s_1,q↑t/＊产生转移指令,回填假链 q,留 S 语句链在综合属性 t 中＊/

    T・CHAIN:＝MERG(s_1,NXQ);/＊T・CHAIN 为临时工作单元＊/

    GEN(j,－,－,0);

    BACKPATCH(q,NXQ);

    t:＝T・CHAIN;

  由上可见,这些子程序与 LR 分析中的语义子程序很相似,除了它的语义值不是存在语义栈中而是存在属性(即分析栈)中。

7.11　中间代码的其他形式

7.11.1　后缀表示法

  通常将运算符写在运算量之间,例如 a＋b,这种表示法称为中缀表示法。后缀表示法又称逆波兰表示法,它是波兰逻辑学家卢卡西维奇发明的一种表示表达式的方法。这种表示法把运算量写在前面,把运算符写在后面(后缀),例如 a＋b 写作 ab＋,a＋b＊c 写作 abc＊＋,(a＋b)＊c 写作 ab＋c＊ 等等。一般而言,若 θ 是一个 k(k≥1)目运算符,它对 k 个运算量(广义地说是 k 个后缀式)e_1,e_2,…,e_k 作用的结果将被表示成 $e_1 e_2 \cdots e_k \theta$。这种表示法不带括号,根据运算量和运算符出现的先后位置以及每个运算符的目数,就完全决定了一个表达式的计算顺序。后缀表示法的特点是：

（1）运算量的排列顺序与中缀表示法相同；

（2）运算符是按运算的顺序排列的；

（3）运算符紧跟在被运算的对象之后出现。

我们可以用下面的文法来定义表达式的后缀表示文法（BNF）：

〈后缀式〉::=〈标识符〉|〈后缀式〉〈单目算符〉

|〈后缀式〉〈后缀式〉〈双目算符〉

〈单目算符〉::=@

〈双目算符〉::=＋|－|＊|/

后缀表示法虽然不符合人的习惯，但对计算机来说，可以很容易地使用一个栈来计算它的值或转换成另一种代码。因此，它便成了编译过程中翻译表达式的另一种常用的中间代码形式。下面主要讨论如何把通常的中缀表达式转换成后缀表示法及后缀式的应用。

1）语法制导生成后缀式

（1）利用算符优先分析法进行语法分析。

首先，为分析过程设置一个一维数组 POST 来寄存后缀式，并置下标 k$_初$:=1。然后再为每个产生式配置如下相应的语义子程序：

产生式	语义子程序
（1）E→E$^{(1)}$ OP E$^{(2)}$	{POST[k]:=OP;k:=k+1}
（2）E→（E$^{(1)}$）	{ }
（3）E→i	{POST[k]:=ENTRY(i);k:=k+1}

假定算符优先分析表已造好，就可利用通用算符优先分析算法 5.2 进行语法分析。在对素短语进行归约时，执行如上的语义子程序，便可获得表达式的后缀表示。

例如，表达式 A＊（B＋C）♯翻译成后缀式的过程如表 7.6 所示。

表 7.6　翻译成后缀式

步　骤	下　推　栈	输　入　串	后　缀　式
0	♯	A＊（B＋C）♯	
1	♯E	＊（B＋C）♯	A
2	♯E＊	（B＋C）♯	A
3	♯E＊（	B＋C）♯	A
4	♯E＊（E	＋C）♯	AB
5	♯E＊（E＋	C）♯	AB
6	♯E＊（E＋E	）♯	ABC
7	♯E＊（E	）♯	ABC＋
8	♯E＊（E）	♯	ABC＋
9	♯E＊E	♯	ABC＋
10	♯E	♯	ABC＋＊

（2）利用优先函数进行语法制导翻译。

假定表达式的优先函数如下表所示：

	＋	＊	↑	i	(	)	＃
f	6	8	8	12	2	11	1
g	4	7	10	10	10	2	1

除了下推栈外，我们也设置一个一维数组 POST 存放后缀式，并令下标 $t_{初}:=1$；$POST[t]:=0$；下推栈的初始指针 $k:=1$；$S[k]:=\sharp$。

下面拟定一个语法制导翻译算法：

①从左至右扫描源程序串，每次读一字符送至 a 中；

②若 $g(a)>f(s[k])$，则 $k:=k+1$，$s[k]:=a$，并转(1)；

③若 $g(a)<f(s[k])$，则 $s[k]$ 上弹并送至 $POST[t]$ 中，$t:=t+1$，$k:=k-1$，转②；

④若 $g(a)=f(s[k])$ 且不等于 1，则上弹 $s[k]$，$k:=k-1$，转(1)；

⑤若 $g(a)=f(s[k])=1$，语法制导翻译结束。

例如，语句 $A*(B+C)\sharp$ 的翻译过程如表 7.7 所示：

表 7.7　语句翻译过程

步　骤	下 推 栈	输 入 串	后 缀 式(POST)
0	＃	A＊(B＋C)＃	
1	＃A	＊(B＋C)＃	
2	＃	＊(B＋C)＃	A
3	＃＊	(B＋C)＃	A
4	＃＊(	B＋C)＃	A
5	＃＊(B	＋C)＃	A
6	＃＊(	＋C)＃	AB
7	＃＊(＋	C)＃	AB
8	＃＊(＋C	)＃	AB
9	＃＊(＋	)＃	ABC
10	＃＊(	)＃	ABC＋
11	＃＊	＃	ABC＋
12	＃	＃	ABC＋＊

2）后缀表示法的计值或产生中间代码

利用后缀式计值的过程是：自左至右扫描后缀式，每碰到运算量就把它推进栈，每碰到 k 目算符就把它作用于栈顶的 k 项，并用运算结果来代替这 k 项。

例如，考虑后缀式 ab＋c＊ 的计值过程，它的步骤是：

(1) 把 a 推进栈；

(2) 把 b 推进栈；

(3) 将栈顶两项相加，并从栈中弹出这两项，将相加结果压入栈；

（4）把c推进栈；

（5）将栈顶两项相乘，并从栈中弹出这两项，将相乘结果压入栈。

最后，在栈顶只留下该表达式计算结果。若要生成某中间代码，只需对上述过程作少许改动，其算法可写作：自左至右扫描后缀式，每碰到运算量就把它推进栈，每碰到 k 目算符，就将它作用于栈顶的 k 项，并生成相应的中间代码，且以结果的临时变量序号代替该栈顶的 k 项。按这样的过程，我们能将后缀式 abc＋＊转换成如下四元式：

$(+,b,c,T_1)$

$(*,a,T_1,T_2)$

3）后缀式的推广

只要遵守运算符紧跟在被作用的运算量之后这条规则，就可以很简单地把后缀表示法推广到比通常表达式更大的范围。下面是推广到语句翻译的例子。

（1）赋值语句"A：＝E"，其后缀式表示成"AE：＝"，其中"：＝"被认为是双目算符，它的动作是把栈顶的值（或临时变量序号）送到次栈顶变量所指的单元中，运算之后弹出栈顶两项，栈中不留结果。

（2）转向语句 GOTO L，其后缀式写作"L′jmp"，其中 L′是转移地址（指示器），用 POST 中的下标值表示。

（3）条件语句"if x＞y then m：＝x else m：＝y；"，其后缀式应写作：

1	2	3	4	5	6	7	8	9	10	11	12	13	14
x	y	>	11	jez	m	x	:=	14	j	m	y	:=	…

下面给出一个用后缀式表示的程序段例子，设源程序如下：

```
begin
    k：＝100；
L：if k＞i＋j then
    begin k：＝k－1；goto L end
    else k：＝i↑2－j↑2；    ；/＊↑为乘幂算符＊/
    i：＝0；
end.
```

其相应的后缀式表示为：

1	2	3	4	5	6	7	8	9	10	11	12	13	14	15	16
k	100	:=	k	i	j	+	>	20	jez	k	k	l	－	:=	4

17	18	19	20	21	22	23	24	25	26	27	28	29	30	31	32
j	29	j	k	i	2	↑	j	2	↑	－	:=	i	0	:=	…

在翻译成后缀式时也存在拉链回填问题。它与其他中间代码的翻译方式类似，只是生成代码略有差别。

7.11.2　三元式

表达式以及各种语句都可以表示成一组三元式序列。三元式是由算符 op、第一运算量 AGR_1、第二运算量 ARG_2 组成,形式如下:

$$(op, ARG_1, ARG_2)$$

它仅给出操作数单元,并没有给出结果单元。

例如,表达式 $A+B*C$ 可表示成:

(1) (* ,B,C)

(2) (+ ,A,(1))

三元式(1)代表 $B*C$,三元式(2)中的“(1)”指第一个三元式的结果。实际上它是指示器,指向第一个三元式所处的位置。在实际实现时 ARG_1, ARG_2 都是指示器,它们或指向符号表的某变量入口地址,或指向三元式某序号。而存放结果的单元或者是累加器或者认为就是三元式本身。三元式表示法的特点是:

(1) 把存放结果的单元推迟到目标代码生成阶段去处理;

(2) 在格式上比四元式紧凑,从四元变成三元,节省了空间;

(3) 三元式不利于优化,因为它在优化时不能简单地调换次序,而必须对三元式的内容作相应改变。

例如,$A+B*(C-D)-E/F**G$ 翻译成三元式为:

(1) (− ,C,D)	(1) (− ,C,D)
(2) (* ,B,(1))	(2) (* ,B,(1))
(3) (+ ,A,(2))	(3) (* * ,F,G)
(4) (* * ,F,G)	(4) (/ ,E,(3))
(5) (/ ,E,(4))	(5) (+ ,A,(2))
(6) (− ,(3),(5))	(6) (− ,(5),(4))
(a)	(b)

其中,(a)列是按语法制导翻译的结果,(b)列是调换(a)列中次序(将(3)式调到(5)式的位置),以达到某种优化目的。由于采用了三元式,这种调换不是简单调换位置,还改变了一些三元式的内容(原(5)、(6)式变为(4)、(6)式且内容已不同了)。所以,三元式不利于优化。下面以表达式文法为例,给出语法制导生成三元式的语义子程序:

产生式	语义子程序
(1) E→E[1] op E[2]	{E · PLACE:=TRIP(op,E[1] · PLACE,E[2] · PLACE)}
(2) E→(E[1])	{E · PLACE:=E[1] · PLACE}
(3) E→−E[1]	{E · PLACE:=TRIP(@,E[1] · PLACE,−)}
(4) E→i	{E · PLACE:=ENTRY(i)}

其中,E · PLACE 是语义变量,它或者存放某变量的符号表入口地址,或者存放某三元式序号;TRIP(op,ARG_1,ARG_2)为函数过程,它产生三元式并回送该三元式序号;op 为双目运算符+,−, * ,/等。

7.11.3 间接三元式

为了便于优化处理,作为中间代码,常常不直接使用三元式表,而是另设一张操作表(称间接码表),它将按操作的先后顺序列出有关三元式在三元式表中的位置(序号)。也就是说,间接三元式需要两张表:

(1) 三元式表,它登记迄今已生成的所有不同形式的三元式;

(2) 操作码表(间接码表),按引用三元式的顺序存放三元式在三元式表中的序号。

例如,表达式 A+B*(C−D)−E/F**G 生成的三元式表是:

三元式表	操作码表	
(1) (−,C,D)	(1)	(1)
(2) (*,B,(1))	(2)	(2)
(3) (+,A,(2))	(3)	(4)
(4) (**,F,G)	(4)	(5)
(5) (/,E,(4))	(5)	(3)
(6) (−,(3),(5))	(6)	(6)

在优化时,并不改变三元式表本身,仅仅调换操作码表中的顺序。这里的操作码表列出两列,右列调换了左列的顺序,即操作顺序改变了。

再如,语句 X:=(A+B)*C;Y:=D↑(A+B)生成的三元式表是:

三元式表	操作码表
(1) (+,A,B)	(1)
(2) (*,(1),C)	(2)
(3) (:=,X,(2))	(3)
(4) (↑,D,(1))	(1)
(5) (:=,Y,(4))	(4)
	(5)

间接三元式的缺点是,每生成一个新的三元式时必须查阅三元式表,若表中没有,则加入;若已有,则直接引用其序号,所以比较慢。但由于需要的空间小(不存在重复的三元式),所以早期的一些机器中也曾用过。

7.11.4 树

树形数据结构也可以用来表示中间代码,它主要用于表示表达式和赋值语句等。例如:

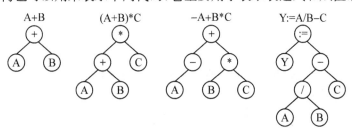

把一个表达式翻译成树形表示法是很容易的,下面列出的语义子程序描述了这种翻译算法:

产生式   语义子程序

(1) $E \rightarrow E^{(1)}$ op $E^{(2)}$ $\{E \cdot VAL := NODE\ (op, E^{(1)} \cdot VAL, E^{(2)} \cdot VAL)\}$

(2) $E \rightarrow (E^{(1)})$ $\{E \cdot VAL := E^{(1)} \cdot VAL\}$

(3) $E \rightarrow - E^{(1)}$ $\{E \cdot VAL := UNARY(@, E^{(1)} \cdot VAL)\}$

(4) $E \rightarrow i$ $\{E \cdot VAL := LEAF(i)\}$

其中,$E \cdot VAL$ 为语义变量,它指向树的一个结点(指针型);$LEAF(i)$ 为叶结点 i 的地址;函数过程 $NODE(op, LEFT, RIGHT)$ 将建立一棵新树,它以 op 为根,$LEFT, RIGHT$ 为左、右枝,从 NODE 回送的值是这棵新树根的地址;$UNARY(op, CHILD)$ 的作用与 NODE 相仿,不过它只有一枝 CHILD。

由树转换成目标代码是很简单的:找出最左端端点已知的子树编目标代码,结果置于子树根中,砍掉端点,重复上述过程直至只留下树根为止。

习　题

7-1　写出下列赋值语句的 LR 语法制导翻译过程:

(1) $A := (B+C) * D$ (2) $A := B * (-C+D)$

(3) $A := -B * (C+D) * E$ (4) $A := (A*B)+(-C*D)$

7-2　将布尔表达式 $A \vee (B \wedge \neg (C \vee D))$ 按两种不同的翻译方法译成两种四元式序列。

7-3　翻译下列语句成四元式序列。

(1) while $A < C \wedge B < D$ do

　　　　if $A=1$ then $C := C+1$ else

　　　　　　while $A \leqslant D$ do $A := A+2$

(2) if $W < 1$ then $A := B * C+D$ else

　　　　repeat $A := A-1$ until $A < 0$

7-4　设循环语句 for $i := E^{(1)}$ step $E^{(2)}$ until $E^{(3)}$ do $S^{(1)}$ 若翻译成如下形式:

　　　　$i := E^{(1)}$;

　　　　$INCR := E^{(2)}$;

　　　　$LIMIT := E^{(3)}$;

　again: if $i > LIMIT$ goto NEXT

　　　　begin

　　　　$S^{(1)}$;

　　　　$i := i+INCR$;

　　　　goto again

　　　　end

　　　NEXT:…

(1) 试改写文法产生式,并给出自下而上翻译的语义动作;

(2) 按这种形式翻译语句

　　　for $I := A+B * 2$ to $C+D+10$ do

if H＞G then

        P：＝P＋1；

成四元式序列(设 step＝1)。

7-5　按7.4.6节给出的分情语句的翻译语义子程序,写出下列语句翻译结果。

case i of

1：A：＝A＋1；

2,3：B：＝B＋2；

4：begin C：＝C＋1；D：＝D＋1 end；

5,6,7：D：＝D＊D；

else

end；

7-6　设数组 A 的说明语句是 array[－4：5,－3：3],假定数组按行存放,存储器按字节编址,每六个字节为一机器字,令数组首地址为1 000,问

(1) A[I,J]和 A[I＋1,J＋1]的地址是什么?

(2) 请用语法制导翻译语句 A[I＋1,J＋1]：＝0 成四元式序列;

(3) 按第4题对循环语句的翻译结构,翻译下列语句:

for i：＝－4 to 5 do

    for j：＝－3 to 3 do

        A[i,j]：＝0

成四元式序列。

7-7　对于下面的程序段,若参数传递办法分别为:①传名;②传地址;③传结果以及④传值,试问程序执行结果输出 A 的值分别是什么?

program main

   proc P(X,Y,Z)；

   begin

     Y：＝Y＋1；

     Z：＝Z＋X

   end

  begin

   A：＝2；

   B：＝3；

   P(A＋B,A,A)；

   print A

  end

7-8　将下列赋值语句 A[I,J]：＝B[A[I＋1,J＋1]]＋B[I＋J]翻译成中间代码(要求按语法制导翻译,数组按行存放,每个下标变量占 n 个字节,参数用符号表示)。

7-9　修改下面的文法并给出语义动作(便于填写名字的属性)。

D→namelist integer

  | namelist real

199

namelist→i,namelist
         | i

7-10　试给出自适应线性表的查填算法和查找算法(注意修改自适应链)。

7-11　给出下面表达式的后缀式表示法,单目负运算符"—"用@表示,乘方"↑"服从右结合律:

$a*(-b+c)$　　　　　　　　　$\neg A \vee \neg(C \vee \neg D)$

$a+b*(c+d/e)$　　　　　　　$(A \wedge B) \vee (\neg C \vee D)$

$-a+b*(-c+d)$　　　　　　　$(A \vee B) \wedge (C \vee \neg D \wedge E)$

$if(x+y)*z=0 \ then \ (a+b)\uparrow c \ else \ a\uparrow b\uparrow c$

7-12　请将表达式$-(a+b)*(c+d)-(a+b+c)$分别表示成三元式、间接三元式、四元式序列以及树形结构的中间代码形式,设单目负"—"优先级低于乘法。

7-13　用算符优先分析法进行语法制导翻译,写出算术表达式的算符优先分析—翻译程序。要求在通用算符优先分析算法 5.2 的基础上加进语义子程序。

7-14　用递归下降分析法进行语法制导翻译,写出 FOR 语句、CASE 语句和包含下标变量的赋值语句的语法制导翻译程序。

7-15　用 LL(1)语法制导翻译,设 IF 语句的翻译文法为:

$S \rightarrow if \ E\{i_1\} \ then \ S^{(1)}\{i_2\}$

$S \rightarrow if \ E\{i_1\} \ then \ S^{(1)}\{i_3\} \ else \ S^{(2)}\{i_4\}$

请写出 $i_1 \sim i_4$ 的语义子程序。

8 运行时数据区的管理

编译程序必须为目标程序的运行分配数据的存储单元,其中包括变量单元、常量单元、临时工作单元以及返回地址等。例如,有一程序段:

PROC EXAM(X,Y,Z)

Z:=X↑2+Y*I

END

翻译成四元式序列:

$(\uparrow, X, 2, T_1)$

$(*, Y, I, T_2)$

$(+, T_1, T_2, T_3)$

$(:=, T_3, -, Z)$

$(ret, -, -, -)$ /*ret 为返回指令的四元式表示法*/

如果某机器只有一个通用寄存器 R_1,那么将它转换成目标代码并写成如下汇编语言形式:

LOAR	R_1, X
EXP	$R_1, 2$
STORE	R_1, T
LOAD	R_1, Y
MULT	R_1, I
ADD	R_1, T
STORE	R_1, Z
RET	

其中,X,Y,Z 是形式参数,I 是变量,2 为常量,T 是临时变量,除字面常量外它们在内存中都占有存储单元。此外,过程结束回到主调程序是按返回地址返回的,因此内存中还需保存返回地址单元。可以想象,如果没有存放这些数据信息的单元,目标程序将无法运行。

如果一个程序设计语言不容许递归调用,而且不含有可变数组,那么在编译时就可以完全为其数据项目分配存储单元。这种分配存储策略叫做静态分配,像 RORTRAN 就是属于静态存储分配。

相反地,若某程序设计语言容许过程递归调用并且允许使用可变数组,那么该语言的数据空间必须采用动态存储分配,如 ALGOL,Pascal,C 语言就属这一类。根据变量名最小作用域原则,目标程序的操作对象——数据区可以用一个栈作为动态数据存储分配。运行时,每当进入一个过程,在栈顶上为该过程分配一块数据区,一旦退出该过程,它所占的那块空间就退回给系统,这种分配叫做栈式存储分配。

还有些语言,如 Pascal,有标准过程 new(p)和 dispose(p),它容许用户随时动态地申请和释放存储空间,而且申请和释放之间不遵守先申请后释放或后申请先释放原则。因此需要一种更加复杂的动态分配策略。这种策略是让运行程序持有一个大的存储区(称为堆),在申请时从堆中取一块,释放时将一块存储区退还给堆。这种办法叫做堆式存储管理。

8.1 静态存储管理

FORTRAN 程序的特点是所有数据名的类型和属性在编译时是完全确定的,因此对每个数据名的地址都可静态地进行分配。静态存储分配本来应是一种十分简单的策略,但是,由于 FORTRAN 的公用语句(COMMON)和等价语句(EQUIVALENCE)的存储分配复杂性,使得整个存储分配也就复杂起来。好在这些数据类型都采用相对存储分配,所以在编译时,根据各类数据所需的存储空间大小以及存储方式规定在符号表中建立"名字-地址"对应关系。然后,根据这些对应关系进行变量名的地址分配。

根据 FORTRAN 文本规定,每个初等数据类型都由确定长度的机器字表示。譬如,整数、实数和逻辑型的数用一个机器字;双精度和复型用双机器字表示;数组按列存放,由 N 个连续的机器字存放 N 个元素的整型、实型、逻辑型数组;文字常数从机器字的边界开始存放,右端不到边界,则用空白补足;若有浮点运算的机器,浮点数也用双字表示,且必须从偶数地址开始存放。

机器字取多长? 不同机器规定不同,通常假定为四个字节,但在微型机和小型机器中通常把两个字节定义为一个机器字,这对于表示实数来说显然是不够的,而逻辑字取两个字节又嫌太长,这些是 FORTRAN 的规定的不足之处。

8.1.1 数据区

FORTRAN 语言是块状结构语言,它由一个主程序段和若干子程序段组成,它既不允许子程序嵌套也不允许过程递归调用,不提供可变长字符串也不提供可变数组,数据名的类型在程序中应加以说明(包括隐含说明)。由于这些特点,它允许各程序段独立编译。在编译每段源程序时,首先把每个变量及其类型等属性填入符号表,然后再依据符号表计算每个数据占有的尺寸并在符号表的地址栏分配它们的相对地址。这些地址都分配在该段的局部区内。此外,若程序段内有公用语句,那么在相应公用区中登记其相对地址。

一般而言,程序段的局部数据区可直接安排在该段指令代码之后,无名公用区与有名公用区安排在目标程序的最后。假设 FORTRAN 程序由一个主程序段、若干个子程序段、一个有名公用区和一个无名公用区组成的,那么运行时目标程序存储结构如图 8.1 所示。

主程序代码	主程序数据	子程序代码 1	子程序数据 1	子程序代码 2	子程序数据 2	...	无名公用区	有名公用区	...

图 8.1 FORTRAN 目标程序存储结构

编译时只需注意统计每个数据区的单元数,对于各区的首地址暂不作分配,等到运行时再用一个"装入程序"把它们连成可运行的整体。为此,在符号表中设置两栏:区号和相对地址,用作存储地址分配。在程序段编译时先填变量的相对地址,区号所对应地址等到运行时由"装入程序"进行处理。

一个 FORTRAN 程序段局部数据区的内容一般含有下列诸项:

↑ 临时变量
　数　组
　简单变量
　形式单元
　寄存器保护区
　返回地址

其中,"返回地址"单元用来保存调用此程序段时的返回地址。虽然对于转子指令,大多数机器有硬件存放返回地址的单元或寄存器,但为了实现子程序调子程序,还得将它保护在局部数据区内。

"寄存器保护区"用来保存调用段留在寄存器中的信息,使得这些寄存器在过程体结束返回时重新被使用。因此,每当调用过程或从过程返回时就需要对寄存器进行一系列的保护和恢复工作,这是极其耗费时间的。

"形式单元"用作存放实际参数的地址或值。若是传地址,一个实际参数只需分配一个形式单元;若是传结果,那么对应一个实际参数应分配两个形式单元,第一个单元存放实际参数的地址,第二个单元存放实参的值。对于哑数组,若不进行数据下标界溢出检查,只需一个单元,用作存放实际数组的首地址。对于哑过程,也只需一个单元,用作存放过程的入口地址。

而一个程序段中所定义的局部变量和数组便构成该局部区的主要部分。此外,还需若干临时变量单元。

表 8.1 是如下一个 FORTRAN 程序段的符号表。

表 8.1　一个 FORTRAN 程序段的符号表

NAME	TYPE	CAT	...	DA	ADDR
X	实	哑	k		a
Y	实	哑	k		a+2
J	实	简变	k		a+4
K	实	简变	k		a+6
A	整	简变	k		a+8
B	整	数组	k		a+9
R	实	数组	k		a+29
S	实	简变	k		a+229
M	整	简变	k		a+231
N	整	简变	k		a+232

其中,k是现行段局部数据区编号,a是寄存器保护区和返回地址单元总长度。实型量占两个机器字,整型量占一个机器字,M,N虽没有说明,但在FORTRAN中它们隐含为整型量。

```
    SUBROUTINE EXAM(X,Y)
        REAL J,K
        INTEGER A,B(20)
        REAL R(10,10),S
        ...
        M=N+5
        ...
        END
```

上面的存储分配利用相应的语义子程序就能实现,但若在说明语句中包含COMMON语句与EQUIVALENCE语句时,存储分配便复杂化了。此外,临时变量的存储分配问题将作为单独问题进行专门讨论。

8.1.2 公用语句处理

FORTRAN的COMMON语句主要用于处理在不同程序段间建立共享数据区的问题。采用这种办法,不同程序段可以使用相同的数据区,所以可以节省存储空间。一个数据名可由若干个说明语句加以说明,对它的语序并没有严格规定,因此读了一个说明语句时不知道该数据名的全部属性,只有待到全部说明语句读完后才能决定。所以,当遇到公用语句时,将它们的公用元(公用语句中的变量名)按先后出现的顺序拉成一条链(不同公用区有不同的链),待到说明语句读完之后,依链的顺序进行存储分配。此链是在原符号表上增加一栏,称作公用链CMP,而区名就填在原来的区号上。

例如,假定某程序段含有如下公用语句:

```
    COMMON X,Y                          /＊X,Y分配在无名公用区＊/
    COMMON/B₁/A,B,C//D,E,F(100)         /＊A,B,C分配在有名区 B₁;D,E,F分配在
                                           无名区＊/
```

经处理之后,公用链CMP和公用名表COMLIST如表8.2所示。根据不同的区名,公用链分成若干条,但每条链都是依照变量出现的先后顺序拉成的。本例有两个区名,所以建立两条链。

其中,COMLIST称作公用名表,整个程序只用一张表。它分四栏,第一栏记录了有名区区名及无名区区名(实际上用空格表示);第二栏记录该区的最长数据区的长度,因为不同程序段使用公用区的长度不同,所以记录最长的数据区长度以便"装入程序"进行存储分配;另外两栏FT,LT是指示器,分别称作链首和链尾,借用它来填写符号表的公用链,每进入一个程序段时,将FT和LT置为null。下面给出公用语句的公用元处理语义子程序:

(1) 读取公用语句中的变量名,查符号表是否有该变量,若无,填变量名至符号表,将CMP栏填0(表示链尾),借助DA栏填区名;若有,则不填符号表,其他同上。

(2) 根据公用区名查COMLIST表中对应区名的FT栏是否为空,若为空则将此变量名的符号表入口地址填至FT和LT栏中(表示该变量名既处于链首又处于链尾);

（3）若不为空,则将该变量的符号表入口地址填到 LT 所指符号表那一项的 CMP 中（拉链）,同时也填入 LT 本身。

表 8.2　公用链与 COMLIST

（a）符号表

	NAME	…	DA	CMP
1	X		无	2
2	Y		无	6
3	A		B_1	4
4	B		B_1	5
5	C		B_1	0
6	D		无	7
7	E		无	8
8	F		无	0

（b）COMLIST

NAME	LENGTH	FT	LT
无名	…	1	8
B_1	…	3	5

8.1.3　等价语句处理

等价语句的内存分配特点：

（1）等价语句定义了若干个等价片,每个等价片是由括号括起来的若干个变量名组成。这些变量名又称等价元。等价元可以是简单变量也可以是下标值为常数的下标变量。

（2）等价片中等价元被分配相同的存储单元,即共享存储单元。

（3）不同等价片中若有相同的变量名（包括数组名）,则称等价相关,这时应将两个等价片合二而一,让更多的等价元共享存储单元。

所以,编译的任务是找出哪些变量存在等价关系,并将它们构成等价环,同时指出各等价元的存储首地址关系,以便说明语句处理完之后进行内存分配。

为此,我们在符号表中再增设两栏:EQ 和 OFFSET。EQ 称等价环形链,若为 null,表示该变量不属于等价元,否则指向下一个等价元的入口并构成环形链;若只有一个等价元,则指向自身。OFFSET 称相对位移量,用来指出各等价元存储首地址间的地址相对关系。

例如,有如下说明语句：

INTEGER I,J,K,X,A(10,10)

EQUIVALENCE(X,A(2,3)),(I,J,A(1,2),K)

由说明语句可知,从表面上看虽定义了两个等价片,但数组 A 出现在两个等价片中,所以它们为等价相关,应合并成一个等价片。对于这样的语句,我们希望在编译程序对说明语句处理之后获得如下的符号表,即建立等价环并填写相对位移量。

	NAME	...	OFFSET	EQ
1	I		-11	3
2	J		-11	4
3	K		-11	2
4	X		0	5
5	A		-21	1

下面讨论这个表是如何获得的。在求相对位移量时,我们假设变量的类型都为整型,若变量的类型不同,其计算有些差别。另外,FORTRAN 的数组是按列存放的,而且下界规定为 1,计算二维数组的下标变量地址应是:

$$A(i_1,i_2)=A(1,1)+i_1-1+(i_2-1)*d_1$$

对于等价语句 EQUIVAENCE(X,A(2,3)),(I,J,A(1,2),K),下面讨论等价环、相对位移量的建立过程。

(1) 当扫描到 X 时,能构造如下的等价环,其相对位移量 X · OFFSET 设为 0:

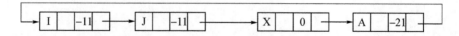

(2) 扫描到 A(2,3)时,已知它与 X 是处于同一等价片内,所以变量 X 与数组 A 可以构成等价环。A(2,3) · OFFSET=X · OFFSET=0,可以求得 A 数组的首地址 A(1,1) · OFFSET 如下:A(1,1) · OFFSET=A(2,3) · OFFSET$-[(2-1)+(3-1)*10]=0-21=$ -21。

结果用下图表示:

(3) 扫描到 I 时,与步骤(1)的处理相同。

(4) 扫描到 J,与变量 I 构成等价环。

(5) 扫描到 A(1,2),发现 A · EQ≠null,说明它在某等价环内,与当前等价环等价相关,需并环,并且以前一个等价环的位移量为准,求得 A(1,2) · OFFSET 为:

A(1,2) · OFFSET=A(1,1) · OFFSET$+[(1-1)+(2-1)*10]=-21+10=-11$

由于 A(1,2),I,J 均共享同一单元,所以有:

I · OFFSET=J · OFFSET=A(1,2) · OFFSET$=-11$

并环之后可表示成下图,链首在 I 这一项:

206

(6) 扫描到 K,它与 I,J 共享存储单元,所以 K·OFFSET＝－11,并将它插入上面的链,通常是插在链首的下一结点上。最后构成如下图:

```
┌→┌─────┬─────┬─┐  ┌─────┬─────┬─┐  ┌─────┬─────┬─┐  ┌─────┬───┬─┐  ┌─────┬─────┬─┐
│ │  I  │ -11 │─┼─→│  K  │ -11 │─┼─→│  J  │ -11 │─┼─→│  X  │ 0 │─┼─→│  A  │ -21 │ │
└─┴─────┴─────┴─┘  └─────┴─────┴─┘  └─────┴─────┴─┘  └─────┴───┴─┘  └─────┴─────┴─┘
```

这就是希望获得的结果。在上述过程中还应该检查是否有等价冲突等问题。通过以上介绍,我们不难拟定一个等价片归并算法。

8.1.4 地址分配

在建立了公用链、等价环并填过各变量的属性之后,可以着手对程序中用户定义的变量名和数组名分配存储空间了。首先讨论各公用区中公用元的地址分配,然后讨论局部区的地址分配。

1) 公用区地址分配

假定公用区区号从 127 区开始进行存储分配。下面对公用区采用如下分配过程:从公用区的链首变量开始,沿着公用链逐个为公用元分配内存地址。每次分配地址时查看该公用元的 EQ 栏是否为空(null),若不空,则按 EQ 指出的等价环为环中所有等价元分配存储地址,直至等价环处理完毕返回公用链继续往下分配;若为空,继续分配后继公用元。此过程直到公用链处理完毕为止。在这个过程中具体要做下列操作:

(1) 在分配到变量 N_1 时发现 $N_1·EQ≠null$(见图8.2),从 EQ 中找出等价环 $N_1,N_2,\cdots,N_m$,其相对位移量分别为 $f_1,f_2,\cdots,f_m$,则为它们分配地址为 $addr(N_i)=a+(f_i-f_1)$,$i=2,3,\cdots,m$。其中 a 为 N_1 分配到的地址,即为公用元地址计数器。

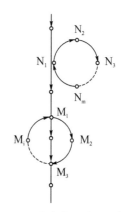

(2) 等价结果可能超越公用区的界,若 $a+f_i-f_1<0$,则称作公用区冒头(即越界)。冒头是不允许的,所以等价环最好不要处于公用链链首位置。

(3) 若某变量在等价环中已被分配了地址,回到公用链又为它分配地址,如图 8.2 中 M_3 点所示,在等价环中已为它分配了变量地址,回到公用链,又为它分配另一地址,这表示分配出现冲突错误。

图 8.2 地址分配过程示意图

(4) 公用区长度计算。每处理完一个等价环后,公用区的长度应为:

$$len=MAX(len,a+\underset{i=1}{\overset{m}{MAX}}(f_i-f_1+SIZE(N_i)))$$

其中,等式右边的 len 表示分配到这个等价环之前公用区长度;a 用作分配公用元地址计数器,假定 $a_{初值}=0$;$SIZE(N_i)$ 表示第 N_i 个等价元占有的存储单元数。等到该公用区处理完,len 值就表示该程序段中使用该数据区的最大长度。将此长度与 COMLIST 表的 LENGTH 中记录的长度相比较,若长,则替换原 LENGTH 中的内容,从而保证 LENGTH 中登记的是最长的长度。

2）局部区变量地址的分配

在局部区中可能出现等价环,这时对等价元的地址分配与上面的分配策略有些不同。它是选择环中相对位移量最小的等价元开始分配地址,因此不存在冒头问题,同时为了使等价环中的变量与非该等价环中的变量不占有相同存储单元,地址分配计数器 a 应该这样处理:当等价环处理之后,

$$a:=a+\underset{i=1}{\overset{m}{MAX}}(f_i-f+SIZE(N_i))$$

其中,N_i 是指等价环中 m 个元素 $N_1,N_2,\cdots,N_m$ 的任意一个,f_i 是它们相应的相对位移量,并设其中最小的相对位移量为 f。

局部区等价环的分配算法中,N 指等价环的某个变量的符号表入口地址,a 是地址计数器,假定 $a_{初值}$＝寄存器保护区后的首地址。

局部区等价环分配算法如下:

PROCEDURE　　局部区等价环地址分配;
  BEGIN
    $N_1:=N;f:=OFFSET[N]$;
    WHILE $EQ[N_1]\neq N$ DO　　/* 找等价环中最小相对位移量,并存于 f */
      $\{N_1:=EQ[N_1];f:=MIN(f,OFFSET[N_1])\}$;
    $len:=-\infty$;
    $N_1:=N$;　　　/* 从入口开始为等价环各元素分配地址 */
    REPEAT
      $DA[N_1]:=$现行程序段序号;
      $ADDR[N_1]:=a+(OFFSET[N_1]-f)$;
      $len:=MAX(len,(OFFSET[N_1]-f)+SIZE(N_1))$;
      $N_1:=EQ[N_1]$
    UNTIL $N_1=N$;
    $a:=a+len$
  END;

除了等价环元素之外,局部区变量的内存地址分配严格按照变量出现顺序进行。

〔例 8.1〕下面是 FORTRAN 程序的说明部分,请为变量分配内存地址。假定整型量占一个字,实型量占两个字编址。

  INTEGER A,B　　/* MAIN */
  DIMENSION A(2,3),C(5),D(8)
  COMMON I,J,X,A　　/R/E,F
  EQUIVALENCE (A(2,2),C(1)),(D(4),B)
  …
  V＝B*5
  U＝1.5*V
  …
  END

```
SUBROUTINE SR₁      / * 子例程子程序 * /
DIMENSION B(3)
COMMON M,X,B
   W=78/Z
   ...
END
FUNCTION FN₁      / * 函数子程序 * /
   REAL W,Y
   ...
END
```

解：当处理过主程序块之后，按照前面几节的处理过程，可填写符号表与 COMLIST 表如表 8.3、表 8.4 所示，其中 ADDR 栏中 a 指寄存器保护区后首地址。

表 8.3　符号表

	NAME	TYPE	CAT	DIM	OFFSET	EQ	CMP	DA	ADDR
K+0	A	int	数组	2	0	K+2	0	127	4
K+1	B	int	简变		6	K+3		1	a+6
K+2	C	real	数组	1	3	K+0		127	7
K+3	D	real	数组	1	0	K+1		1	a+0
K+4	I	int	简变				K+5	127	0
K+5	J	int	简变				K+6	127	1
K+6	X	real	简变				K+0	127	2
K+7	E	real	简变				K+8	128	0
K+8	F	real	简变				0	128	2
K+9	V	real	简变					1	a+16
K+10	U	real	简变					1	a+18

表 8.4　COMLIST

区　　名	LENGTH	FT	LT
	17	K+4	K+0
R	4	K+7	K+8

主程序段存储分配示意图及子程序段存储分配示意图如图 8.3 所示。

子程序段存储分配比较简单，除了子例程子程序用到无名区外，其他都分配在子程序段中，结果如图 8.3 所示。

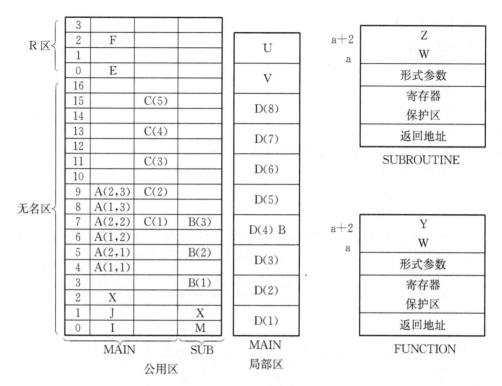

图 8.3　存储分配示意图

8.1.5　临时变量地址分配

在讨论中间代码生成时曾假定,每调一次 NEWTEMP 就产生一个新的临时变量序号。而且几乎不加限制地引进临时变量序号。那么,是否要为每个引进的临时变量分配一个相应存储单元呢? 不必要,这一节就来讨论临时变量的存储分配办法。

首先,临时变量的类型很简单,它是用于暂存某些运算的中间结果,它们只可能是整型、实型、布尔型和双精型等几种简单类型,无需登记到符号表中,如有必要只要对相应的临时变量加上一些附加信息。

对于临时变量的定值往往是为了以后引用,一旦不再被引用,此临时变量的寿命也便终了,它占有的存储单元也可以腾出来给其他临时变量使用。一个临时变量从它被定值(赋值)的地方开始直至最后一次被引用的地方为止,其间程序可到达的四元式全体称作这个临时变量的作用域。因此,两个临时变量的作用域若不相交,则它们可被分配在同一单元中。

假定已经有计算各个临时变量作用域的算法,那么可按下述办法对临时变量进行存储分配:令临时变量名均分配在局部数据区中,若某一单元已分配给某个临时变量名,则把该变量的作用域作为此单元的分配信息记录下来。每当要对一个新临时变量名进行分配时,首先求出此变量名的作用域,然后按序检查每个已分配单元,一旦发现新求出的作用域与某单元所记录的作用域不相交时,就把这个单元分配给这个新变量名,同时把它的作用域也添加到该单元的分配信息中。若新临时变量名的作用域和所有已分配单元的作用域有冲突,则分配给它一个新单元,同时把新变量名的作用域作为此单元的分配信息保存起来。

在简单表达式中使用的临时变量有个特点,即单赋值、单引用。这些临时变量的作用域是

210

嵌套的或者是不相交的。对于这类临时变量可以设想采用一个栈来存放这类临时变量,而且所需的临时变量的单元数等于最大的嵌套层数。例如,赋值语句:

$$X:=A+B-((C+D)+(E+F)*(G+H))$$

翻译成的四元式为:

四元式	临时变量名	地址(栈指针 k)
$(1)(+,A,B,T_1)$	T_1	a
$(2)(+,C,D,T_2)$	T_2	a+1
$(3)(+,E,F,T_3)$	T_3	a+2
$(4)(+,G,H,T_4)$	T_4	a+3
$(5)(*,T_3,T_4,T_5)$	T_5	a+2
$(6)(+,T_2,T_5,T_6)$	T_6	a+1
$(7)(-,T_1,T_6,T_7)$	T_7	a
$(8)(:=,T_7,-,X)$		

它最大的嵌套层数为 4,因此所需临时单元数也为 4。下面仔细看看它们是怎么分配存储单元的。令 k 为栈指针,设它的初值是局部区中用来存放临时变量值的区域首地址 a。当临时变量 T_1 形成时,它存入 a,k 加 1,指向 a+1 单元。当 T_2 形成时,它存入 a+1,k 加 1,指向 a+2 单元……当 T_4 形成时,它存入 a+3 单元,k 加 1 指向 a+4 单元。遇到四元式(5),它引用 T_3,T_4 临时变量,这说明 T_3,T_4 不会再被使用,可以从栈中退掉,即栈指针 k 减 2,指向 a+2,这时形成 T_5 就存入 a+2 单元,k 加 1,指向 a+3。遇到四元式(6),它引用 T_2,T_5 临时变量,所以 T_2,T_5 也可退栈,k 指向 a+1,将 T_6 存入 a+1,k 指向 a+2。遇到四元式(7),T_1,T_6 退栈,T_7 存入 a,k 指向 a+1。遇到四元式(8),T_7 退栈,最后栈指针 k 又回到指向 a。

对于具有多寄存器的机器来说,临时变量不宜使用存储器,而是用寄存器来存放更好,因为它节省了存取内存的时间(详细讨论结合目标代码生成进行)。

8.2 栈式存储管理

8.2.1 允许过程(函数)递归调用的数据存储管理

我们考虑一种在 UNIX 系统下的 C 语言,该语言允许过程(函数)递归调用但不允许定义嵌套的过程(函数),也不允许使用可变数组[①]。这就是说,它的程序结构只有 0 层(主程序)和 1 层[若干过程(函数)],根据变量的最小作用域原则,0 层的程序只能引用 0 层变量,0 层定义的全局变量是 0 层和所有 1 层程序都能引用的;1 层程序除了可使用 0 层的全局变量外只能使用 1 层本身定义的变量,1 层之间的变量不能互相使用。

使用栈式存储分配意味着,每进入一个过程(主程序也是过程),就有相应的数据区建于栈

---

① 实际上 C 语言只有函数调用而无过程调用。因此确切地说,这里只能称为"类 C"语言。另外,不同的 C 编译程序其数据区构造也略有不同,本文只作原理性的介绍,后面的 Pascal 语言数据区构造也有类似问题。

顶。在程序开始运行前,用于建造数据区的栈是空栈。在开始进入主程序执行语句前,便在栈中建立全局变量和主程序数据区。在主程序中若有调用过程的语句时,便在栈顶累筑该过程的活动记录。活动记录包含连接数据、形式单元、局部变量、内情向量和临时工作单元等。在进入过程后执行过程的可执行语句前再把局部数组(若有的话)累筑于栈顶(对于 C 语言,因为没有使用可变数组,所以数组的存储分配不必等到运行时才建立)。进入过程体后,若有其他的过程调用语句(可以调用本身过程),则重复上述建数据区过程。

　　按如下 C 语言程序结构,P 过程进入运行后的存储结构如图 8.4 所示。栈顶数据区有两个指针 SP 和 TOP,SP 指向现行过程数据区起点,TOP 指向顶点。从数据区中引出指向主程序数据区的箭头表示外部变量引用关系,即 Q,P 过程都可以引用主程序的全局变量。

```
定义全局变量和数组;
MAIN( )                     /* 主程序 */
{ …
  Q( );                     /* Call Q( ) */
}
P( )                        /* 定义函数 P( ) */
{ …
}
Q( )                        /* 定义函数 Q( ) */
{ …
  P( );                     /* Call P( ) */
}
```

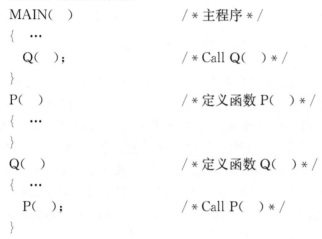

图 8.4　C 数据区结构　　　　　　　图 8.5　C 过程活动记录

1) C 语言的活动记录含有的区段(见图 8.5)

(1) 连接数据,有两个:

①老 SP 值,即前一活动记录的首地址,或称施调过程的数据区首地址;

②返回地址,即调用语句的下一条指令地址。

(2) 参数个数。

(3) 形参单元(存放实参值或地址)。

(4) 过程的局部变量、数组内情向量和临时工作单元。

212

简单变量 X 在数据区内的相对地址在编译时是已知的,设为 x,则变量 X 的内存地址表示成变址形式 x[SP],其中 SP 为当前数据区首地址,用作变址值,x 称作相对位移量。另外,一旦数组尺寸确定后,就可为数组分配存储单元。因此,下标变量的地址也可写成变址访问的形式。

2) C 语言的数据区建立与撤销

(1) 过程调用段。

C 语言的数据区是由过程调用语句引起的。上一章已介绍过 call $Q(T_1, T_2, \cdots, T_n)$ 语句译成中间代码形式:

$$par\ T_1$$

$$\cdots$$

$$par\ T_n$$

$$jsr\ n, Q$$

这些"par T_i"指令就是把 T_i 传递到 Q 数据区的形参单元。若是传值,则 par T_i 可解释成(i+3)[TOP]:=T_i;若是传地址,par T_i 可解释(i+3)[TOP]:=addr(T_i)。"jsr n,Q"指令可解释成:

    1[TOP]:=SP;   /* 保护老 SP */
    3[TOP]:=n;   /* 传递参数个数 */
    jsr Q;   /* 转子指令 */

(2) 过程进入段。

转入过程 Q 后,首先要做的工作是定义新活动记录的 SP,保护返回地址和定义这个活动记录的 TOP,也就是说,应执行下述的指令:

    SP:=TOP+1   /* 定义新的 SP */
      1[SP]:=返回地址   /* 保护返回地址即老 SP 值 */
    TOP:=TOP+L   /* 定义新 TOP */

其中,L 是过程 Q 的活动记录所需单元数,这个数在编译时可静态地计算出来。

假定过程包含可变数组(实际上 C 语言不含可变数组),而且数组的空间分配在活动记录的顶上,所以紧接上述指令之后应执行对数组进行存储分配的指令(如果含有局部数组)。这些指令是在编译数组说明时产生的,称之为运行子程序。这时仅仅运行此子程序便建立了可变数组的存储区,对于每个数组说明,相应的目标指令将做以下两件工作:

①计算各维的上下界;

②调用数组空间分配子程序,其输入参数是内情向量表首地址和各维上下界,调用构造内情向量表子程序填好向量表并计算数组尺寸,然后在 TOP 所指的位置上留出数组所需的空间并调整 TOP 指针,使其指向数组区的顶端。

(3) 过程返回段。

C 语言以及其他一些类似语言含有下面形式的返回语句:return(E),其中 E 为表达式。假定 E 的值已计算出来并已放在某个临时单元 T 中,那么就将 T 值传送到某个特定的寄存器中(调用段将从这个特定的寄存器中获得被调用过程的结果值)。然后剩下的工作是恢复 SP 和 TOP,以便回到调用段的数据区。同时,按返回地址无条件回到调用语句的下一语句去继续运行。即执行下列指令序列:

TOP：＝SP－1

SP：＝0[SP]　　/＊也可写作 SP：＝1[TOP]＊/

X：＝2[TOP]

jmp 0[X]　　/＊X用作变址寄存器＊/

如果用 end 结束函数过程,则按同样办法传送结果值,并执行上述的返回指令序列,返回调用段程序(若仅仅是过程调用,则不送回结果,其他动作不变)。

8.2.2　嵌套过程语言的栈式存储管理

现在讨论一种既允许过程递归调用也允许定义过程嵌套的语言。从结构上看 Pascal 就属于这样一种语言,但 Pascal 含有"文件"和"指针"这些数据类型,因此存储分配不能简单地运用栈式结构来实现。而 Pascal 子集(除这两类数据类型外)可用栈式存储管理。

上一章在讨论为过程嵌套语言建立符号表时,已为所有过程建立一张分程序表 BLKLIST,在表中登记了每个过程所处的层数 LN。由于允许过程嵌套,其层数可以是任意值,但在实际编程时层次不会很多。根据变量的最小作用域原则,一个过程可以引用包围它的任一外层(俗称直系外层)过程所定义的变量或数组,也就是说,运行时一个过程 Q 可能引用它的任意直系外层 P 的最新活动记录中的某些数据。因此,过程 Q 在运行时必须知道它的所有直系外层过程的最新活动记录的地址。由于允许递归,过程活动记录的位置是动态变化的。因此,在每个活动记录中必须设法记住直系外层的最新活动记录的位置。

1) 层次显示表 display

这里介绍一种比较有效的解决办法。每进入一个过程之后,在建立它的活动记录区的同时建立一张层次显示表,表中登记所有它的直系外层最新活动记录的首地址及本过程活动记录首地址。比如,现在处于第 i 层,从第 0 层算起,表的尺寸应该有 i＋1 个单元,自顶而下,它登记着当前过程、直接外层……直至最外层(0 层、主程序层)的活动记录首地址(见图 8.6)。由于该过程的层数是确定的,所以此表的尺寸也是确定的。我们也将此表放在活动记录内,并置于形参单元之上,如图 8.7 所示。图 8.7 与图 8.5 相比较多了两项:display 表和全局 display。

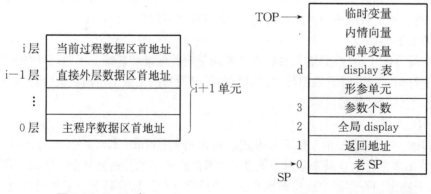

图 8.6　display 表　　　　　　　　　图 8.7　Pascal 活动记录

由于每个过程的形参单元数目在编译时是完全确定的(第 3 单元已给出),所以 display 表

214

的相对地址 d 在编译时也是完全确定的。假定现行过程中引用了某一直系外层的变量 X（设为第 k 层，它可从分程序结构的符号表中查得），那么可用如下两条变址指令获取 X 的值，并送 R_2 寄存器。

LD R_1,(d+k)[SP]; /∗从 display 表中取出 k 层过程的最新活动记录首地址∗/
LD R_2,x[R_1]; /∗x 为变量 X 在第 k 层活动记录的相对地址∗/

这样便解决了引用直系外层中变量的问题，现在的问题是 display 表怎么造出来。

2）层次显示表 display 的建立

由过程 P_1 调用过程 P_2，在进入 P_2 之后如何建立 P_2 的 display 表？这里分两种情况讨论。

（1）被调过程是真实过程。如图 8.8 所示的 Call P_1，Call P_2，其中 P_1，P_2 都是真实过程名。

①P_1 是 P_2 的直接外层，如图 8.8 所示。

当前若处于 P_1 过程，它的 display 表应包含两项：P_0（主程序）活动记录首地址和 P_1 过程最新活动记录首地址。当执行 call P_2 后，应进入过程 P_2，在建立 P_2 活动记录的同时应建 P_2 的 display 表。此表应有三项：P_0 活动记录首地址、P_1 最新活动记录首地址及 P_2 活动记录首地址。前两项可在 $P_1 \cdot$ display 表中抄得，而 P_2 的活动记录首地址即为 P_2 的 SP 值。

图 8.8　直接外层调用　　　　　图 8.9　层次相同调用

②P_1 与 P_2 层次相同。如图 8.9 所示。

当前若处于 P_1 过程，当执行 Call P_2 时进入 P_2 过程。$P_2 \cdot$ display 表只包含两项（因为它的层数为 1），一项是 P_0 的活动记录首地址，一项是 P_2 本身的 SP。P_0 的活动记录首地址在 $P_1 \cdot$ display 表中也有过，因此也可以从 $P_1 \cdot$ display 表中抄得。

汇总上述两种情况：当进入第 i 层过程时其 display 表可从施调过程的 display 表中抄录 i 项，其中 i 表示当前数据区的静态层次，然后加上自身活动记录首地址 SP 组成。为方便做这件事，将施调过程的 display 表首地址作为连接数据送到被调过程的全局 display 单元。

由于图 8.10 所示为隔层调用，造不出被调过程的 display 表，因此是不允许的，这就是程序语言中不允许这种调用的实质所在。

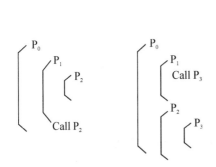

图 8.10　隔层调用（不允许）　　　　图 8.11　调用形式过程

215

（2）被调过程是形式过程。如图 8.11 所示的 Call X，X 是形式参数，又称 X 为形式过程。

过程调用情况是这样：在过程 B 中调用过程 A，并把过程名 C 当作实参传递给 A，进入过程 A 后，有 Call X 语句，X 是形式参数，所以又称调用形式过程。实际上，根据形实替换原则，应调 C 过程，所以应该建立 C 的活动记录及 C·display 表。显然，这时 C·display 表不能从施调过程 A 中抄得，而应该从把过程名当作实参传递的那个过程（即过程 B）中抄得，即应把 B·display 表首地址传递至 C 的全局 display 单元。

总之，要构造某被调过程的 display 表，或者从施调过程的 display 表中抄若干项或者从把实在过程名当作实参传递的那个过程的 display 表中抄若干项，然后再加上本身的 SP 组成。

于是连接数据变为三项：老 SP、返回地址、全局 display 地址。

3）Pascal 语言的数据区建立与撤销

（1）过程调用段。过程调用段所应做的工作与 8.2.1 节所述的内容大体相同。但由于它允许传递的参数种类比较多，它有一些特殊性。

par T_i 传递参数指令，其中 T_i 或是表达式的结果或是某种类型的标识符。下面讨论对不同参数种类，这条指令该如何解释。

①传递简单变量（包括临时变量或常量）。par T_i 解释成：

$(i+4)[TOP]:=T_i$ /＊传值＊/

$(i+4)[TOP]:=addr(T_i)$ /＊传地址＊/

②传递数组。为了对形实数组的一致性检查，一般传递内情向量表首地址，即：

$(i+4)[TOP]:=T_i$ 的内情向量表首地址

③传递过程名。如图 8.11 所示的 Call A(C)，其中 C 为过程名。这时 par C 的解释稍微复杂一些。为了以后某个时候引用此 C 过程，必须知道 Call A(C) 这个调用语句是在哪个过程将 C 当作实际参数传递给 A 过程（本例即指 B 过程）。为此，要求传递两个参数：实际过程 C 的程序入口地址以及过程 B 的 display 表首地址。具体做法是在过程 A 的活动记录的临时变量区中建立两个相继单元 B_1 和 B_2，并执行：

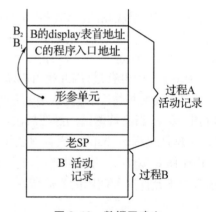

图 8.12　数据区建立

B_1：＝实际过程 C 的程序入口地址；

B_2：＝把过程名当作实参传递的那个过程的 display 表首地址（即 B·display 首地址）；

然后执行语句"$(i+4)[TOP]:=addr(B_1)$;"，这样间接引用 $(i+4)[TOP]$ 形参单元便获得过程 C 的程序入口地址（参见图 8.12），由 B_2 单元可获得实际过程 C 的全局 display。

④传递形式参数 T_i（包括形式过程名），par T_i 可以理解为传递形参内容，即 $(i+4)[TOP]:=(i+3)[SP]$。

例如，有如下三个程序段，B 过程调 A，A 过程调 D，D 过程调 C：

216

PROC B;   Proc A(X);   Proc D(P);

   proc C;

   ...   .

   end;   call D(X);   call P;

   ...   .

   call A(C);   end   end

end

(a) 将实际过程名 C 当   (b) 传递形式过程名 X   (c) 调用形式过程 P,实
    作实际参数传递   际是调用过程 C

现在来看看每次调用之后数据区的建立情况(图 8.13)。

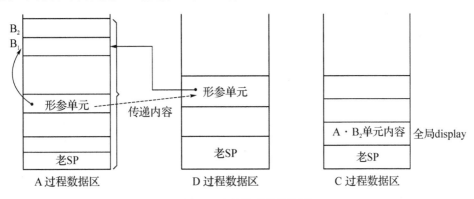

图 8.13　过程调用及数据区

这时 C 过程数据区中全局 dispaly 是存放 B_2 的内容,不再是施调过程 D·display 的首地址而是 B·display 首地址。这就是在数据区的活动记录中设置全局 display 的目的。由此可见,若不允许把过程名当作实参传递,那么也就没有必要保留全局 display 单元,甚至无需建立 display 表,而改用静态链,用于指向它的直系外层的最新活动记录首地址。EL 语言的编译程序就是按这种方法设置的。

⑤传递标号。其处理办法与传递过程名相类似。如图 8.14 所示,假定过程 P 把标号 T 当作实际参数传递给 Q,随后 Q 又通过引用相应的形式参数把控制转移到标号 T 所指的地方。如果标号 T 是在过程 P_0 中定义的(P_0 或是 P 自身或是 P 的直系外层),那么,当从 Q 过程转向 T 时必须首先把 P_0 的活动记录变成现行活动记录。这就是说,对于 P 中的 par T,不仅要把标号 T 的相对应地址传给 Q,而且应把 P_0 的活动记录首地址也传过去。因此 par T 可理解为在 Q 活动记录的临时变量区建立两个相继单元

图 8.14　传递标号

B_1 和 B_2(B_1 用作存放标号 T 的对应地址,B_2 用于存放 P_0 活动记录的首地址),然后将 B_1 地址传给 Q 过程的相应形参单元。

这样当 Q 中出现 GOTO Z 语句(Z 是形式参数,其中存有 B_1 地址)时,相当于转向间接地址 Z,实际上是转向标号 T 去执行。而数据区也要逐级退栈,直至 SP 指向 P_0 活动记录。

另外,"jsr n,Q"指令可解释成:

$1[TOP]:=SP;$ /* 保护老 SP */

$$3[TOP]\begin{cases} :=SP+d; \\ \\ :=B_2; \end{cases}$$
/* 建立全局 display。若调用实际过程,则传递施调过程的 display 表首地址 */

/* 否则传递把过程名当作实参传递的那个过程的 display 表首地址 */

$4[TOP]:=n;$ /* n 为参数个数 */

jsr Q;

(2) 过程进入段。

$SP:=TOP+1;$ /* 建立新数据区首地址 */

$1[SP]:=$ 返回地址;   /* 保护返回地址 */

$TOP:=TOP+L$

构造 display 表,即按全局 display 指出位置抄 i 项并且加上本身的 SP,其中 i 为过程 Q 的静态层次 LN。

如果有数组说明,根据内情向量表建立数组存储区,并修改栈顶指针 TOP。

(3) 过程返回段。

当过程 Q 工作完毕要返回到调用段时,若 return 语句含有返回值或 Q 是个函数过程,则把已算好的值传送到某个特定的寄存器,然后执行:

$TOP:=SP-1;$ /* 退回到施调过程数据区 */

$SP:=0[SP];$

$X:=2[TOP];$ /* 返回地址 */

$JMP\ 0[X];$

〔**例 8.2**〕对下面求阶乘的程序,在第二次调用函数 F 之后,试给出栈式数据区内容。假定每个过程有存储函数 F 的结果单元。

```
program M;
    var A, B: integer;
    function F(N:integer):integer;
        if N≤2 then return (N)
          else return (N * F(N-1));
    begin
        read (A);    /* 设 A=5 */
        B:=F(A);
        write (B)
    end.
```

图 8.15 是第二次调用函数 F(即递归调用 F)之后,栈式数据区的存储结构图。可以想象,在有结果返回前运行栈一直在增长,本例中栈内最多可达 4 个 F 的数据区。K 与 K+1 单元是用作存放系统有关参数。

+21	从 F 返回结果	
+20	D 表	K+14
+19		K
+18	形参 N	4
+17	参数个数	1
+16	全 D 地址	K+11
+15	返回地址	
+14	$K+6(SP_1)$	
+13	从 F 返回结果	
+12	D 表	K+6
+11		K
+10	形参 N	5
+9	参数个数	1
+8	全 D 地址	K+2
+7	返回地址	
+6	$K(SP_0)$	
+5	从 F 返回结果	
+4	B	
+3	A	5
+2	D 表	K
+1		
K		

图 8.15 栈式数据区结构

8.3　堆式存储管理

前面讨论了两种存储分配技术。静态存储分配要求在编译时能知道所有变量的存储要求,而栈式存储分配则要求在过程的入口处必须知道所有的存储要求。对于可变数组的尺寸要求在运行前知道,因此运行前仍可为它分配存储空间。此外,由于过程的数据区总是局部于过程的,当过程退出时,就可以退出它占有的存储空间。但有些语言中的某些数据结构不满足这两种分配策略。例如 ALGOL 语言的 OWN 变量,它所占用的数据空间并不随它所属的过程或分程序的进出而产生或消失。因此,所有 OWN 变量的存储空间将一劳永逸地分配在一个不变的静态区内。一般来说,可以把整个程序的所有 OWN 数据集中存放在运行栈的前面。

在 Pascal 中,要求用指针控制的链表结构所占用的空间必须是全局性的,不是局部于某个过程的。Pascal 使用 new(p)来动态地申请存储空间,用 dispose(p)来释放由 p 指向的存储空间。PL/1 也有类似语句,用 allocate 分配存储空间,free 释放存储空间。所有这些数据存储空间的请求与释放不再遵循后进先出原则,而且是非局部的。通常采用的方法是让运行程序持有一块专用的全局存储空间来满足这些数据的存储要求。这样的存储空间就称作堆(heap)。堆通常是一片连续的、足够大的存储区,当需要时,就从堆中分配一小块存储区;当用完时,及时退回给堆。这就是堆管理问题,堆的管理比栈管理要复杂得多,下面只能原理性地介绍一些管理技术。

8.3.1　堆式存储管理技术

常用的堆式存储管理方法有三种:固定长块管理、可变长块管理、按块长不同分为若干集合。

1) 固定长块管理

这是一种最简单的堆管理方法。这种方法把堆空间分为许多固定长的块,每块大小由具体应用而定,每一块的第一个字用作指示器,将所有未用块链接起来,形成一张可利用表。当堆管理程序收到分配空间请求时,就查询可利用表,将一空白块的首指示器送给申请者,并修改这张可利用表。此过程可用如下函数过程实现之。

设可利用表的表头指针存于 head。

```
FUNCTION Get-block(head);
    IF head=null THEN ERROR       /*若可利用表已空,则出错*/
ELSE
BEGIN
    P:=head;
    head:=P↑.LINK;       /*修改后可利用表的头指针仍存 head*/
    RETURN (P)         /*其中 P 返回给用户*/
END
```

2) 可变长块管理

在许多语言中允许使用可变长的数据结构。如果采用固定长分块法则不能适应这些语言的空间要求。我们仍使用链表将堆中未用块链接起来,不过这些块的长度是不等的而已。当申请分配空间时,堆管理程序从可利用表中查得一未用块,如果该未用块大于所需空间,则将它分为两部分,一部分等于申请空间,返回给申请者,剩余部分仍留在可利用表内。这样久而久之,留在可利用表中的块越来越小,最后形成许多碎片。这种碎片称作外部碎片。还有一种情况是查得的那个块空间只比申请空间大一点,不值得再一分为二,就把整块分配给申请者,那么在这个已分配的块中就包含一小块无法使用的区域,这种情况称作内部碎片。当这两种碎片很多时,会出现碎片的总和远大于申请空间,但却无法满足申请者要求的情况。所以,在各种可变长堆管理技术中主要考虑的因素是如何减少碎片的影响。对此,通常有三种不同分配策略:

①首次匹配式堆管理策略。为适应可变长分块管理,每个未用块的第一字内再增加表示该块长度的区段。首次匹配算法的基本思想是沿可利用表顺序查找,选择第一次遇到的大于所需空间的未用块。为减少外部碎片,同时要求从该块划出所需空间之后剩余部分不少于某个规定长度。如果不满足这两点要求,则沿可利用表的链继续向前查找符合条件的块。

开始,首次匹配算法都是从可利用表的表头查起。后来 D. E. Knuth 提出改进算法,本次搜索从上一次搜索的终止点继续沿链搜索,这种算法可以使平均搜索长度从 N/2 减少到 N/3(N 为可利用表中的总块数)。

在释放一块存储区时,为增大各未用块的长度,要求把所释放的块插入到可利用表中,同时检查相邻两块是否也为未用块,若是,则把它们合并成一块,其目的也是减少外部碎片。这种并块操作是很简单的,但若用单链表实现查找前驱与后继块却不那么容易。为此,有些可利用表采用双向链表,以方便释放块插入与并块操作。

②最优匹配式堆管理策略。假定申请空间为 SIZE 单元,堆管理程序就从可利用表查询,试图找出一个未用块,其空间正好等于 SIZE;若找不到,则从未用块中找出容量大于 SIZE 的最小者,分配给申请者。这种策略看来合理,但太花时间了。

③最差匹配式堆管理策略。将可利用表中不小于 SIZE 且又是可利用表中最大的未用块划一部分给申请者。为了节省查找最大未用块的时间,希望可利用表的未用块从大到小排序,这样分配时无需查找,只需从表中取出第一个未用块划一部分给申请者,再将剩余部分插入到可利用表的适当位置上。

下面举例说明这三种管理策略的内存分配情况。设可利用表如图 8.16 所示:

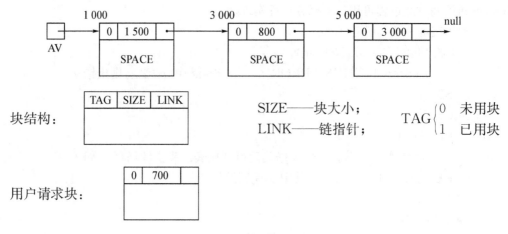

图 8.16 申请前的可利用表

220

那么,按三种管理策略,内存分配结果将可利用表变成图 8.17 所示:

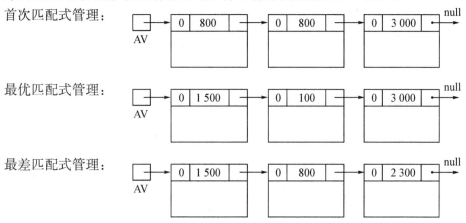

图 8.17 申请后的可利用表

下面给出首次匹配式管理算法,其他算法也可类似写出。

FUNCTION ALLOCATE_FIRST（AV,MIN,N）　　/＊AV 是可利用表表头;

　　　　MIN 是规定的最小块尺寸;N 是用户请求存储大小;返回给用户的内

　　　　存指针为 P,Q 是局部区指针变量＊/

BEGIN

　　Q：＝AV;

　　WHILE Q≠null DO

　　　IF Q↑·SIZE≥N THEN

　　　　IF Q↑·SIZE−N≥MIN THEN

　　　　　BEGIN

　　　　　　Q↑·SIZE：＝Q↑·SIZE−N;

　　　　　　P：＝Q+Q↑·SIZE;

　　　　　　P↑·SIZE：＝N; RETURN(P)

　　　　　END

　　　　ELSE

　　　　　RETURN(Q);…　　/＊修改可利用表的链＊/

　　　ELSE

　　　　Q：＝Q↑·LINK;

　　　ERROR　　/＊找不到满足用户申请的块,转出错处理＊/

　　END;

3）按块长不同分为若干集合

这是介于上述两种管理方法之间的一种堆存储管理方法。它把整个堆空间分为若干集合,每个集合中块长是相等的,并把它们链接在一起。当申请 m 个长度为 n 的块时,就到块长为 n 或稍大于 n 的集合中去查找可利用块。如果该集合中有 m 个这样的块,则满足申请要求;如果不够 m 块,则从块长较大集合中取一块或多块,并把它们都分为相等的两块(称为双胞块),然后再进行分配。

这种技术除了可以减少搜索时间外,还有一个优点是把两小块合并为较大块比较容易实现。其缺点是会使内部碎片增加,因为分配的块可能大于所申请的长度。另外,外部碎片也可能增加。因为,虽然两块是毗邻的,但由于它们不是双胞块,所以不能合并。尽管这样,这种技术还是比前两种技术更为有效。

8.3.2 堆空间的释放与无用单元收集

1)堆空间的释放

在程序设计语言中有堆空间的释放语句,像 Pascal 中的 dispose(P),PL/1 中的 free 等语句都是释放语句。这些语句是将指针变量 P 所指的存储块退回到可利用表中。最简单的处理办法是将释放块作为新块插入到可利用表的链首位置。但这种回收策略有个缺点,就是在程序运行一段时间后,可利用表中将含有大量小块,分配程序的搜索时间将变得过分冗长,而且有不能满足用户申请要求的危险。一种较好的解决办法是将两个连续的小块合并成一大块。对新释放的块,按存储地址大小在可利用表中检查是否有与它是相邻关系的块,若有就将它们合并成一大块,否则仅按地址大小插入到适当位置。为实现此操作,可利用表必须按块的地址顺序组织,以便搜索和插入。

在 Pascal 中,堆空间是全局量。设 P 是某过程内的局部变量,执行 new(P)以后,在堆中为 P 分配一块空间,如果在退出该过程前没有把 P 空间释放掉(这不算语法错或语义错),那么在退出该过程后 P 所指的空间既没有用但又不能再分配给其他用户,造成资源浪费,并经常导致死机。

为了克服这个问题,有些语言的编译程序提供堆管理程序,对无用单元进行收集。

2)无用单元收集(garbage collection)

无用单元收集程序一般是在堆的可利用空间几乎耗尽,以至于不能满足用户申请存储区要求,或者发现可利用空间已降至某个危险点时才执行。无用单元收集过程通常分为两个阶段:第一阶段称为作标记阶段,即对已分配的块查阅这一段时间内是否被访问过,若被访问过就作一标记;第二阶段是收集阶段,即把所有未加标记的存储块加入可利用表中,然后消除加过标记的那些存储块的标记,包括访问标记。这种方法可以防止死块的产生,因为加上标记的块不会被释放(表示它还在用),而没有加标记的块都会被释放到可利用表中。

这种无用单元收集技术存在一个缺点:它的开销(主要指收集时间)随可利用空间的下降而增加。解决这个问题的途径是在可利用空间降至某个数值时就调用收集程序,使得可利用空间总保持在较佳的状态。另外,在执行无用单元收集程序时必须中断用户程序的执行,要等到收集程序执行结束后再执行用户程序。所以,若频繁地执行收集程序,必然影响计算机的运算速度。因此,选择执行收集程序的时刻必须合理。

上述的无用单元的收集只能收集死块单元(包括长期不用单元)和外部碎片,不能收集内部碎片。解决这个问题的方法是在收集的第一阶段,标记的对象不是以存储块为单位而是以存储单元为单位。第二阶段是既实行收集又进行内存大搬家,对每一使用块重新定位,将已用块归于一端,腾出另一端为可利用空间。这种操作可以收集所有无用单元。

Pascal 语言在运行时的数据区存储管理,采用将栈与堆安排在存储区两端,各自无关地向中间靠拢,如图 8.18 所示,其中 SP 为栈指针,NP 为堆指针。在运行时,当 SP 与 NP 相碰时表示存储空间用完,这时应调用无用单元收集程序。当收集后仍不满足存储区要求,就得向用户发出内存已尽的信息,同时停止用户程序的执行。Pascal 语言若没有使用可变数组,每个过程的数据区尺寸在编译时是知道的,然而过程调用深度却不易估计,而且 new(P)语句的使用也是动态变化的。因此,数据区是否够用,事先是无法估计的,NP 与 SP 的碰头也是难免的。这也说明了设置堆管理程序的重要性。

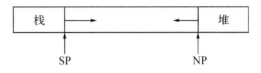

图 8.18　Pascal 的存储管理

习　题

8-1　设有 FORTRAN 说明语句:

REAL A,B,C,D

INTEGER E(5,5)

EQUIVALENCE(A,B,E(2,2)),(C,D,E(3,3))

试构造等价环,并求出相对位移量(设整型量占一个字编址,实型量占两个字编址)。

8-2　假设有如下一段 FORTRAN 的说明语句序列:

SUBROUTINE EXAMPLE (X,Y)

　　INTEGER A,B(20),C(10,15),D,E

　　COMPLEX F,G

　　COMMON/CBK/D,E,F

　　EQUIVALENCE (G,B(2)),(D,B(1))

请给出数据区 EXAMPLE 和 CBK 中各符号名的相对地址,其中 COMPLEX 为复型,占两个字编址。

8-3　出现在公用区中等价环元素的地址分配方法和非公用区中等价环元素的地址分配方法有什么不同? 为什么?

8-4　考虑运算量均为整数的简单算术表达式,给出确定这种表达式所需最少临时单元个数的算法。假定不许用代数规则变更表达式的计值顺序。例如,A+B*C 需要一个临时单元,(A+B)*(C+D)需要两个临时单元。

8-5　令 F(X,Y)是一个 FORTRAN 函数过程,写出过程调用 F(F(A+B,C)+D,E)的中间代码。

8-6　设下面是一段说明存储管理的例子,画出进入过程 THIRD,但未从 THIRD 返回时的数据区结构及详细内容。假定 MAIN,FIRST,SECOND,THIRD 过程的数据区首地址分别为 sp_0,sp_1,sp_2,sp_3。

```
program MAIN;
    var A,B,C:integer;
    procedure SECOND(var G,X:integer);
        var B,D:integer;
```

```
            E:array[1..X] of integer;
         procedure THIRD (var S,T:integer);
            var A:integer;
            ...
            end
            ...
         call THIRD (B,D);
         call THIRD (A+B,C+D);
            ...
         end
         procedure FIRST(var Y,Z:integer);
         var M,N:integer;
            ...
            M:=10;
            call SECOND (N,M);
            ...
      end
    call FIRST (C,A);
      end
```

8-7 给出8-6题例子中语句"call THIRD(A+B,C+D)"的中间代码形式(采用传地址方式,指令采用变址的存取指令如 LOAD R_1,D(X)和运算指令 OP R_1,R_2 或 op R,M 等)。

8-8 对于下面的程序段:

```
program A;
   var M,N:integer;
   procedure GCD(M,N):integer;
      begin
      if N>M then return(GCD(N,M))
         else if N=0 then return(M)
          else return (GCD(N,REM(M,N)));
      end;
   begin
     read (M,N);
     GCD(M,N)
   end
```

设 M=40,N=12,请列出运行时数据区变化情况。其中 GCD 表示求最大公约数,REM(M,N)表示 M 除以 N 后的余数(它是标准函数,不必构造数据区)。

8-9 试给出堆式已分配存储块的释放算法,将可释放块退回给可利用表,若它与可利用表中的块内存地址相连,要进行合并成大块的操作。

8-10 试比较各种堆管理技术的优缺点及其改进方法。另外试结合 Pascal 语言的特点,选择一种合适的堆管理技术,并给出运行时的存储管理算法。

9 代 码 优 化

代码优化的目的是提高目标代码的运行效率。所谓效率是指目标代码的运行时间较短，占有内存空间较少。代码优化实际上是对代码进行等价变换，由一组代码变成另一组代码。等价的含义是指两组代码运行结果完全相同。优化可以在三个级别上进行：源程序级、中间代码级和目标代码级。源程序级是指语言和算法，这不是本文讨论的范畴；中间代码级的优化是本章讨论内容；目标代码级的优化在很大程度上依赖于计算机的硬件，我们不准备详细讨论它，而是结合下一章的目标代码生成一起讨论。

中间代码级的优化是与计算机硬件无关的一类优化。优化种类很多，有些优化花的代价不大但效果明显；有的优化花的代价很大但效果甚小。这里所说的代价是指优化算法的复杂性，它包括编程的难易程度以及算法时间复杂性。优化程度与优化代价的关系可用图 9.1 表示。其中"手工水平"是指由人工通过汇编程序编制的软件，它的运行效率最高；而未经优化的由编译程序产生的代码，其效率要低得多。有些优化花的代价不大（见图 9.1 的开始阶段），但优化程度改善明显，而优化接近于人工水平时，优化的效果改善就不大了。

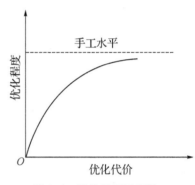

图 9.1 优化效果示意图

为了叙述方便，我们以后把四元式写成更直观的形式：

(op,B,C,A)	写成	A:=B op C
(jrop,B,C,L)	写成	if B rop C goto L
(j,−,−,L′)	写成	goto L′

本章中的优化是对四元式代码进行的，讨论的内容也适合于其他中间代码的优化。

9.1 优化概述

中间代码的优化可归结为三类优化：局部优化、循环优化和全局优化。

9.1.1 局部优化简介

局部优化是指对一段顺序执行语句序列的优化。考虑如下求圆环内外圆周之和及圆环正反两面面积之和的程序段：

    （1）P_i:=3.14；

    （2）A:=2 * P_i * (R+r)；

（3）B:＝A；

（4）B:＝2 * P_i * （R＋r）* （R－r）；

其式（3）"B:＝A"是一条多余指令，它是为后面讨论的需要而人为加上的。

通过语法制导翻译可生成图 9.2 所示的四元式中间代码程序段。对这个程序段，直观上可进行如下一些优化。

1）合并已知量

合并已知量是指在编译时已知运算对象都是常量，这时不必生成目标代码等到运行时才计算，而是直接对它计值，并用计值结果代替表达式的计算代码。图 9.2 中的式（2）与式（6）都有计算 2 * P_i 的算式，其中 P_i＝3.14，所以四元式（2）与（6）可直接写成 T_1:＝6.28，T_3:＝6.28。

2）删除公共子表达式

对于两个相同的表达式计算，若它的计算结果相同，则没有必要重复地生成两条运算指令。图 9.2 中的四元式（3）与（7）都有 R＋r 计算，在式（3）到式（7）之间没有改变 R 与 r 的值，显然两次计算结果是相等的。因此式（7）中的 R＋r 计算是多余的，可以把式（7）变换成 T_4:＝T_2。也就是说，相同的运算只需保留计算一次以供重复使用。

3）变量传播与无用赋值删除

通过上述两步优化后有 T_1＝T_3（:＝6.28），T_2＝T_4（:＝R＋r）。显然式（8）中引用 T_3 与引用 T_1 效果相同，引用 T_4 与引用 T_2 效果也相同，这称作变量传播。因此，式（8）可变换成 T_5:＝T_1 * T_2。这么一变换，程序中再也没有引用式（6）中的 T_3 和式（7）中的 T_4，这两式成了无用赋值，可以删除。

另外，式（5）对 B 赋值，式（10）重新对 B 赋值，前一赋值到后一赋值之间没有引用 B 的值，可以认为前一个对 B 的赋值是无用赋值，可以删除。

通过上述三个优化后，图 9.2 的四元式程序段可以等价变换成图 9.3 的形式。

（1）P_i:＝3.14

（2）T_1:＝2 * P_i

（3）T_2:＝R＋r

（4）A:＝T_1 * T_2

（5）B:＝A

（6）T_3:＝2 * P_i

（7）T_4:＝R＋r

（8）T_5:＝T_3 * T_4

（9）T_6:＝R－r

（10）B:＝T_5 * T_6

图 9.2　四元式程序段

（1）P_i:＝3.14

（2）T_1:＝6.28

（3）T_2:＝R＋r

（4）A:＝T_1 * T_2

（8）T_5:＝T_1 * T_2

（9）T_6:＝R－r

（10）B:＝T_5 * T_6

图 9.3　等价变换后的程序段

9.1.2　循环优化简介

循环是指程序中一段可重复执行的代码序列。

设有如下一段源程序：

```
j:＝1；
for i＝1 to 100 do
   A[i,j]:＝B[i,j]＋2
```

其中，数组说明为 A,B:array［1:100,1:10］of type，假定下标变量按一个字编址，根据 7.4.5 节 for 语句的第三种解释可翻译成图 9.4 的四元式代码序列。它分为三块程序段 B_1、B_2 和

B_3,每块内的代码都是按顺序执行的,其中 B_2、B_3 两块构成循环代码序列。由图可知,循环内的指令要执行 100 遍。若能对循环内的代码进行优化,譬如减少指令条数或将乘法运算变为加法运算,那么便能达到相当可观的优化效果。

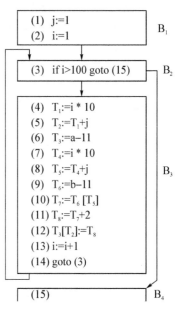

图 9.4 循环语句代码序列

下面讨论循环内常见的三种优化:循环不变运算外提、降低运算强度和变换循环控制变量。

1）循环不变运算外提（简称代码外提）

循环内不变运算每循环一次都得计算一遍,显然要无谓地浪费大量时间,若能将它提到循环外,让它只计算一次便可节省许多时间。图 9.4 中四元式(6)和(9),其运算对象一是数组首地址,一是常量,都是循环内不变量,每次循环其运算结果都相同。因此,可以将它们外提至循环入口结点之外（即前置结点）。

2）降低运算强度（简称强度减弱）

众所周知,乘法运算要比加法运算花的时间多好几倍,若能将乘法运算代化为加法运算,那么能节省很多运行时间。特别是在循环内的这种变换,其节省的运行时间是极其可观的。图 9.4 的四元式(4)"$T_1：=i*10$"与式(7)"$T_4：=i*10$"中都有 $i*10$ 运算,T_1 和 T_4 始终与 i 保持线性关系。i 经过一次循环增加 1,因此 T_1 与 T_4 每经过一次循环增加 10。我们可把循环中计算 T_1（T_4）的乘法运算变换成在循环入口前进行一次乘法运算（算初值）,而在循环中将它变换为自增加法运算并置于 i 的自增运算之后。这样,就把循环内的乘法运算变换成加法运算了。

3）变换循环控制变量并删除其自增赋值式

循环控制变量的作用有两个:一是用于控制循环的进行;二是用于计算其他变量的值。如果这两种作用都可以用某种办法加以替换,那么它的存在就没有意义,它的自增赋值式也可删除。

(1) 变换循环控制变量 i。

图 9.4 中式(4)"$T_1=i*10$",T_1 与 i 成线性关系（还有 T_4、T_2、T_5 也与 i 成线性关系）,用 T_1 来代替 i 同样可起到控制循环的作用。如果把式(3)"if $i>100$ goto(15)"变换成两条指令:

(3₁) $R：=10*100$ 　　/*R 是临时变量*/

(3₂) if $T_1>R$ goto(15)

并将式(3₁)置于前置结点中,则其效果是相等的。

(2) 在图 9.4 中通过强度减弱不存在用 i 计算其他变量的算式。如果存在,则将这些算式化为自增赋值形式。

经上述变换之后式(13)"$i：=i+1$"的自增赋值式可以删除。

通过上述的三种优化后图 9.4 的循环语句代码序列可等价地变换成图 9.5 的形式。其中

B_1 块是循环前唯一的前驱块,因此也就成了前置结点。

此外,考察图 9.5 中式(5)"T_2:=T_1+j"和式(8)"T_5:= T_4+j",在计算 T_2、T_5 时用到 T_1 和 T_4,若能把式(5)和式(8)化为自增赋值式,而 T_1 或 T_4 在循环中若没有其他用处,则计算 T_1 或 T_4 的代码也可以删除。

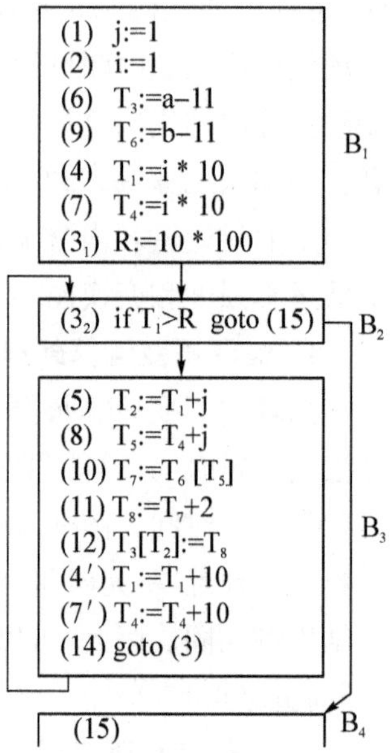

现以式(5)"T_2:=T_1+j"为例讨论化为自增赋值式的方法。

将式(5)的赋值式改为等式表示,对变量的前后两次赋值结果用该变量的不同上角标加以区别,即有:

$$T_2^{i+1}=T_1^{i+1}+j=T_1^i+10+j=T_2^i+10$$

因此式(5)变换为式(5′)"T_2:=T_2+10";同样,式(8)变换为式(8′)"T_5:=T_5+10"。将式(5)和式(8)在循环前置结点中计算一次,而把式(5′)和式(8′)置于 i 的自增赋值式之后。通过这种变换,可将图 9.5 化为图 9.6 的形式,虽然(5)式与(8)式的优化并没有提高效率,但它避免了使用其他变量计算该变量,若其他变量在循环中无其他用处,则它的定值式也可删除。

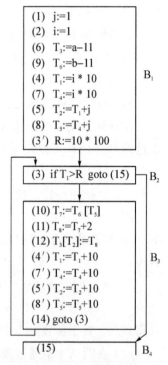

图 9.5　循环优化后的代码

9.1.3　全局优化简介

经循环优化后再做局部优化,即合并已知量、删除公共子表达式和变量传播等操作,图 9.6 的 B_1 块可变换成图 9.7 的形式,其中式(1)"j:=1"和式(2)"i:=1",i 和 j 在 B_1 块中都没有用处,若能知道在 B_1 的所有后继块中 i 和 j 也没有用处,则式(1)和式(2)可删除。另外,图中有 T_4=T_1 和 T_5=T_2,而且在图 9.6 中知道 B_3 块中将引用 T_1、T_4 和 T_2、T_5,若能知道 B_3 中引用 T_1、T_4 和 T_2、T_5 的值都是仅由 B_1 块中定值(赋值)所能到达的,则可采用变量传播技术。引用 T_4 的地方都用 T_1 取代,引用 T_5 的地方都仅由 T_2 取代,这样有关 T_4、T_5 的所有运算代码都可删除。实际上,T_1 在 B_3 块中没有用到,循环控制可改用 T_2,则对 T_1 的赋值也可删去,包括(4)与(4′)两式。最后可得图 9.8 的形式。比较图 9.8 与图 9.4 可知,优化后的效率已成倍提高了。

全局优化还包括合并整个程序中的已知量,删除不同块内公共子表达式等。全局优化要对整个程序进行数据流分析,其算法相当复杂,而优化程度提高并不明显,因此本文不予详细讨论。

下面进一步讨论局部优化与循环优化问题,并给出实现算法,在讨论过程中还将介绍一些有关的数据流分析情况。

图 9.6　进一步循环优化

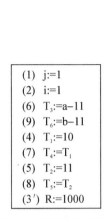

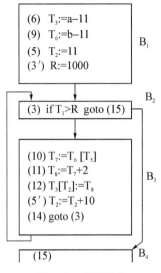

| 图 9.7 前置结点的优化 | 图 9.8 全局优化 |

9.2 局部优化

9.2.1 基本块

Gries 指出一个基本块是指程序中一段顺序执行的语句序列,其中只有一个入口和一个出口。入口就是其中第一个语句,出口就是其中最后一个语句。对一个基本块来说,执行时只能从其入口进入,从其出口退出。对一个给定的程序,可以把它划分为一个系列的基本块。在各个基本块范围内,分别进行优化。局限于基本块范围内的优化称为基本块内的优化,或称为局部优化。在介绍基本块内的优化之前,我们先给出划分四元式程序为基本块的算法,其步骤如下:

(1)求出四元式程序中各个基本块的入口语句,它们是以下三种情况之一:

①程序的第一个语句;

②能由条件转移语句或无条件转移语句转移到达的语句;

③紧跟在条件转移语句后面的语句。(若条件语句由真转移和假转移两条语句组成,则转移语句后面的语句是指假转移语句后面的一条语句。)

(2)对以上求出的每一入口语句,构造其所属的基本块。它是由该入口语句到下一入口语句(不包括该入口语句)或到一转移语句(包括转移语句)或到一停语句(包括该停语句)之间的语句序列组成的。

(3)凡未被纳入某一基本块中的语句,都是程序中控制流程无法到达的语句,从而也是不会被执行到的语句,可把它们从程序中删除。

例如,有一段求最大公因子的程序:

```
begin
    read X;
    read Y;
```

```
while(X mod Y<>0)do
    begin
    T:=X mod Y
      X:=Y;
      Y:=T
    end;
    write Y
end
```

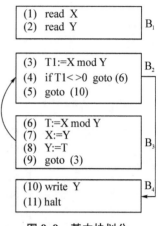

图 9.9　基本块划分

由语法制导翻译生成的四元式代码如图 9.9 所示。由划分
基本块算法步骤(1)的第一种情况可知,(1)式是入口语句;由算
法步骤(1)的第二种情况可知,(6)式、(10)式和(3)式也是入口语
句。由算法步骤(2)可知,(2)、(5)、(9)、(11)式是出口语句。因此,
图 9.9 的代码序列可划分成四个基本块:B_1、B_2、B_3 和 B_4。

从 9.1 节知道基本块内主要的优化只有三种:合并已知量、删除无用赋值以及删除公共子表
达式。

合并已知量和删除公共子表达式这两项工作是比较容易做到的,删除无用赋值就难一点,
因为孤立地考虑一个基本块常常不能确定一个赋值是否真是无用的。通常的无用赋值可分为
如下情形:

①对某变量 A 赋值后,该 A 值在程序中不被引用;

②对某变量 A 赋值后,在该 A 值被引用前又对 A 重新赋值,则前一次赋值为无用的;

③对某变量 A 进行自增赋值,如 A:=A+C,且该 A 值在程序中仅在此自增运算中被引用。

在一个基本块内,上述情形②的无用赋值容易删除。情形①和情形③两种无用赋值的删
除涉及整个程序,需进行全局分析。

9.2.2　基本块的 DAG 表示

基本块内的三种优化如何实现? 这里介绍一种优化算法,该算法使用无环路有向图(Di-
rected Acyclic Graph,简称 DAG)作为优化工具。

定义:(1) 若结点 n_i 有弧指向结点 n_j,则 n_i 是 n_j 的父结点,n_j 是 n_i 的子结点;

(2) 若 $n_1,n_2,\cdots,n_k$ 间存在有向弧 $n_1 \rightarrow n_2 \rightarrow \cdots \rightarrow n_k$,则称 n_1 到 n_k 之间存在一条通
路,若 $n_1=n_k$,则称该通路为环路;

(3) 若有向图中任一通路都不是环路,则称该图为无环路有向图。

按定义,图 9.10(a)为有环路有向图;图 9.10(b)为无环路有向图。

在这一节中要用到的有向图,是一种其结点带有下述标记或附加信息的 DAG:

(1) 图的叶结点(没有后继的结点)以一标识符(变量名)或常数作为标记,表示该结点代
表了该变量或常数的值。如果叶结点用来代表某变量 A 的地址,则用 addr(A)作为该结点的
标记,通常把叶结点上作为标记的标识符加上下标 0,以表示它是该变量的初值。

(2) 图的内部结点(有后继的结点)以一运算符作为标记,表示该结点应用该运算符对其
后继结点所代表的值进行运算的结果。

230

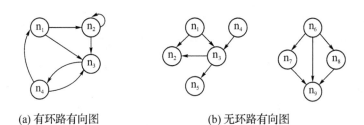

(a) 有环路有向图　　　　　(b) 无环路有向图

图 9.10　有向图

（3）图中各个结点上可能附加一个或多个标识符,表示这些标识符具有该结点所代表的值,简称附标。

一个基本块可用一个 DAG 来表示。图 9.11 列出各种四元式相对应的 DAG 结点形式（图中有向边皆省去箭头）。图中,各结点圆圈中 n_i 是构造 DAG 过程中给予各结点的编号,各结点下面的符号(运算符、标识符或常数)是各结点的标记,各结点右边的标识符是结点上的附标,除了对应于转移语句的结点右边可附加一个语句序号(s)以指示转移的目标外,其余各类结点的右边只允许加附标。此外,除了对数组元素赋值的结点(标记为[ ]＝)有三个后继外,其余结点最多只有两个后继。

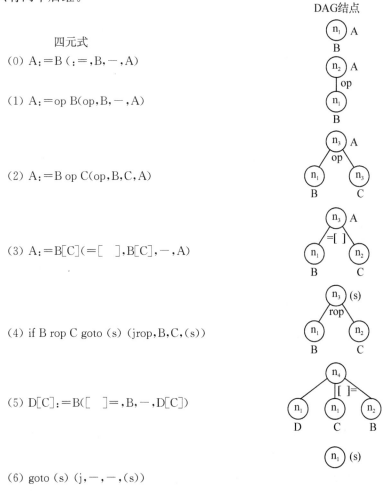

图 9.11　四元式与 DAG 结点

把图中各种形式的四元式按其对应结点的后继个数分成四种类型:四元式(0)称为 0 型;四元式(1)称为 1 型;四元式(2),(3),(4)称为 2 型;四元式(5)称为 3 型。因为对数组元素赋值的情况需特殊考虑,所以算法暂不讨论它。四元式(6)的"goto(s)",因其结点孤立且构造简单,算法也不涉及它。

在构造基本块的 DAG 的算法前,先给出 DAG 结点的数据表示法。假设 DAG 各结点建立三项信息:(1) 标记,叶结点登记变量或常量的符号表入口地址,内部结点登记操作符;(2) 子结点分长子和次子,用链表连接;(3) 附标,填变量的符号表入口地址,多个附标可拉成链。此外,为了便于查阅结点表,还建立一张元表,用作登记四元式中除操作符外的其他三元的名称及其在结点表中的序号。

例:设有如下四元式序列:

A:=B+C
B:=2*A
D:=A

相应的 DAG 画作图 9.12。它的元表、结点表填写结果如图 9.13 所示,其中每个结点依次填标记、子结点和附标三种信息。

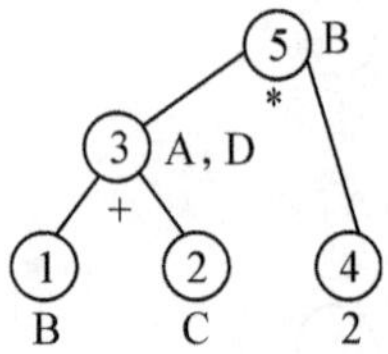

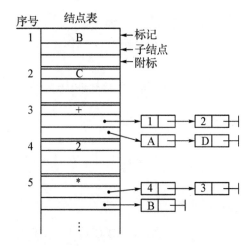

图 9.12　DAG 图

图 9.13　元表与结点表

建立基本块内的 DAG 算法实际上就是建立结点表算法。算法如下:

PROCEDURE DAG
　BEGIN　　/＊本算法仅考虑 0 型、1 型和 2 型＊/
　　　将元表与结点表置空;
　　　FOR　基本块内每个四元式依次　DO　　/＊四元式格式(OP,B,C,A)＊/
　　　BEGIN
　　　　　查元表中有无结点 node(B),若有返回该结点序号;否则建立一个标记为 B 的结点,返回该结点序号;
　　　　　CASE　四元式类型　OF
　　　　　0 型:

232

1 型:IF node (B). 标记＝常量/＊叶＊/THEN {执行 OP B ／＊合并已知
量＊/操作,并得值 P,若 node (B)是当前四元式建立的,则删去。
查有无 node (P)结点,有则返回结点序号,否则建立 node (P)结点
并返回其序号}

ELSE {查结点是否有一结点,其后继为 node (B),标记为 OP ／＊找公共
子表达式＊/,若有则返回序号,若没有则建立该结点并返回序号};

2 型:查元表中有无结点 node (C),若没有则建立并返回该结点序号,若有
则返回结点序号;

IF(node (B). 标记＝常量) AND (node (C). 标记＝常量) THEN
{执行 B OP C 操作,并得值 P。若 node (B)或 node (C)是当前四
元式建立的则删除。查有无 node (P),没有则建立并返回序号,
有仅返回序号}

ELSE {查结点是否有一结点,其左后继为 node (B),右后继为 node (C),
标记为 OP。若没有则建立并返回序号,若有仅返回序号};

END OF CASE;

IF 元表中无 node (A)结点 THEN
{把 A 附加在当前结点上且填元表 node(A):＝n/＊A 作为当前结点 n 的附
标＊/}

ELSE {从 node(A)结点表的附标中删去 A(作为叶结点标记的 A 不删除),然后将
A 附加在当前结点上且修改元表 node(A):＝n(这里 node(A)不再指向作
为叶结点的 A 上)}

END;

END;

在本算法中,建立结点是指填写结点表和元表;删除结点是指从结点表和元表中删去相
应项。

例:试构造图 9.2 中四元式程序段的 DAG。这里重写图 9.2 的四元式序列如下(将 P_i 改
为用 T_0 表示):

G: (1) T_0:＝3.14

(2) T_1:＝2＊T_0

(3) T_2:＝R＋r

(4) A:＝T_1＊T_2

(5) B:＝A

(6) T_3:＝2＊T_0

(7) T_4:＝R＋r

(8) T_5:＝T_3＊T_4

(9) T_6:＝R－r

(10) B:＝T_5＊T_6

依照算法基本块内的四元式可填写元表与结点表如图 9.14 所示。

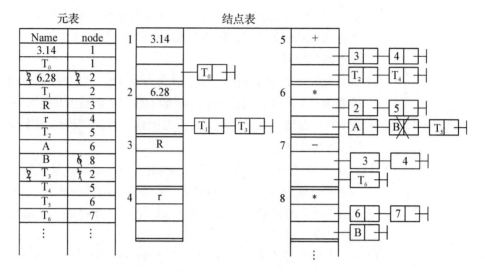

图 9.14　基本块 G 的元表与结点表

画成相应的 DAG 图如图 9.15(a)所示。

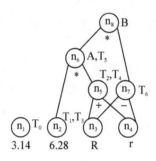

图 9.15(a)　图 9.2 中四元式序列的 DAG 图

9.2.3　DAG 在基本块优化中的作用

根据 DAG 构造算法可看到 DAG 图能做到如下三种优化：

（1）对任何一个四元式，如果其中参与运算的对象都是编译时的已知量，那么合并已知量，并用合并后算出的常量生成一个叶结点。若参与运算的已知量的叶结点是当前四元式建立的结点，则可删掉。

（2）如果某变量被赋值之后，随即又被重新赋值，那么算法具有删除对变量的前一个赋值的功能（即删除该变量的前一个附标）。

（3）算法还具有检查公共子表达式的作用，对具有公共子表达式的所有四元式，它只产生一个计算该表达式值的内部结点，而把那些被赋值的变量附加到该结点上。

利用 DAG 图可以还原成四元式序列。下面给出还原成四元式的方法，依照结点表中的序号顺序执行：

（1）若为叶结点，无附标，则不生成四元式；

234

（2）若为叶结点，标记为 B，附标为 A，则生成四元式 A：=B；

（3）若为中间结点，有附标，则根据其标记 op 相应生成：

$$A：=B \text{ op } C \qquad A：=\text{op } B \qquad A：=B[C] \text{ 或 if } B \text{ rop } C \text{ goto}(s)$$

（4）若为中间结点，无附标，则为此结点添加一个局部于基本块的临时附标 S_A，然后转步骤（3）生成相应的四元式；

（5）若结点有多个附标 $A_1, A_2, \cdots, A_n$，则分两种情况考虑：

①若结点是叶结点，标记为 B，则生成 $A_1：=B, A_2：=B, \cdots, A_n：=B$；

②若结点为内部结点，则除第一附标 A_1 外，其他附标生成 $A_2：= A_1, A_3：= A_1, \cdots, A_n：= A_1$。

根据上述方式把图 9.15(a) 的 DAG 重新写成四元式，则可得到以下四元式序列 G′：

（1）$T_0：=3.14$

（2）$T_1：=6.28$

（3）$T_3：=6.28$

（4）$T_2：=R+r$

（5）$T_4：=T_2$

（6）$A：=6.28 * T_2$

（7）$T_5：=A$

（8）$T_6：=R-r$

（9）$B：=A * T_6$

把 G′ 和原基本块 G 相比较，可看到：G 中四元式（2）和（6）都是已知量的运算，G′ 已合并；G 中四元式（5）是 9.2.1 节所指出的第二种情况的无用赋值，G′ 已把它删除；G 中四元式（3）和（7）的 R+r 是公共子表达式，G′ 只对它们计算一次，删除了多余的 R+r 运算。所以，G′ 是对 G 实现上述三种优化的结果。

除了应用 DAG 进行上述的优化外，还可从基本块的 DAG 中得到一些其他的优化信息。这些信息是：在基本块外被定值并在基本块内被引用的所有标识符，就是作为叶结点标记的那些标识符；在基本块内被定值且该值能在基本块后面被引用的所有标识符，就是 DAG 各结点上的那些附标。

利用上述这些信息，还可进一步删除四元式序列中其他情况的无用赋值，但这时必须涉及有关变量在基本块后面被引用的情况。例如，如果 DAG 中某结点上附加的标识符在该基本块后面不会被引用，那么就不生成对该标识符赋值的四元式。又如，如果某结点上不附有任何标识符或者其上附加的标识符在基本块后面不会被引用，而且它也没有父结点，这就意味着基本块内和基本块后面都不会引用该结点的值，那么就不生成计算该结点的值的四元式。这样，就删除了 9.2.1 节中所指出的第一种和第三种情况的无用赋值，不仅如此，如果有两个相邻的四元式"A：=C op D"和"B：=A"，其中第一个四元式计算出来的 A 值只在第二个四元式中被引用，则把相应结点重写成四元式时，原来的两个四元式将变换成"B：=C op D"。

现在假设前例中 $T_0, T_1, T_2, T_3, T_4, T_5$ 和 T_6 在基本块后面都不会被引用，于是图 9.15(a) 中 DAG 就可重写为如下四元式序列：

(1) $S_1 := R+r$

(2) $A := 6.28 * S_1$

(3) $S_2 := R-r$

(4) $B := A * S_2$

其中，没有生成对 $T_0 \sim T_6$ 赋值的四元式，S_1 和 S_2 是用来存放中间结果值的临时变量，由该序列可见，它比图 9.3 优化得更彻底。画成 DAG 见图 9.15(b)。

以上把 DAG 重写成四元式时，是按照原来构造 DAG 结点的顺序（即 n_5，n_6，n_7，n_8）依次进行的。实际上，还可采用其他顺序，只要遵守任一内部结点在其子结点之后被重写并且转移语句（如果有的话）仍然是基本块的最后一个语句即可。这里值得指出的是，可按照 n_7，n_5，n_6 和 n_8 的顺序把 DAG 重写为如下四元式序列：

(1) $S_1 := R-r$

(2) $S_2 := R+r$

(3) $A := 6.28 * S_2$

(4) $B := A * S_1$

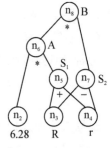

图 9.15(b) 图 9.2 中四元式序列的 DAG 图

第 10 章介绍目标代码生成时将会看到，按照后一顺序重写出的四元式序列（即所谓启发式排序）所生成的目标代码要比前者好。那时还要介绍如何重排 DAG 的结点顺序，使得重写出的四元式序列能生成更有效的目标代码。

9.2.4 DAG 构造算法讨论

1) 结点或标识符的注销

基本块内某些结点的值可能被隐式赋值所改变。在 9.2.2 节的 DAG 构造算法中，没有考虑对数组元素的赋值、间接赋值以及两个或两个以上变量共享同一单元（如等价变量、公用变量）等隐式赋值情况。如果出现这些隐式赋值，DAG 构造算法该如何修改？

我们认为，若出现上述这些隐式赋值，与这些赋值有关的变量的结点将不再被选作公共子表达式使用，不能在这些结点上增加附标，也就是说这些结点被注销了。所谓注销意味着该结点不能再附加标识符或者不能再被引用，而原来在该结点上的附标与对该结点的引用仍然有效。

(1) 对数组元素的赋值。

例：考察源程序段：

(1) $X := A[i]$

(2) $B := X+2$

(3) $A[j] := Y$

(4) $Z := A[i]$

执行此语句序列后，$X=Z$？回答是：若 $i=j$ 且 $Y \neq$ (1)式中的 $A[i]$ 则 $X \neq Z$，否则 $X=Z$。但在 DAG 构造算法中并没有考察下标值与下标变量值，只能从最坏情况考虑，认为 $X \neq Z$，即 X 与 Z 不能作为同一结点上的附标，而应为 Z 重新构造一个结点。其具体构造 DAG 的过程如下：

由源程序段生成的四元式序列是：

  (1) $S_1 := addr(A) - 1$ / * $addr(A)$为数组 A 的内存首地址 * /

  (2) $X := S_1[i]$

  (3) $B := X + 2$

  (4) $S_2 := addr(A) - 1$

  (5) $S_2[j] := Y$

  (6) $S_3 := addr(A) - 1$

  (7) $Z := S_3[i]$

其中(5)式是对数组元素 $A[j]$赋值，它可能改变数组元素 $A[i]$的值，所以(2)式结点上不能再增加附标（即它已被注销），画出的 DAG 如图 9.16 所示。

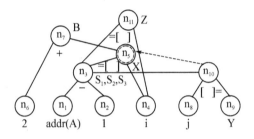

图 9.16 对数组隐式赋值的 DAG

  具体构造 DAG 算法中凡遇到对数组元素赋值的四元式（如(5)式）时，可把与该数组首地址（$addr(A)$）相关的祖先结点标记为"$=[\quad]$"者都予以注销（即做一个记号），上图由虚线箭头指向的结点 n_5 就是被注销结点。这就意味着 n_5 结点再也不能加附标也不再被引用，而原先它作为 $node(B)(n_7)$结点的子结点仍有效。这样，(7)式对变量 Z 的赋值不能在 n_5 结点上加附标，要重新构造结点 n_{11}。

  由图 9.16 的 DAG 还原成四元式序列如下：

  (1) $S_1 := addr(A) - 1$

  (2) $S_2 := S_1$

  (3) $S_3 := S_1$

  (4) $X := S_1[i]$

  (5) $B := 2 + X$

  (6) $S_1[j] := Y$

  (7) $Z := S_1[i]$

其中(2)、(3)式为无用赋值可以删除。

  (2) 共享单元的隐式赋值。

  设 X,Y 是等价变量（处于同一等价片中），当对 X 赋值时也改变了 Y 的值，于是 Y 不再等于 Y 结点的原先值。因此，$node(Y)$应予以注销。被注销的结点不再被引用，若要引用应重新构造一个以它为标记的叶结点。

  例：设 I,J 是等价变量，若有四元式程序段如下：

    $A := B - C$

    $J := A + D$

$$I_: = A * 2$$
$$C_: = J/2$$

那么构造出的 DAG 图如图 9.17 所示，当构造 n_7 结点后便注销 n_5 结点。若还原成四元式仍如原程序段序列。

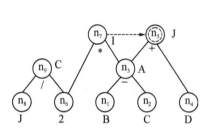

图 9.17　共享单元隐式赋值的 DAG

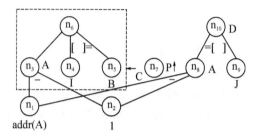

图 9.18　间接单元赋值的 DAG

（3）间接赋值。

$P\uparrow : = W$，其中 P 是指向某变量的地址，该语句是用来修改某变量的内容，若 P 不知指向哪一个变量（因为在 DAG 图构造时并没有查阅 P 的值），那么此赋值将注销所有标识符（包括叶结点上的标识符），只留下常量结点。把 DAG 中所有结点上的标识符都注销，意味着 DAG 中所有结点都被注销。

例：有一程序段：
$$A[I]: = B$$
$$P\uparrow : = C$$
$$D_: = A[J]$$

其中 P 可能指向任一变量，构造出的 DAG 如图 9.18 所示，其中虚线框内结点全被注销，因此在求变量不变地址 $A(=addr(A)-1)$ 时，还得构造一结点 n_8。

2）重写四元式要遵守的顺序

当存在隐式赋值时，隐式赋值是个界线，与隐式赋值相关的标识符在界线前的赋值和引用以及与界线后的赋值和引用顺序不能对调，也就是说对任何变量的引用或赋值都必须跟在原位于其前与其相关的隐式赋值之后；对任何隐式赋值必须跟在原位于其前与其相关的变量引用之后。

9.3　控制流程分析和循环查找算法

从 9.1.2 节的讨论知道循环优化的效率是很高的，进行代码优化时应着重考虑循环内的代码优化，这对提高目标代码的运行效率将起更大作用。为了进行循环优化，首先要找出程序中的循环。由程序语言的循环语句（如 FORTRAN 的 DO 语句，Pascal 的 FOR 语句等）形成的循环是不难找出的，然而程序中的循环还不仅来自它们，像 FORTRAN 和 Pascal 等语言中的条件转移语句和无条件转移语句，同样可以形成程序中的循环，且其结构可能更复杂。为了找出程序中的循环，需要对程序中的数据流程进行分析。控制流程分析，也是进行程序中的数据流程分析的基础，它们都是进行优化所需要的基础和工具。本节要应用程序的控制流程图对我们所要讨论的循环给出定义，并介绍怎样从程序的控制流程图中找出程序中的循环。

9.3.1 程序流图与必经结点集

定义:以基本块作为结点,控制程序流向作为有向弧,画出的图称程序流图。流图是具有唯一首结点的有向图。所谓首结点是指包含程序第一个语句的基本块。

例如可构造图 9.9 的程序流图,如图 9.19 所示。

从首结点出发沿着流图可以到达任何结点。

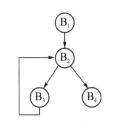

图 9.19　图 9.9 的程序流图

定义:若从首结点出发到达 n_j 的各条通路都必须经过结点 n_i,称 n_i 为 n_j 的必经结点,记作 n_i dom n_j(dom 是 dominate 的缩写)。n_j 的全部必经结点的集合称作 n_j 的必经结点集,记作 $D(n_j)$。

设有如图 9.20 所示的流图,各个结点的必经结点集如下:

$$D(1)=\{1\}$$
$$D(2)=\{1,2\}$$
$$D(3)=\{1,2,3\}$$
$$D(4)=\{1,2,4\}$$
$$D(5)=\{1,2,4,5\}$$
$$D(6)=\{1,2,4,6\}$$
$$D(7)=\{1,2,4,7\}$$

下面讨论求必经结点集的算法。设结点 n 的父结点是 P_1,P_2,…,P_k,则

$$D(n)=\bigcap_{P_i\in P(n)} D(P_i)\bigcup\{n\};$$ 其中 P_i 是 n 的父结点。

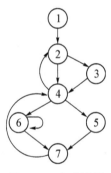

图 9.20　程序流图

具体实现时使用了迭代算法,这是数据流分析常用的一种方法。它比较两次迭代结果,如果两次结果相同,则迭代结束。下面给出具体算法。

设全部结点集合为 N,首结点为 n_0,算法如下:

```
PROCEDURE Dominators
    BEGIN
(1)        D(n₀)={n₀};
(2)        FOR n∈N-{n₀} DO D(n):=N;/* 置初值 */
(3)        CHANGE:=TRUE;
(4)        WHILE CHANGE DO          /* 完成若干次迭代 */
        BEGIN
(5)          CHANGE:=FALSE;
(6)          FOR n∈N-{n₀} DO         /* 完成一次迭代 */
                BEGIN
(7)                NEWD:={n} ∪ ∩D(P);
                           P∈P(n)
(8)                IF D(n)≠NEWD THEN
```

| (9) | CHANGE:=TRUE; |
| (10) | D(n):=NEWD |

$$\quad\quad\quad\quad\quad\text{END}$$
$$\quad\quad\quad\text{END}$$
$$\quad\quad\text{END}$$

此算法的缺点是没有规定计算结点的顺序,若顺序选得不好,可能造成效率很低。譬如,图 9.20 所示的流图,若按 7,6,5,4,3,2 的顺序计算 dom,第一次迭代:

$$D(7)=\{7\}\bigcup D(6)\bigcap D(5)=\{1,2,3,\cdots,7\}=N$$
$$D(6)=\{6\}\bigcup D(4)=\{6\}\bigcup\{1,2,3,\cdots,7\}=N$$
$$\cdots$$
$$D(2)=\{2\}\bigcup D(1)=\{2\}\bigcup\{1\}=\{1,2\}$$

第二次迭代:
$$\cdots$$
$$D(3)=\{3\}\bigcup D(2)=\{3\}\bigcup\{1,2\}=\{1,2,3\}$$

则需 7 次迭代才能计算完成。

若按 2,3,4,5,6,7 的顺序计算 dom,只需两次迭代,第一次计算各结点的 dom,第二次计算的结果与第一次相同,算法结束。

可见将流图中各结点排个序很重要。这个序称作深度为主排序。

9.3.2 深度为主排序

深度为主排序的算法是对给定流图,从首结点出发沿着某条路径尽量前进,直至访问不到新结点时才退回到其前驱结点。然后再由前驱结点沿着另一通路(如果存在的话)尽量前进,直到又访问不到新结点时才再退回到其前驱结点,此过程一直进行到退回到首结点且再也访问不到新结点为止。我们把这种尽量往通路深处访问新结点的过程称为深度为主查找(类似于前序遍历)。如果按深度为主查找中所经过结点序列的逆序依次给各结点排上一个次序,则称这个次序为结点的深度为主次序。

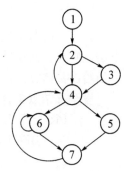

图 9.16 的流图重画如右图所示,求它的深度为主次序。因为算法并没规定按什么路径查找,所以按不同路径查找可能获得不同的排序结果。下面任举两个路径:

(1) 深度为主查找:1　2　4　6　7　6　4　5　4　2　3　2　1
　　深度为主排序:　　　　　　　⑦　⑥　　　⑤　④　　　③　②　①

(2) 深度为主查找:1　2　3　4　5　7　5　4　6　4　3　2　1
　　深度为主排序:　　　　　　　⑦　⑥　　　⑤　④　③　②　①

第一种搜索路径获得的排序结果与结点序号相同,这仅仅是一种巧合;第二种搜索路径获得的排序结果与结点序号略有不同,但两种都是深度为主排序,随便用哪一种排序来计算必经结点集都能获得较佳结果。

9.3.3 查找循环算法

下面要应用必经结点集来求出流图中的回边,利用回边来找出流图中的循环。首先给出回边的定义。

定义:设 a→b 是流图中一条有向边,若 b dom a,则称 a→b 是流图中的一条回边。

例:求出图 9.20 所示流图的所有回边。

解:根据 9.3.1 节对图 9.20 求必经结点集的结果:D(6)={1,2,4,6},D(7)={1,2,4,7},D(4)={1,2,4},有:6 dom 6,4 dom 7 和 2 dom 4。按定义 6→6,7→4,4→2 都是流图的回边,而其他有向边都不是回边。

再看如下流图。2 不是 3 的必经结点,所以 3→2 不是回边;3 也不是 2 的必经结点,故 2→3 也不是回边,所以这个流图没有回边。

每一条回边构成一个循环(可能两条不同回边构成相同循环)。设 n→d 是回边,则该回边构成的循环包括下列结点:n,d 以及不经过 d 能到达 n 的所有结点。仍以图 9.20 为例求出各回边对应的循环结点:

回边 4→2   循环={4,2,3,7,5,6}

回边 7→4   循环={7,4,5,6}

回边 6→6   循环={6}

查找循环的算法:

(1) 找出回边 n→d;

(2) 则 n,d 必定属于 n→d 回边组成的循环 L 中,即 L:={n,d};

(3) 若 n≠d 且 n 的父结点 n′不在 L 中,则将它添入 L 中,即 L:=L∪{n′};

(4) 对步骤(3)求出的父结点 n 重复执行步骤(3),直至不再有新结点加入 L 为止。

定理:对于循环必定满足强连通,而且有唯一入口点。

所谓强连通是指循环中任意两个结点间都有通路,单结点循环有一弧指向自身。强连通保证了循环内各结点的代码都可反复执行。唯一入口点是指要到达循环内任意结点必须经过这个入口点。比如 n→d 是回边,则 d 是唯一入口点。唯一入口点保证了循环优化时,将代码外提到唯一入口点前的前置结点中。

9.4 数据流分析

从 9.1 节的介绍可知,为进行局部优化、循环优化和全局优化,需要分析程序中所有变量的定值(指对变量的赋值或输入值)和引用之间的关系、基本块出口的活跃变量信息等。这就要求对整个程序进行全局数据流分析。这一节我们要介绍两个数据流的分析,先介绍变量到达-定值数据流方程和变量引用-定值链,然后介绍活跃变量数据流方程,求得各基本块出口处活跃变量集。

9.4.1 到达-定值数据流方程

在介绍数据流方程及其解之前,先介绍四个有关名词的概念:

(1) 点:指程序中某一四元式的位置(序号或地址);

(2) 定值点:对某变量赋值或输入值的四元式的位置;

(3) 引用点:引用某变量的四元式位置;

(4) 变量 A 的到达与定值:若 d 点是变量 A 的一个定值点,u 点是 A 的一个引用点,存在一条从 d 到 u 的通路,且在此通路上没有对 A 的其他定值点,则称 d 点对 A 的定值能达到 u 点。假定在程序中某点 u 引用了变量 A,则把能到达 u 的 A 的所有定值点的全体称为 A 在引用点 u 的引用-定值链(简称 ud 链)。

为了求得到达基本块 B 中点 P 的各个变量的定值点集合,首先必须求得能到达基本块 B 入口点的各个变量的定值点集合,用 IN[B]表示。这样,在求到达基本块 B 中某点 P 的变量 A 的定值点集合时,可用下述方法求得:

(1) 如果 B 中 P 的前面有 A 的定值点,则到达 P 的 A 的定值点是唯一的,它就是与 P 最靠近的那个 A 的定值点;

(2) 如果 B 中 P 的前面没有 A 的定值点,则到达 P 的 A 的所有定值点就是 IN[B]中关于 A 的那些定值点。

若要求 IN[B],需要求解到达-定值数据流方程。下面先引进与方程有关的另外三个定值点集合:

(1) OUT[B]:能到达基本块 B 出口点的各变量的全部定值点集合;

(2) GEN[B]:基本块 B 中定值并能到达 B 出口点的所有定值点集合;

(3) KILL[B]:因 B 中定值而注销的所有与它相关的变量的定值点集合。

对于任何一个基本块,这四个集合显然存在下面的关系:

$$\begin{cases} OUT[B] = IN[B] - KILL[B] \cup GEN[B] \\ IN[B] = \bigcup_{P \in P[B]} OUT[P] \end{cases} \tag{9.1}$$

其中,P[B]代表 B 的所有前驱基本块集合。由于所有 KILL[B]和 GEN[B]可从给定的流图中直接求出,所以(9.1)式是变量 IN[B]和 OUT[B]的线性联立方程组,称之为到达-定值数据流方程。

流图中若有 n 个基本块,则此方程共有 2n 个。其中 GEN[B]就是基本块内 DAG 图上的附标,由这些附标可查得定值点的集合;KILL[B]指若 A_i 在本块内定值,就将所有 A_i 定值点(除本定值点外)都注销。由于 GEN[B]和 KILL[B]为已知量,所以可求得 IN[B]与 OUT[B]。

我们采用迭代方法求解此联立方程组。比较形式化的算法如下:

```
PROCEDURE Reading-Definitions
    BEGIN
(1)         FOR i:=1 TO n DO
```

(2)　　　　　BEGIN IN[B_i]:=∅;

(3)　　　　　　　OUT[B_i]:=GEN[B_i]　　/*对 n 个基本块置初值*/

　　　　　END;

(4)　　　　CHANGE:=TRUE;　　/*循环控制标志初值置为真*/

(5)　　　　WHILE CHANGE DO

　　　　　BEGIN

(6)　　　　　CHANGE:=FALSE;

(7)　　　　　FOR i:=1 TO n DO　　/*对于每个基本块都做一遍*/

　　　　　　BEGIN

(8)　　　　　　NEWIN:= $\bigcup\limits_{P\in P[B_i]}$ OUT[P];

(9)　　　　　　IF NEWIN≠IN[B_i] THEN

　　　　　　　BEGIN

(10)　　　　　　　CHANGE:=TURE;

(11)　　　　　　　IN[B_i]:=NEWIN;

(12)　　　　　　　OUT[B_i]:=IN[B_i]−KILL[B_i]∪GEN[B_i]

　　　　　　END

　　　　　END

　　　　END

　　END

其中第(7)～(12)行是迭代计算,对于这 n 个基本块究竟取什么顺序计算呢? 我们说,按深度为主排序的正序计算,其迭代的收敛比较快。

考察图 9.21 的流图。各四元式左边的 d 分别代表该四元式的位置。为了简化数据结构,使用 n 位(n 为四元式条数)向量表示四元式位置。根据流图,首先求出每一块的 GEN[B_i]和 KILL[B_i],如表 9.1 所示。

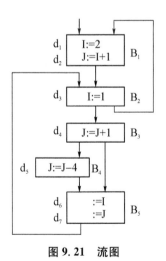

图 9.21　流图

表 9.1　列出 GEN 与 KILL

基本块	GEN[B]	位向量	KILL[B]	位向量
B_1	{d_1,d_2}	1100000	{d_3,d_4,d_5}	0011100
B_2	{d_3}	0010000	{d_1}	1000000
B_3	{d_4}	0001000	{d_2,d_5}	0100100
B_4	{d_5}	0000100	{d_2,d_4}	0101000
B_5	{ }	0000000	{ }	0000000

按深度为主次序求得 B_1,B_2,B_3,B_4,B_5。按迭代算法执行迭代过程如下:

初值:IN[B_1]=IN[B_2]=⋯=IN[B_5]=0000000

OUT[B_1]=1100000,OUT[B_2]=0010000,⋯,OUT[B_5]=0000000

第一次迭代结果：

	IN[B$_i$]	OUT[B$_i$]
B$_1$	0010000	1100000
B$_2$	1100000	0110000
B$_3$	0110000	0011000
B$_4$	0011000	0010100
B$_5$	0011100	0011100

第二至第四次迭代结果如下表所示。

基本块	第二次迭代		第三次迭代		第四次迭代	
	IN[B]	OUT[B]	IN[B]	OUT[B]	IN[B]	OUT[B]
B$_1$	0110000	1100000	0111100	1100000	0111100	1100000
B$_2$	1111100	0111100	1111100	0111100	1111100	0111100
B$_3$	0111100	0011000	0111100	0011000	0111100	0011000
B$_4$	0011000	0010100	0011000	0010100	0011000	0010100
B$_5$	0011100	0011100	0011100	0011100	0011100	0011100

由上表可知第四次迭代结果与第三次迭代结果相同，迭代结束，它们就是所求结果值。

9.4.2　引用-定值链（ud 链）

到达基本块内某点 u 的变量 A 的定值点集合称变量 A 在 u 点的 ud 链。它的构成规则是：

（1）在基本块 B 中，变量 A 在引用点 u 前有定值点 d，并且 d 点的定值能到达 u，那么 A 在 u 点的 ud 链＝{d}；

（2）如在基本块 B 中，在 u 点之前没有对 A 的定值点，则变量 A 在 u 点的 ud 链＝{IN[B] 中有关 A 的集合}。

这里的"链"是指将集合中各定值点连在一起构成链，以便于检索。

例如，在图 9.21 的 B$_4$ 中，J 的引用点在 d$_5$，则有关 J 的定值点 ud 链＝{d$_4$}；B$_5$ 中 J 的引用点在 d$_7$，则有关 J 的定值点 ud 链＝{d$_4$,d$_5$}……

9.4.3　活跃变量及数据流方程

什么叫活跃变量（Live Variable）？

程序中某变量 A 和某点 P，存在一条从 P 开始的路径，在该路径上 A 在定值前被引用或仅有引用，则称 A 在 P 点是活跃的变量。

对基本块而言，若能求得哪些变量在出口点是活跃的，哪些是不活跃的，那么它将为块内

244

优化提供很有用的信息。如,在 DAG 中那些基本块出口为不活跃的变量的附标可删除,在循环优化中也为循环代码外提提供有用信息等。

要求基本块出口点活跃变量集 L·OUT[B],需要先列出活跃变量数据流方程。下面先列出几个与活跃变量数据流方程有关的集合:

(1) L·IN[B]:块 B 入口点活跃变量集合;

(2) L·OUT[B]:块 B 出口点活跃变量集合;

(3) L·USE[B]:块 B 中引用的,但引用前未曾在 B 中定值的变量集(即 DAG 中叶结点的标识符);

(4) L·DEF[B]:基本块 B 内定值的,但在定值前未曾在 B 中引用过的变量集。

显然,L·USE[B]和 L·DEF[B]在各基本块内可直接求得。这四个集合存在如下关系:

$$\begin{cases} L \cdot IN[B] = L \cdot OUT[B] - L \cdot DEF[B] \cup L \cdot USE[B] \\ L \cdot OUT[B] = \bigcup_{S \in S[B]} L \cdot IN[S] \end{cases} \tag{9.2}$$

其中 S[B]代表 B 的后继基本块集合。所以式(9.2)是变量 L·IN[B]和 L·OUT[B]的线性联立方程组,称之为活跃变量数据流方程。假定数据流有 n 个基本块,则此方程有 2n 个。

活跃变量数据流方程的求解算法仍然采用迭代算法。由式(9.2)可知,它采用深度为主排序的逆序计算,算法收敛比较快。算法如下:

```
PROCEDURE Live-Variables
    BEGIN
        FOR i:=1 TO n DO IN[Bᵢ]:=∅;      /＊置初值＊/
        CHANGE:=TRUE;
        WHILE CHANGE DO
        BEGIN
            CHANGE:=FALSE;
            FOR i:=N TO 1 BY -1 DO
                BEGIN
                    OUT[Bᵢ]:= ∪ IN[S];
                         S∈S[Bᵢ]
                    NEWIN:=OUT[Bᵢ]-DEF[Bᵢ]∪USE[Bᵢ];
                    IF IN[Bᵢ]≠NEWIN THEN
                        BEGIN
                            CHANGE:=TRUE;
                            IN[Bᵢ]:=NEWIN
                        END
                END
        END
    END
```

重画图 9.21 所示流图为图 9.22 的形式,对图 9.22 所示流图,由算法可求得各个基本块出口处的活跃变量集合。

先计算各基本块的 L·DEF[B] 和 L·USE[B]。

基本块	DEF	USE
B_1	I,J	
B_2	I	
B_3		J
B_4		J
B_5		I,J

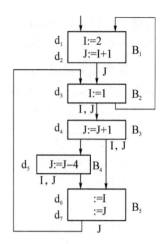

图 9.22 流图

置初值:L·IN[B_1]=L·IN[B_2]=$\cdots$=L·IN[B_5]=$\varnothing$。

按算法迭代过程可求得三次迭代结果如下:

基本块	第一次迭代		第二次迭代		第三次迭代	
	OUT	IN	OUT	IN	OUT	IN
B_5		I,J	J	I,J	J	I,J
B_4	I,J	I,J	I,J	I,J	I,J	I,J
B_3	I,J	I,J	I,J	I,J	I,J	I,J
B_2	I,J	J	I,J	J	I,J	J
B_1		J		J		J

因为第三次迭代与第二次迭代结果相同,所以它就是所求的解,其中 OUT[B_i]已标注在图 9.22 中。根据求得的 OUT[B]的活跃变量集,可以用来指导循环优化和生成目标代码。

9.5 循环优化

9.1 节从例子出发已介绍了循环优化的基本概念,本节从一般意义上讨论循环优化问题,并给出优化算法。

9.5.1 代码外提

定义:形如(s)A:=B op C 的四元式若
(1) B,C 为常量;
(2) 到达(s)点的 B,C 定值点都在循环外(查 ud 链可知);
(3) 到达(s)点的 B,C 定值点虽在循环内,但只有一个定值点且已被标为循环不变运算,则(s)为循环不变运算,A,B,C 为循环不变量。

循环不变运算不论循环执行多少次都始终保持不变,因而有可能外提到循环外,以便提高目标代码的运行速度。

实行代码外提时,在循环入口结点前面建立一个新结点(基本块),称为循环的前置结点。循环前置结点以循环入口结点为其唯一后继,原来流图中从循环外引到循环入口结点的有向边改成引到循环前置结点,如右图所示。

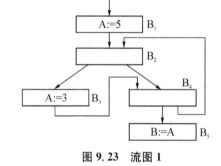

因为我们考虑的循环结构,其入口结点是唯一的,所以前置结点也是唯一的。循环中外提的代码将统统外提到前置结点中。

是否在任何情况下,都可把循环不变运算外提呢? 不一定,外提条件是:

(1) 该不变运算所在结点(基本块)必须是循环出口结点的必经结点或者该不变运算所定值的变量在循环出口之后是不活跃的。

例如图 9.23 所示的流图 1,B_2,B_3,B_4 构成循环。B_3 中"A:=3"是循环不变运算,能否将它外提?

现假定程序的两次执行途径分别是:

$B_1 \rightarrow B_2 \rightarrow B_4 \rightarrow B_5 \rightarrow$ 出口后 B=5

和　　$B_1 \rightarrow B_2 \rightarrow B_3 \rightarrow B_4 \rightarrow B_5 \rightarrow$ 出口后 B=3

若将 B_3 中"A:=3"外提,那么按上述两条途径再次执行后 B 都等于 3。这说明外提后改变了运行结果。究其原因是 B_3 不是 B_4 的必经结点,而且 A 在出口是活跃的。

(2) 循环内不变运算所定值的变量只有唯一的一个定值点。

例如图 9.24 所示的流图 2,B_2,B_3,B_4 构成循环,在循环中变量 A 若有两个定值点,B_2 中的"A:=5"满足条件(1),能否外提?

设外提前流经途径是:

$B_1 \rightarrow B_2 \rightarrow B_3 \rightarrow B_4 \rightarrow B_2 \rightarrow B_4$,这时 B=5

外提后同样的流经途径:

$B_1 \rightarrow B_2 \rightarrow B_3 \rightarrow B_4 \rightarrow B_2 \rightarrow B_4$,这时 B=3

显然两次结果不同,原因是 A 有两个定值点。

图 9.23　流图 1

(3) 外提循环不变运算(s)A:=B op C 时循环内所有 A 的引用点必须而且仅是(s)所能到达的。

例如图 9.25 所示的流图 3,B_4 中的"A:=2"定值点满足前两个条件,它能否外提?

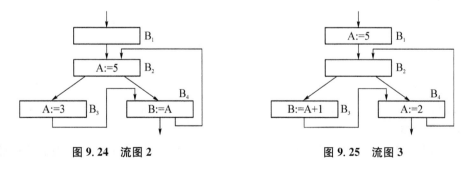

图 9.24　流图 2　　　　图 9.25　流图 3

设外提前流经途径是：

$$B_1 \rightarrow B_2 \rightarrow B_3, B = 6$$

外提后同样的流经途径：

$$B_1 \rightarrow B_2 \rightarrow B_3, B = 3$$

究其原因是 B_3 中引用的 A 值不仅 B_4 中 A 的定值可到达，B_1 中的 A 的定值也能到达。

根据以上讨论，下面介绍查找循环不变运算和代码外提的算法。假定已计算出每个变量在各引用点的引用-定值链，则查找循环 L 的不变运算的算法是：

(1) 依次查看 L 中各基本块的每个四元式，如果它的每个运算对象或为常数，或定值点在 L 外（根据 ud 链可知），则将此四元式标记为"不变运算"；

(2) 依次查看尚未被标记为"不变运算"的四元式，如果它的每个运算对象或为常数，或定值点在 L 之外，或只有一个到达-定值点且该点上的四元式已标记为"不变运算"，则把被查看的四元式标记为"不变运算"。

(3) 重复步骤(2)直至没有新的四元式被标记为"不变运算"为止。

以下是代码外提算法：

(1) 求出循环 L 的所有不变运算。

(2) 对步骤(1)所求得的每一不变运算(s)：A:=B op C 或 A:=op B 或 A:=B，检查它是否满足以下条件：

①(s)所在的结点是 L 的所有出口结点的必经结点，或变量 A 在离开 L 后不再活跃；

②A 在 L 中其他地方未再定值；

③L 中所有 A 的引用点只有(s)中 A 的定值才能到达。

(3) 按步骤(1)所找出的不变运算的顺序，依次把符合步骤(2)中条件的不变运算(s)外提到 L 的前置结点中。但是，如果(s)的运算对象(B 或 C)是在 L 中定值的，那么只有当这些定值四元式都已外提到前置结点中时，才可把该(s)也外提到前置结点中。

9.5.2　强度减弱与归纳变量删除

在 9.1.2 节介绍强度减弱时是与循环控制变量一起考虑的。实际上，程序中的循环不仅仅由循环控制变量所控制，而强度减弱也不仅仅是将乘法运算变为加法运算。我们这里讨论更一般的情况。

定义：循环中变量 I 只有唯一的形如(s)I:=I+C 的赋值，其中 C 为循环不变量，则称 I 为循环中基本归纳变量。如果变量 J 与基本归纳变量 I 可归化为线性关系 J:=C_1 * I+C_2，其中 C_1，C_2 为循环不变量，则称 J 是与 I 同族的归纳变量。

显然，循环控制变量是基本归纳变量的特例。

1) 强度减弱

因为归纳变量与基本归纳变量成线性关系，若能将归纳变量化为自增赋值运算，这就是一般意义的强度减弱。

设 I:=I+C，J:=C_1 * I$\pm$$C_2$，现将赋值式改用等式代替，两次循环结果用上角标加以区

分,则有:
$$J^{i+1}=C_1 * I^{i+1} \pm C_2 = C_1 * (I^i + C) \pm C_2 = C_1 I^i + C_1 C \pm C_2 = J^i + C_1 C$$
还原成赋值式表示为 $J:=J+C_1 C$。很明显,它把原线性运算化为自增赋值运算了。

2)删除归纳变量

基本归纳变量的用途是控制循环的进行以及用作计算归纳变量的值。后者已转化为自增赋值运算式,现在主要考虑如何变换循环控制变量。

设有归纳变量 $T_1:=C_1 * I + C_2$,它本身已化为自增赋值算式 $T_1:=T_1 + C_1 C$,现在如何将 if I rop Y goto(s) 变换成 if T_1 rop R goto(s) 呢? 这里主要问题是求出 R 值。由等价关系可知,R 的计算式应是 $R:=C_1 * Y + C_2$。也就是说,只要改变循环比较的终值,很容易实现这种替换。如果有多个归纳变量可供选择,那么选择哪个归纳变量代替循环控制变量呢? 显然,应该选择循环中用到的或循环出口为活跃的归纳变量。按此原则,在 9.1.2 节中选 T_1 不如选 T_2 好,因为 T_2 在循环中有用,而 T_1 没有用。如果选 T_2 作为循环控制变量,请读者自行修改图 9.5 循环优化后的代码。

至此,基本归纳变量 I 已没有用,可以删除 I 的自增赋值式。

下面给出强度减弱与删除归纳变量的算法:

(1)利用循环不变运算的信息,找出循环中基本归纳变量 X;

(2)找出所有归纳变量 A,并指出 A 与 X 的线性关系 $A:=C_1 X + C_2$。具体地说,在 L 中找出形如 $A:=B * C_1$,$A:=B/C_1$,$A:=B \pm C_1$ 等的四元式,其中 C_1 为循环不变量,B 或是基本归纳变量 X 本身,或是与 X 同族的归纳变量;

(3)强度减弱,将 L 中归纳变量的算式化为自增赋值算式,然后:

①在循环前置结点中按原式计算初值;

②将自增赋值算式置于 L 中原基本归纳变量自增赋值式之后。

(4)变换循环控制变量,设 S 是与 X 同族的归纳变量,而且 S 是循环中其他四元式要引用或是循环出口活跃的归纳变量,S 与 X 的关系可表示成 $S:=C_1 X + C_2$,则循环控制语句 if X rop Y goto(s) 可用:

$$R:=C_1 * Y$$
$$R:=R + C_2$$
if S rop R goto(s)

来代替。

(5)删除 L 中对 X 的自增赋值四元式。

习　题

9-1　试把以下程序划分为基本块并作出其程序流图。

(1)　　　read　A,B

　　　　　F:=1

　　　　　C:=A*A

　　　　　D:=B*B

　　　　　if C<D goto L₁

　　　　　E:=A*A

　　　　　F:=F+1

　　　　　E:=E+F

　　　　　write E

　　　　　halt

　　L₁:　E:=B*B

　　　　　F:=F+2

　　　　　E:=E+F

　　　　　write E

　　　　　if E>100 goto L₂

　　　　　halt

　　L₂:　F:=F-1

　　　　　goto L₁

(2)　　L₀:read M,N

　　　　　if M>20 goto L₁

　　　　　A:=N+1

　　　　　B:=M/N

　　　　　C:=A*2

　　　　　D:=C+B

　　　　　if D>50 goto L₂

　　　　　write D

　　　　　halt

　　L₁:　A:=M*5

　　　　　B:=A+N

　　　　　write B

　　　　　halt

　　L₂:　B:=D-15

　　　　　write B

　　　　　goto L₀

　　　　　M:=M+N

　　　　　A:=M*M

　　　　　goto L₀

9-2　把下面的程序段翻译成四元式序列,然后划分成基本块并作出程序流图(设数组 D 按行存放,数组尺寸为 10*10,每个下标变量占 1 个字编址,下界皆为 1)。

　　　　　I:=1

　　L₁:　A:=3+B+B*2

　　　　　if A>200 then print A

　　　　　else D[I,J+2]:=A*2

　　　　　I:=I+1

　　　　　if I>10 then halt

　　　　　else goto L₁

9-3　考察以下矩阵相乘程序语句:

　　　　for i:=1 to n do

　　　　　for j:=1 to n do

　　　　　　for k:=1 to n do

　　　　　　　C[i,j]:=C[i,j]+A[i,k]*B[k,j]

(1) 假设其中数组 A,B,C 均按静态分配存储单元,试按 7.4.5 节中 FOR 语句的第三种解释翻译成四元式中间代码,数据按行存放,数组元素占一个字编址;

(2) 把(1)中得到的四元式序列划分为基本块,并作出其流图。

9-4　已知两个向量内积的 Pascal 程序段已翻译成如下一个基本块,试对它构造 DAG 图,并给出结点表和元表。

(0) $P_:=0$

(1) $T_1:=4*I$

(2) $T_2:=addr(A)-4$

(3) $T_3:=T_2[T_1]$

(4) $T_4:=4*I$

(5) $T_5:=addr(B)-4$

(6) $T_6:=T_5[T_4]$

(7) $T_7:=T_3*T_6$

(8) $T_8:=P+T_7$

(9) $P_:=T_8$

(10) $T_9:=I+1$

(11) $I_:=T_9$

(12) if $I\leqslant20$ goto(1)

9-5 考虑如下的基本块:

$D_:=B*C$

$E_:=A+B$

$B_:=B*C$

$A_:=E+D$

(1) 构造相应的 DAG;

(2) 对于所得的 DAG,重建基本块,以得到更有效的四元式序列。

9-6 试有以下基本块 B_1 和 B_2:

B_1:	B_2:
$A_:=B*C$	$B_:=3$
$D_:=B/C$	$D_:=A+C$
$E_:=A+D$	$E=A*C$
$F_:=2*E$	$F_:=D+E$
$G_:=B*C$	$G_:=B*F$
$H_:=G*G$	$H_:=A+C$
$F_:=H*G$	$I_:=A*C$
$L_:=F$	$J_:=H+1$
$M_:=L$	$K_:=B*5$
	$L_:=K+J$
	$M_:=L$

分别应用 DAG 对它们进行优化,并就以下两种情况分别写出优化后的四元式序列:

(1) 假设只有 G,L,M 在基本块后面还要被引用;

(2) 假设只有 L 在基本块后面还要被引用。

9-7 构造以下基本块

$A[I]:=B$

$P\uparrow:=C$

$D_:=A[J]$

$$E_{:}=P \uparrow$$
$$P \uparrow_{:}=A[I]$$

的 DAG,并指出有关结点必须遵守的计算次序,其中假定:

(1) P 可能指向任一变量;

(2) P 只指向 B 或 D。

9－8 对如图 9.26 所示流图

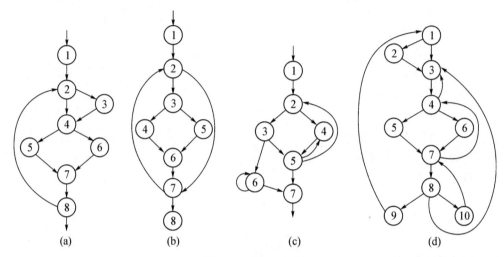

图 9.26 题 9－8 图

(1) 求出流图中各结点 n 的必经结点集 D(n);

(2) 求出流图中的回边;

(3) 求出流图中的循环。

9－9 试画出如下四元式序列的程序流图,并求出:

(1) 各结点 n 的 D(n);

(2) 流图中的回边与循环。

$$J_{:}=0$$

L_1: $I_{:}=0$

   if $I<8$ goto L_3

L_2: $A_{:}=B+C$

   $B_{:}=D*C$

L_3: if $B=0$ goto L_4

   write B

   goto L_5

L_4: $I_{:}=I+1$

   if $I<8$ goto L_2

L_5: $J_{:}=J+1$

   if $J\leqslant 3$ goto L_1

   halt

9-10　设有如图 9.27 所示的程序流图

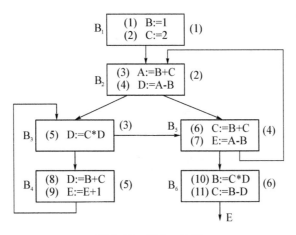

图 9.27　题 9-10 图

(1) 试列出深度为主的排序(列出一种即可);

(2) 给出回边及循环;

(3) 式(9)与式(11)各变量的 ud 链(写出定值点集合);

(4) 各基本块出口处活跃变量集。

9-11　对以下四元式程序,求出其中的循环并进行循环优化。

$$I:=1$$

$$read\ J,K$$

L:　　if I>100 goto L_1

$$A:=K*I$$

$$B:=J*I$$

$$C:=A*B$$

$$write\ C$$

$$I:=I+1$$

$$goto\ L$$

L_1:　　halt

9-12　设有循环语句 for j:=1 to 10 do A[i,j]:=A[i,j]*2+10;

(1) 按 7.4.5 节中 FOR 语句的第三种解释翻译成四元式序列,设数组 A 的首地址为 addr (A),数组按行存放,每个下标变量占 2 个字编址,语句中步长 step=1;

(2) 划分(1)生成的四元式序列成基本块,并进行循环优化。

9-13　翻译下述的二重循环语句,划分基本块并进行循环优化。

$$for\ i:=1\ to\ M\ do$$

$$for\ j:=1\ to\ N\ do$$

$$A[i,j]:=B[i,j]*5$$

假定数组按行存放,尺寸为 M*N,每个下标变量占 1 个字编址。

9-14 下面是应用筛法求 2 到 N 之间素数个数的程序。

```
begin
    read N;
    for i:=2 to N do
            A[i]:=true;        /*置初值*/
     for i:=2 to N**0.5 do      /* 运算符"**"代表乘方*/
        if A[i] then     /* i是一个素数*/
          begin
             for j:=2*i to N by i do
                    A[j]:=false      /*j可被i除尽,i为步长*/
          end;
    COUNT:=0;
    for i:=2 to N do
        if A[i] then COUNT:=COUNT+1;
    print COUNT
end
```

(1) 试写出其四元式中间代码,假设对数组 A 用静态分配存储单元;

(2) 作出流图并求出其中的循环;

(3) 进行代码外提;

(4) 进行强度减弱和删除归纳变量。

10　目标代码生成

目标代码生成是指将语法分析或优化后的中间代码(四元式或逆波兰式)变换成依赖于具体机器的目标代码。目标代码一般有以下三种形式：

(1) 可立即执行的机器语言代码，程序与数据的地址已分配(代真)；

(2) 可浮动装配的机器语言代码，当需要执行时，由装配程序将它们与运行子程序、库程序连接起来，转换成能执行的机器语言代码；

(3) 汇编语言代码，通过汇编程序汇编，转换成机器语言代码。

大多数编译程序不直接产生可立即执行的机器语言代码，而是生成后两种。为介绍方便，我们生成模型机的汇编语言。

目标代码生成过程着重考虑两个问题：一是如何使生成的目标代码较短；二是如何充分利用 CPU 中的寄存器，以减少访问内存的次数。这两个问题实际上是提高编译质量的问题，即缩短目标程序的长度，减少目标程序的运行时间。当然，如何合理使用计算机的指令特点也是提高目标程序质量的一种重要途径，但由于它牵涉的面太广，本书不讨论它。

10.1　模型计算机的指令系统

假设我们讨论的模型计算机有多个通用寄存器，它们既可以做累加器，又可以做地址寄存器或变址器，并规定两个操作数中至少一个在寄存器内，使用的指令形式为：

op 目标操作数，源操作数

寻址方式只有如下四种：

(1) 直接寻址：op R_i,M，含义：(R_i) op $(M) \rightarrow R_i$；

(2) 寄存器寻址：op R_i,R_j，含义：(R_i) op $(R_j) \rightarrow R_i$；

(3) 变址寻址：op R_i,$C(R_j)$，含义：(R_i) op $((R_j)+C) \rightarrow R_i$；/ * 其中 R_j 为变址寄存器 * /

(4) 间接寻址又可分为三种：

①op R_i,@M，含义：(R_i) op $((M)) \rightarrow R_i$；

②op R_i,@R_j，含义：(R_i) op $((R_j)) \rightarrow R_i$；

③op R_i,@$C(R_j)$，含义：(R_i) op $((R_j)+C) \rightarrow R_i$。

其中，op 指各类运算指令，包括 ADD(+)、SUB(−)、MUL(*)、DIV(/)、EXP(↑)、AND(∧) 和 OR(∨)等；(R_i)读作 R_i 的内容；源操作数用 B 表示，它可以指某寄存器，也可指某存储单元。

除运算类指令外，模型机指令系统还包括传送类指令和程控类指令，其意义说明如下：

指　　令	含　　义
LD R_i,B	将 B 单元的内容传送到 R_i 寄存器,即(B)→R_i
ST R_i,B	将 R_i 寄存器的内容传送到 B 单元,即(R_i)→B
CMP R_i,B	对 R_i 寄存器和 B 单元的内容进行无符号数比较,比较结果不改变原来操作数内容,仅仅用于设置状态字中特征位。这里假定只用两位特征位:Z 用于判断相等标志,C 用作进位标志,当(R_i)=(B)时,Z=1,否则 Z=0;当(R_i)≥(B)时,C=0,否则 C=1
J　X	无条件转向 X 指令地址去执行程序
JE　X	等于转向 X,即当 Z=1 时跳至 X 指令地址
JNE　X	不等于转向 X,即当 Z=0 时跳至 X 指令地址
JG　X	(R_i)>(B)时转向 X,即当(Z∨C)=0 时跳至 X 指令地址
JGE　X	(R_i)≥(B)时转向 X,即当 C=0 时跳至 X 指令地址
JL　X	(R_i)<(B)时转向 X,即当 C=1 时跳至 X 指令地址
JLE　X	(R_i)≤(B)时转向 X,即当(Z∨C)=1 时跳至 X 指令地址

条件转移指令通常写作 J rop　X,其中 rop 表示 E,NE,G,GE,L,LE。

若条件不满足,便按程序的顺序执行下一条指令。

为简单起见,在生成目标代码中,变量的内存地址直接用变量名来表示,而实际处理时变量内存地址可查符号表获得。

10.2　一种简单代码生成算法

这里讨论以基本块为单位生成目标代码,主要考虑如何充分利用 CPU 中寄存器的问题。一方面,当生成计算某变量的目标代码时,应尽可能地将该变量的值留在寄存器内(即不生成把该变量的值送内存的指令),直至该寄存器必须用于存放其他变量值或基本块出口时才将它存入内存。另一方面,要引用某变量值的指令也尽量引用寄存器内的内容(若在寄存器中),而不去访问内存,仅当离开基本块时,才将这些变量的值存入内存,以便腾出寄存器供生成其他块的目标代码。因为若不做全局的数据流分析,该基本块的后继是哪些基本块,后继基本块有哪些前驱基本块,一般是不知道的。因此,后继块中就无法知道变量的值是存于哪些寄存器中。所以,最简单的处理办法是当离开基本块时,将出口是活跃的变量存入内存,进入新的基本块后寄存器已腾空,所需的变量从内存取值,并重复上述过程。

10.2.1　活跃信息与待用信息

为了把基本块内还要被引用的变量值尽可能地保存在寄存器中,同时把基本块内不再被引用的变量所占用的寄存器及早释放,每当变换一个四元式"A:=B op C"时,需要知道 A,B,C 是否还会在基本块内被引用以及在哪些四元式中被引用。为此,需要为每个四元式的每个变量附加两个信息:活跃(Live)和待用(Next-Use)。

活跃:表示该变量在本基本块内以后还要被引用,用布尔值表示,true 表示活跃,false 表示不活跃。

待用：表示最靠近该变量的下一引用点的四元式序号，用整型量表示。

例如：有如下基本块，其出口处变量 W 是活跃的，我们很容易用手工方法填写这两个信息。为了直观地表示这两个附加信息，在每个变量的下方设置一个可填这两个信息的方框。第一个信息用"√"表示活跃，用"×"表示不活跃；第二个信息或填待用的四元式序号或不填。

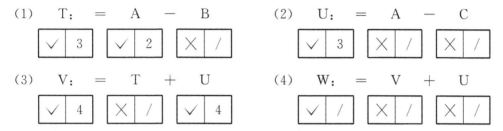

下面讨论一种算法实现这两项信息的填写过程。假定在符号表中为每个变量（包括临时变量）增设两栏，用于暂存活跃与待用信息（它们仅是算法需要而使用的临时工作单元）。大致工作过程是：从基本块出口向入口方向逐个扫描每个四元式，根据每个变量的定值与引用情况建立各变量的活跃与待用信息。在填写过程中利用符号表作为暂存信息。算法如下：

PROCEDURE Live-Nextuse；
　　BEGIN　将符号表中与本基本块有关的各变量的 Next-use 栏全部置为空；
　　　　根据基本块出口的活跃变量集，将相应变量的 Live 置 true；
　　　　FOR i：＝LAST TO FIRST DO
　　　　　　BEGIN　取一个序号为 i 的四元式：A：＝B op C；
　　　　　　　　将符号表中变量 A,B,C 的 Live 与 Next-use 填到变量 A,B,C 的附加信息两栏内；
　　　　　　　　清除符号表中变量 A 的 Live 和 Next-use 项；/＊因为 A 在这一式是定值点，以后要引用 A，就引用这里的定值点＊/
　　　　　　　　将符号表中 B,C 的 Live 置为活跃，Next-use 置为 i。
　　　　　　END
　　END

如果四元式形式为"A：＝op B"或"A：＝B"，以上执行步骤完全相同，只是不涉及 C。

其中 FIRST 和 LAST 为基本块内入口和出口四元式序号。按算法填写上面的例子，结果与手工填写的完全相同。

10.2.2　寄存器和变量地址描述

为了在代码生成中进行寄存器分配，需要随时掌握各寄存器使用情况：它是空闲着还是已分配给某个变量，或分配给若干个变量（若存在"X：＝Y"时，就可能多个变量共用一个寄存器）以及这些变量的待用信息。因此，需为每个寄存器附加两项信息：RVALUE 和 RNEXT-USE，在 RVALUE 中填写着 R 寄存器中寄存了哪些变量，比如 RVALUE[R_i]＝{　}，RVALUE[R_i]＝{X}，RVALUE[R_i]＝{X,Y,…}。在 RNEXT-USE 中填写着 R 寄存中变量的待用信息。寄存器附加的信息结构如表 10.1 所示，其中 RNEXT-USE 的内容可从变量的第二个附加信息栏中获得。

此外,在生成目标代码时,要了解某变量是否在寄存器内,若在,便不必从内存调入寄存器。当要求从已用的寄存器中腾出一个寄存器时也需知道该寄存器中的变量在内存是否有副本,若有,便不再生成将寄存器中内容送内存保存的指令。为此,在代码生成过程中,我们还要建立一个变量地址描述数组 AVALUE。它动态地记录着各变量现行值的存放位置:是在某寄存器中,还是在内存中,或是既在某寄存器也在内存中,结构可用表 10.2 表示。

<table>
<tr><td colspan="3">表 10.1　寄存器描述数组</td></tr>
<tr><td>R</td><td>RVALUE</td><td>RNEXT-USE</td></tr>
<tr><td>R_1</td><td>X</td><td>3</td></tr>
<tr><td>R_2</td><td>A・B</td><td>/</td></tr>
<tr><td>R_3</td><td>/</td><td>/</td></tr>
<tr><td>⋮</td><td>⋮</td><td>⋮</td></tr>
</table>

<table>
<tr><td colspan="3">表 10.2　变量地址描述数组</td></tr>
<tr><td>Name</td><td>IN-R</td><td>IN-M</td></tr>
<tr><td>T</td><td>R_i</td><td>No</td></tr>
<tr><td>A</td><td>/</td><td>Yes</td></tr>
<tr><td>⋮</td><td>⋮</td><td>⋮</td></tr>
<tr><td>W</td><td>R_j</td><td>Yes</td></tr>
</table>

10.2.3　代码生成算法

现在讨论一个基本块的代码生成算法。为简单起见,假设基本块中每个四元式形式为"A:=B op C"。如果基本块中含有其他形式的四元式,也不难仿照下述方法写出相应的算法。"A:=B op C"四元式生成目标代码时,要求 B 必须在寄存器中,C 可在寄存器也可在内存中,结果 A 必定在寄存器中,这些是由模型机指令系统所决定的。下面的算法就是按这个基本点编写的。

(1) 对于四元式"A:=B op C"查看变量地址描述数组 AVALUE[B],若 IN-R[B]等于 R_i,则转步骤(2),否则查寄存器描述数组是否有空寄存器,若有,选一个寄存器 R_i,若没有,按下述办法腾出一个寄存器 R_i:

①寄存器 R_i 中的变量在内存中有副本;

②寄存器 R_i 中的内容要在最远的将来使用(这可通过查看 RNEXT-USE 而获得),并生成指令:

　　　　ST R_i,M;　　　/＊腾出 R_i 寄存器,仅当 R_i 的内容在内存中无副本时才生成这条指令＊/

　　　　LD R_i,B;

这样,B 肯定在寄存器中,接着执行 RVALUE[R_i]:={B},RNEXT-USE[R_i]:=B・NEXT-USE,并修改 AVALUE,使得仅 IN-R[B]包含 R_i,即填写两个描述数组。

(2) C 可在寄存器也可在内存中,无需讨论分配寄存器问题,但 A 必须分配寄存器,分配方法是:

①选择原存放 B 的寄存器来存放 A。

如果[R_i]={B},而且 B・Live=不活跃或 B=A(即四元式为"A:=A op C"这种赋值形式),那么可直接生成目标指令:

　　　　op R_i,C　　/＊R_i 改存 A＊/

然后修改两个描述数组：

    a. IN-R[B]中删去 R_i(IN-M[B]中保持不变)，IN-R[A]中置以 R_i，IN-M[A]置以 No，表示 B 不在寄存器中，但还在内存中，而 A 仅在寄存器中；

    b. RVALUE[R_i]置为 A，并添上 RNEXT-USE 的值。

②另外选择一个寄存器存放 A。

如果条件①不满足，但存在空闲的寄存器 R_k，那么就选 R_k 存放 A，生成目标指令：

    LD R_k，R_i （或写作 MOV R_k，R_i）

    op R_k，C   ／＊B 仍在 R_i，而 A 在 R_k 中＊／

然后进行如下操作：

    a. RVALUE[R_k]置为 A，并添上 RNEXT-USE 的值；

    b. IN-R[A]置为 R_k，IN-M[A]置以 No。

③若①②条件皆不满足，那么选 R_k 的原则是：

    a. 它所寄存的变量在内存中有副本；

    b. 它的内容要在最远的将来使用(查看 RNEXT-USE 可获得)。

生成下列目标代码：

    ST R_k，M_D ／＊假设 R_k 中存放的是变量 D 且它在内存中无副本＊／

    LD R_k，R_i

    OP R_k，C   ／＊R_k 中原存放变量送入内存 D 单元，腾出 R_k 存放变量 A＊／

而后在 IN-R[D]中删去 R_k，IN-M[D]中置 Yes；IN-R[A]中置 R_k，IN-M[A]中置 No；RVALUE[R_k]中删去 D，改置为 A，并添上 NEXT-USE 信息。

（3）若 C 在 R 中，根据 C 的活跃与待用信息修改 RVALUE 与 RNEXT-USE，以便及时腾出不用的寄存器供后续四元式生成目标代码时使用。

例如，假定有两个寄存器 R_0，R_1 可用，试将下列基本块内四元式变换成目标代码，先对四元式中每个变量附上活跃与待用信息，并按代码生成算法获得如表 10.3 所示的结果。

表 10.3　目标代码生成

四元式				目标代码	R_0	R_1	注　解
(1)　　T：＝　A　－　B				(1) LD R_0，A	A		选取 R_0 存放 A
√　3	√　2	×　／		(2) LD R_1，R_0			A 是活跃的，所以选 R_1 存放 T
				(3) SUB R_1，B		T	
(2)　　U：＝　A　－　C				(4) SUB R_0，C	U		A 不活跃，R_0 让给 U 存放
√　3	×　／	×　／					
(3)　　V：＝　T　＋　U				(5) ADD R_1，R_0	U	V	T 不活跃，R_1 让给 V 存放
√　4	×　／	√　4					
(4)　　W：＝　V　＋　U				(6) ADD R_1，R_0		W	V，U 不活跃，R_1 让给 W 存放。当到出口时，W 也存入内存
√　／	×　／	×　／		(7) ST R_1，W			R_0，R_1 全让出

对其他形式的四元式,也可以仿照以上算法生成其目标代码。我们把各类四元式对应的目标代码列于表10.4。这里特别指出的是,对形如"A:=B"的四元式,如果 B 的现行值在某寄存器 R_i 中,那么这时无需生成目标代码,只需在 RVALUE$[R_i]$ 中增加一个 A(即把 R_i 同时分配给 A 和 B),把 AVALUE 的 IN-R$[A]$ 改为 R_i。而且如果其后 B 不再被引用,那么还可以把 RVALUE$[R_i]$ 中的 B 和 AVALUE 的 IN-R$[B]$ 中的 R_i 删除。

一旦处理完基本块中所有四元式,对于值只在某寄存器中的每个变量,如果它在基本块之后是活跃的(通过查基本块出口的活跃变量集而得知),则要用 ST 指令把它在寄存器中的值存放到它的内存单元中。为进行这一工作,可利用寄存器描述数组 RVALUE 来决定其中哪些变量的现行值在寄存器中,再利用地址描述数组 AVALUE 来决定其中哪些变量的现行值不在内存单元中,最后利用活跃变量信息来决定其中哪些变量是活跃的。对上例来说,从RVALUE 得知 U 和 W 的值在寄存器中,从 AVALUE 得知 U 和 W 的值都不在内存中,由活跃变量信息得知,其中仅 W 在基本块出口处是活跃的,所以在离开基本块之前应生成一条目标指令:

ST R_1,W

将 W 内容存入内存单元。将所有寄存器都腾空,这就为编制下一基本块做好准备。当然,当基本块处于循环中时,对于那些循环中各块公用的变量,最好不必存入内存,而固定分配一些寄存器给它们,这可以大大减少运行时开销,下节考虑循环中寄存器分配问题。

表 10.4 各类四元式对应的目标代码

序号	四元式	目标代码	注 解

1	A:=B op C	LD R_i,B
		LD R_k,R_i
		op R_k,C
			(1) R_i 分配给 B
			(2) 若 B≠A 且 B 是活跃的,则另取 R_k 存放 A,否则,B 与 A 都使用 R_i,不产生第二条指令
			(3) 如果 B 的当前值在 R_i,不产生第一条指令

2	A:=op_1 B	LD R_i,B
		LD R_k,R_i
		op_1 R_k
			(1) 同序号 1 的注解(1)、(2)、(3)
			(2) op_1 为单目运算符

3	A:=B	LD R_i,B	(1) R_i 同时分配给 A,B (2) 若 B 的当前值在 R,则不产生目标指令
4	A:=B[I]	LD R_j,I LD R_i,B$[R_j]$	(1) 若 I 的当前值在 R,则不产生第一条指令 (2) R_i 分配给 A

5	A[I]:=B	LD R_i,B
		LD R_j,I
		ST R_i,A$[R_j]$
			(1) 若 B 的当前值在 R,则不产生第一条指令
			(2) 若 I 的当前值在 R,则不产生第二条指令

6	goto X	J X'	(1) X' 是序号为 X 的四元式的目标代码首地址

7	if A rop B goto X	LD R_i,A
		CMP R_i,B
		J rop X'
			(1) 若 A 当前值在 R,则不产生第一条目标指令
			(2) B 可在 R 也可在 M
			(3) rop 为关系算符,X'同序号 6

8	A:=P↑	LD R_i,@P	(1) R_i 分配给 A
9	P↑:=A	LD R_i,A ST R_i,@P	(1) R_i 分配给 A (2) 若 A 当前值在 R,则不产生第一条目标指令

10.3 循环中寄存器分配

为了生成更有效的目标代码,需要更有效地利用寄存器。上一节讨论生成目标代码时就是以寄存器为核心:如果运算对象在寄存器内,就利用寄存器作为操作数地址生成目标代码;运算结果留在寄存器内,以便用于生成后续指令;一旦占用寄存器的变量不再被引用,立即腾出寄存器。但当时在讨论时是以基本块为单位的,这一节我们把考虑的范围从基本块扩充到循环,这是因为循环是程序中执行次数最多的部分,内循环更是如此。同时,我们不是把寄存器平均分配给各个变量使用,而是从可用的寄存器中分出几个,固定地分配给几个变量单独使用。按什么标准来分配呢? 我们将以各变量在循环内需要访问内存单元的次数为标准。为此,引入一个术语:指令的执行代价,并规定,每条指令的执行代价等于执行该指令时访问内存的次数(取指令也需访问内存一次)。

例如:

OP R_i R_j	执行代价为 1
OP R_i M	执行代价为 2
OP R_i@R_j	执行代价为 2
OP R_i@M	执行代价为 3

于是,就可对循环中每个变量计算一下,如果在循环中把某寄存器固定分配给该变量使用,执行代价能省多少。根据计算的结果,把部分可用寄存器固定分配给执行代价节省最多的那几个变量使用,从而使这部分寄存器充分发挥提高运算速度的作用。下面,介绍估算各变量节省执行代价的方法。

假定在循环中某寄存器固定分配给某变量使用,那么对循环中每个基本块,相对于原简单代码生成算法生成的目标代码,所节省的执行代价可用下述方法来估算:

(1) 在原代码生成算法中,仅当变量在基本块中被定值或已取至寄存器时,其值才存放在寄存器中。现在把寄存器固定分配给某变量使用,因此在基本块中当该变量在定值前每被引用一次,就可少访问一次内存,执行代价就节省 1(若已在寄存器则无需访问内存,所以只能叫估算)。

(2) 在原代码生成算法中,如果某变量在基本块中被定值且在基本块出口之后是活跃的,那么出基本块时要把它在寄存器中的值存放到内存单元中。现在把寄存器固定分配给某变量使用,因此出基本块时,就无须把它的值存放到其内存单元中,执行代价就节省 2。

也即:循环 L 中某变量 M,如果分配一个寄存器给它专用,那么每执行循环一次,执行代价的节省数可用公式(10.1)计算。

$$\sum_{B \in L} [USE(M,B) + 2 * LIVE(M,B)] \tag{10.1}$$

其中:

$USE(M,B)$ = 基本块 B 中对 M 定值前引用 M 的次数

$LIVE(M,B) = \begin{cases} 1 & \text{如果 M 在基本块 B 中被定值并在 B 的出口处是活跃的} \\ 0 & \text{其他情况} \end{cases}$

式(10.1)是近似的,它还忽略了两个因素:

（1）每次循环所经历的路径可能不同,有的路径通过的次数多,有的路径通过的少。但在式(10.1)中,我们认为各条路径通过的次数相等,并认为每循环一次,各个基本块都要执行一次。

（2）如果 M 在循环入口是活跃的,并且在循环中给 M 固定分配一个寄存器,那么在循环入口时,要先把它的值从内存单元取到寄存器,其执行代价是 2。若 M 在循环出口是活跃变量,但对于循环而言,离开循环之后,寄存器就不再固定分配给变量 M,所以必须将 M 的当前值从寄存器中存放到内存单元中,其执行代价又是 2。由于这两次的执行代价在整个循环中各只要执行一次,这与式(10.1)每次循环都要执行一次相比虽然很小,但被我们忽略了。

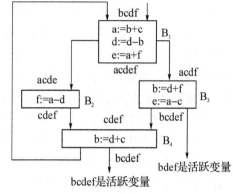

图 10.1　循环程序段

例如,图 10.1 表示某程序的最内层循环,其中无条件转移和条件转移指令均改用箭头来表示,各基本块入口之前和出口之后的活跃变量已列在图中,假定 R_0,R_1,R_2 三个寄存器在该循环中可固定分配给某三个变量。现在,利用式(10.1)来确定这三个变量的执行代价节省数,并生成该循环的目标代码。

首先对变量 a 计算式(10.1)的值:

$\text{USE}(a,B_1)=0$　　$\text{LIVE}(a,B_1)=1$

$\text{USE}(a,B_2)=1$　　$\text{LIVE}(a,B_2)=0$

$\text{USE}(a,B_3)=1$　　$\text{LIVE}(a,B_3)=0$

$\text{USE}(a,B_4)=0$　　$\text{LIVE}(a,B_4)=0$

所以,$\sum_{B\in L}(\text{USE}(a,B)+2*\text{LIVE}(a,B))=4$。同样,可以对变量 b,c,d,e,f 计算出式(10.1)的值分别为 6、3、6、4、4。按照各个变量执行代价节省数的大小,把寄存器 R_0 分配给 d、R_1 分配给 b;a,e,f 的执行代价节省数相等,可把 R_2 分配给其中任意一个(假设把 R_2 分配给 a)。三个寄存器分配固定之后,它们在循环中只能分别存放变量 d,b,a 的值。其余变量要用寄存器时,只能从余下的寄存器中选取。

分配好寄存器之后,就生成目标代码。其算法和前述简单代码生成算法相类似,区别如下:

（1）循环中的目标代码,凡涉及已固定分配到寄存器的变量,就用分配给它的寄存器来表示,例如上述的 d,b,a 就用 R_0,R_1,R_2 表示。但是,在生成"A:=B op C"的目标代码时,如果 A 和 C 是同一标识符,A 和 B 不是同一标识符,且寄存器 R 固定分配给 A,但 B 的现行值不在 R 中,那么当 AVALUE[C]不在内存中时,应先生成目标代码"ST R,C",然后生成"A:=B op C"的目标代码。在生成"A:=B OP C"的目标代码时应认为 C 的现行值在内存中。即生成如下指令:

ST R,C

LD R,B

OP R,C

262

（2）如果其中变量在循环入口之前是活跃的，例如 d 和 b，那么在循环入口之前，要生成把它们的值分别取到相应寄存器中的目标代码，如图 10.2 中 B_0 所示。

（3）如果其中变量在循环出口是活跃的，例如 d 和 b，那么在循环出口的后面要分别生成目标代码，把它们在寄存器中的当前值存放到内存单元中，如图 10.2 中 B_5 和 B_6 所示。

（4）在循环中每个基本块的出口，对未固定分配到寄存器的变量，仍按以前的算法生成目标代码，把它们在寄存器中的当前值存放到内存单元中，但对已固定分配到寄存器的变量，就无需生成这样的目标代码，这些已反映在图 10.2 的 B_1，B_2 和 B_4 中。

按上述原则，对图 10.1 的四元式生成的目标代码如图 10.2 所示，其中 R_3 是非固定分配的寄存器。

对外循环，也可按照式（10.1）计算出的执行代价节省数来分配寄存器。设 L_1 是包含 L 的外循环，可对 L_1-L 中的各变量计算式（10.1）的值，显然在 L 中已固定分配到寄存器的变量，在 L_1-L 中就不一定分配到；在 L_1-L 中已固定分配到寄存器的变量，在 L 中也不一定分配到。所以，要注意的是，如果变量 A 在 L_1-L 中已固定分配到寄存器，但它在 L 中没有分配到寄存器，那么在 L 入口之前必须生成目标代码，把 A 在寄存器中的值存放到其内存单元中，并在 L 出口之后进入 L_1-L 之前必须生成目标代码，把 A 在内存单元中的值取到固定分配给 A 的寄存器中。

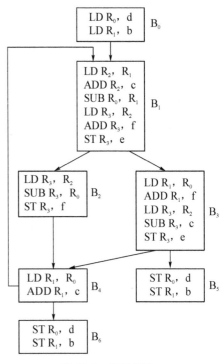

图 10.2　目标代码

10.4　DAG 结点的一种启发式排序

为了生成更加有效的目标代码，对基本块内 DAG 图的结点采用什么顺序更好呢？先看下面一个例子，考察如下基本块的四元式序列 G_1：

$$T_1 := A + B$$
$$T_2 := C + D$$
$$T_3 := E - T_2$$
$$T_4 := T_1 - T_3$$

其 DAG 如图 10.3 所示（图中 DAG 表示方法与第 9 章略有不同。这里，结点标记写在结点圆圈中，叶结点未加编号，内部结点的编号写在各结点的下方。为简单起见，下面就用此表示法）。

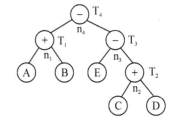

图 10.3　G_1 四元式序列的 DAG

利用图 10.3 的 DAG，把 G 改写成四元式序列 G'：

$$T_2 := C + D$$
$$T_3 := E - T_2$$

$$T_1 := A + B$$
$$T_4 := T_1 - T_3$$

显然 G' 与 G 是等价的。

设 R_0 和 R_1 是两个可使用的寄存器。T_4 是基本块出口之后的活跃变量,应用 10.2 节中给出的代码生成算法,G 生成的目标代码如图 10.4 所示,G' 生成的目标代码如图 10.5 所示。

图 10.5 的目标代码比图 10.4 的目标代码短,因为图 10.5 省去两条存取内存的指令:

$$\text{ST } R_0, T_1$$
$$\text{LD } R_1, T_1$$

从该例可看到,不同的四元式序列生成目标代码时,将直接影响目标代码的质量。

为什么重新排序后的四元式序列 G' 生成的目标代码优于原四元式序列 G 生成的目标代码呢? 这是因为在 G' 中,T_4 是紧接在其左运算对象之后计算的,这样就可及时利用 T_1 在寄存器中的值来计算 T_4 的值,避免了算好 T_1 之后,先要把它的值存放到内存单元中,等到算 T_4 时,再把它的值从内存取到寄存器中,而四元式序列 G 生成的目标代码正好存在着上述缺点,所以多了存 T_1 和取 T_1 的两条指令。

G:			G':		
	LD	R_0, A		LD	R_0, C
	ADD	R_0, B		ADD	R_0, D
	LD	R_1, C		LD	R_1, E
	ADD	R_1, D		SUB	R_1, R_0
	ST	R_0, T_1		LD	R_0, A
	LD	R_0, E		ADD	R_0, B
	SUB	R_0, R_1		SUB	R_0, R_1
	LD	R_1, T_1		ST	R_0, T_4
	SUB	R_1, R_0			
	ST	R_1, T_4			

图 10.4 G 的目标代码　　　　**图 10.5 G′ 的目标代码**

一般情况下,当计算

$$X := A * B - C * D$$

的右部表达式时,有两种计算次序:一种是从左往右算,另一种是从右往左算。从右往左算,就使得每一被计算量总是紧接在其左运算对象之后计算,从而使得目标代码较优。四元式序列 G 对应于赋值语句:

$$T_4 := A + B - (E - (C + D))$$

实际上,四元式序列 G 对应于上述赋值语句的右部表达式从左往右计算结果。而四元式 G' 序列对应于上述赋值语句的从右往左计算结果。

现在来说明如何利用基本块的 DAG,按照上述的启发式思想,给基本块中的四元式序列重新排序,以便生成较优的目标代码。下面是给 DAG 中的结点重新排序的算法,这个算法又称作启发式排序算法。

设 DAG 有 N 个内部结点,T 是一维数组,用于存放排序结果的结点序号,排序算法如下:
PROCEDURE Heuristic-Ordering
　　BEGIN

```
FOR k:=1 TO N DO T[k]:=null;          /* 置初值,N 为内部结点数 */
i:=N;
WHILE 存在未列入 T 的内部结点 DO
 BEGIN 选择一个未列入 T 但其父结点均已列入 T,或无父结点的结点 n;
    T[i]:=n
    i:=i-1;
    WHILE n 的最左子结点 m 不为叶结点且其父结均已列入 T 中 DO
      BEGIN
        T[i]:=m;
        i:=i-1;
        n:=m
      END
  END;
END
```

最后,在数组 T 中 T(1),T(2),…,T(N)即为所求的结点顺序。按上述算法给出的结点次序,可把 DAG 重新表示成一个等价的四元式序列。根据新序列中的四元式次序,就可生成较优的代码。这种方法尤其适用于单累加器的计算机。

注意,在上述的算法中未给叶结点排序,这是因为:①不需要生成计算机结点值的四元式,如果在计算内部结点值时要引用叶结点的值,则直接引用它的标记;②如果叶结点上附有其他标识符,这时需要生成用叶结点的标记对该标识符的赋值指令,但生成这类指令的次序可以是任意的。

显然,对图 10.3 的 DAG,用上述算法对内部结点进行排序,就得到次序为 n_2,n_3,n_1,n_4 的结果。这就是四元式序列 G′ 的顺序。

再举一例,考察下面四元式序列 G_2:

T_1:=A+B

T_2:=A-B

F:=T_1 * T_2

T_1:=A-B

T_2:=A-C

T_3:=B-C

T_1:=T_1 * T_2

G:=T_1 * T_3

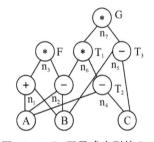

图 10.6 G_2 四元式序列的 DAG

我们能画出如图 10.6 所示的 DAG 图,它的内部结点只有 7 个,应用算法对它进行启发式排序。因无父结点的结点有两个:n_3,n_7,所以至少有两种排序结果:

```
             i  7  6  5  4  3  2  1
(1) 选 n₃ 进行排序    n₃ n₁ n₇ n₆ n₂ n₄ n₅
                  ◄─────────────────────

(2) 选 n₇ 进行排序    n₇ n₆ n₃ n₁ n₂ n₄ n₅
                  ◄─────────────────────
```

265

箭头表示排好的序,即先生成 n_5 结点的目标代码,再生成 n_4 结点的目标代码……将它们转化成目标代码的序列如下。设可用寄存器是单累加器 R_0,基本块出口处变量 F,G 是活跃的:

第一种排序的四元式序列	相应目标代码
$T_3:=B-C$	LD R_0,B;SUB R_0,C;ST R_0,T_3;
$T_2:=A-C$	LD R_0,A;SUB R_0,C;ST R_0,T_2;
$S_1:=A-B$	LD R_0,A;SUB R_0,B;ST R_0,S_1;
$T_1:=S_1*T_2$	MUL R_0,T_2;
$G:=T_1*T_3$	MUL R_0,T_3;ST R_0,G;
$S_2=A+B$	LD R_0,A;ADD R_0,B;
$F:=S_2*S_1$	MUL R_0,S_1;ST R_0,F;
第二种排序的四元式序列	相应目标代码
$T_3:=B-C$	LD R_0,B;SUB R_0,C;ST R_0,T_3;
$T_2:=A-C$	LD R_0,A;SUB R_0,C;ST R_0,T_2;
$S_1:=A-B$	LD R_0,A;SUB R_0,B;ST R_0,S_1;
$S_2:=A+B$	LD R_0,A;ADD R_0,B;
$F:=S_2*S_1$	MUL R_0,S_1;ST R_0,F
$T_1:=S_1*T_2$	LD R_0,S_1;MUL R_0,T_2;
$G:=T_1*T_3$	MUL R_0,T_3;ST R_0,G;

由结果可见第一种排序优于第二种,第一种产生的汇编指令为 16 条,第二种产生的汇编指令为 17 条。这说明了启发式排序可获得较为满意的结果,但不一定是最佳结果。

习　题

10-1　假设可用寄存器为 R_0,R_1,试对以下四元式序列 G:

$T_1:=B-C$

$T_2:=A*T_1$

$T_3:=D+1$

$T_4:=E-F$

$T_5:=T_3*T_4$

$W:=T_2/T_5$

用简单代码生成算法生成其目标代码,同时列出代码生成过程 R_0,R_1 使用情况和变量地址使用情况。

10-2　对以下四元式序列:

$T_1:=A+B$

$T_2:=T_1-C$

$T_3:=D+E$

$T_3:=T_2+T_3$

$T_4:=T_1+T_3$

$T_5:=T_3-E$

$F:=T_4*T_5$

（1）应用 DAG 结点的启发式排序算法重新排序；

（2）假设可用寄存器为 R_0 和 R_1，F 是基本块出口的活跃变量，应用简单代码生成算法分别生成排序前后的四元式序列的目标代码，并比较其优劣。

10-3　假设 R_0，R_1 和 R_2 为可用寄存器，试对表达式：

（1）A+(B+(C*(D+E/F+G)*H))+(I*J)；

（2）(A*(B-C))*(D*(E*F))+(G+(H*J))+(J*(K+L))。

生成最短的目标代码。

10-4　将图 10.7(a)，(b)重排各 DAG 内部节点的次序，并写出重排后的四元式序列。

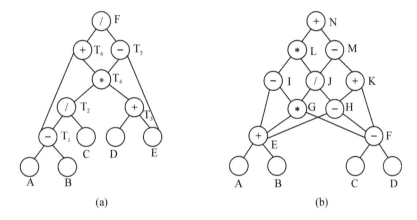

(a)　　　　　　　　　　　　　　(b)

图 10.7　题 10-4 图

附录 1

EL 语言编译程序

A. EL 语言文法的扩充 Backus 表示法

〈程序〉::＝program〈标识符〉;〈分程序〉.

〈分程序〉::＝〈说明部分〉〈复合语句〉

〈说明部分〉::＝[〈常量定义〉;][〈变量说明〉;]{〈过程或函数说明〉;}

〈常量定义〉::＝const〈标识符〉＝〈无符号数〉{(,|;)〈标识符〉＝〈无符号数〉}

〈变量说明〉::＝var〈标识符表〉:integer{;〈标识符表〉:integer}

〈函数说明〉::＝function〈标识符〉[(〈标识符表〉:integer)]:integer;

　　　　　　　〈分程序〉

〈复合语句〉::＝begin〈语句表〉end

〈语句表〉::＝〈语句〉{;〈语句〉}

〈标识符表〉::＝〈标识符〉{,〈标识符〉}

〈语句〉::＝〈标识符〉:＝〈表达式〉

　　　　 |〈复合语句〉

　　　　 | if〈条件表达式〉then〈语句〉[else〈语句〉]

　　　　 | while〈条件表达式〉do〈语句〉

　　　　 | read(〈标识符表〉)

　　　　 | write(〈表达式表〉)

　　　　 | ε

〈表达式表〉::＝〈表达式〉{,〈表达式〉}

〈条件表达式〉::＝〈表达式〉[〈关系运算符〉〈表达式〉]

〈表达式〉::＝[＋|－]〈项〉{〈加减运算符〉〈项〉}

〈项〉::＝〈因子〉{〈乘除运算符〉〈因子〉}

〈因子〉::＝〈标识符〉|〈无符号数〉|〈标识符〉[(〈表达式表〉)]

　　　 |(〈表达式〉)

〈关系运算符〉::＝＞|＞＝|＝|＜|＜＝|＜＞

〈加减运算符〉::＝＋|－

〈乘除运算符〉::＝ * |/| div

说明:(1) 标识符为由字母打头的长度在 8 个以内的字母数字串;

　　　(2) 无符号数为取值范围为－32 768～32 767 的整数;

　　　(3) 保留字由小写字母组成;

　　　(4) 除法符号"/"等价于 div,表示整除。

B. EL 语言编译程序构造的实践指导

一、概述

编译程序是大型软件,学生无法在有限的课时内完成它。为此,我们选择 Pascal 语言的真子集 EL 语言作为编译的对象语言。因为该语言具有 Pascal 语言的面向算法语言的主要特点。比如,它具有函数的嵌套及函数的递归调用,具有结构化程序的语句类型。但为了压缩所构造的编译程序的规模,决定 EL 语言仅包含赋值语句、IF 条件语句、WHILE 循环迭代语句以及必要的输入输出语句。数据类型先考虑整型,实现麻雀虽小五脏俱全的目的。如果必要,可很方便地构造扩充语言的编译器,比如若把实践上升为课程设计,可构造扩充的 EL 语言的编译程序。扩充的 EL 语言文法定义见附录 C。

编译程序用 Pascal 语言或 C 语言编写。

整个实践过程分四个部分,随教学进展逐步完成。

1. 词法分析。可将它编成一个过程,对用 EL 语言编的源程序(存于磁盘中)逐行逐词地进行分析。将被识别的单词转化为规格相同的二元式(类号,内码),交给语法分析程序进一步处理。

2. 语法分析。调用语法分析程序,取回单词的二元式(类号,内码),按照语法规则检查它在语法上的正确性。对不正确的语句及时向用户报告出错的行号及出错的性质,以便及时纠正。这一部分实践不产生结果,只检查源程序的正确性。

3. 不含函数说明和函数调用语句的源程序的翻译。强调语法制导翻译,即要求在一遍编译中生成四元式中间代码序列。

4. 含函数说明和函数调用语句的源程序的翻译。该翻译要求考虑动态数据区的构造,要求符号表的嵌套构造,比较抽象,要等到学生学过运行时数据区构造之后才能做。

编译结果生成的中间代码可通过解释执行程序解释执行,并产生运行结果。但是解释程序不是编译的必要部分,其程序请参见附录 C。

在开发 EL 语言的编译程序过程中,必须按照结构化程序设计方法开发软件,模块划分要清晰,模块间的数据传递格式要一致。编写的程序要便于调试、测试和维护,要求上机前编好程序并进行程序的静态跟踪,编制的程序要求文档齐全、添加必要的注释,提高程序可读性。

EL 语言编译系统是一个编译-解释执行系统,其重点是编译。它采用一遍编译,以语法分析为核心,由它调用词法分析程序取回单词的类号,语法分析就利用这些类号查造符号表等,进行语法制导翻译。如遇语法或语义错,则随时调用出错处理程序,并显示出错信息。EL 语言编译系统可用附图 1 的框图表示。

二、实验一　词法分析

词法分析是编译程序设计的第一阶段,通常把词法分析当作过程处理而不作为独立的一遍。为了从 EL 语言编译程序的整体考虑,主程序 Lexical 应设计成循环迭代语句,每调用一次词法分析程序,返回一个二元式(类号,内码),直至返回'.'的二元式(26,一)为止。其结构如下:

```
program Lexical;
  begin
```

```
setreserve;        {建保留字表}
read (sourcefn);        {读源文件名}
assign(sf,sourcefn);
reset(sf);
scanner(a,b);
while a <>26 do
    scanner(a,b);
close(sf);
end.
```

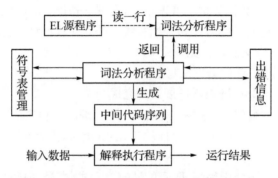

附图 1   EL 语言编译系统框图

根据 EL 语言的词法规则构造相应的有限自动机 FA 进行词法分析,因为 FA 的构造比较简单,下面仅简单介绍词法分析程序 scanner 的大致过程:

```
proc. scanner(a,b);
    ch:char;token:string;
    inline:string[80];lineno:int;
    symtab:array[0..20]of string;        {简易符号表}
    numtab:array[0..20]of int;        {常量表}
    proc. getchar;
    proc. getnbc;
    proc. error;
    func. reserve(token):int;        {查保留字表}
    func. symbol(token):int        {查造简易符号表}
    func. dtab(num):int;        {查造常量表}
    begin
        token:='';num:=0;
        getnbc;
    case ch of
    'a'..'z':        {处理保留字或标识符,返回(类号,内码)}
    '0'..'9':        {处理常量,返回(类号,内码)}
    ','..'>':        {处理各类界符和运算符,注意单目运算符的处理}
```

270

```
        else error (15)
        end of case
        write('|',a)        {仅显示类号}
    end;
```

其中，getnbc 表示取非空字符，同时考虑滤去注解；getchar 表示取一字符，它们的算法如下：

```
    proc. getnbc；
    10：getchar；
        while ch=''do getchar；
        if ch='{'then
            begin repeat getchar until ch='}';goto 10 end
    end；


    proc. getchar；
        if ii=jj then
            {ii:=jj:=0；
                从 sf 文件中读一行至 inline 并显示输出，jj 指向行尾；
                lineno:=lineno+1}；
        ii:=ii+1；
        ch:=inline[ii]；
        if ch in['A'..'Z']then chr(ord(ch)+32)
    end；
```

符号表与常量表都从 0 号单元起存放，符号表需检查重定义。有能力的学生希望能处理无符号实数。

EL 语言各单词的类号见表 3.4。

〔例 1〕 EL 语言的某一源程序及其词法分析后的各单词类号。

```
program fibonacci；|13|21|14
  var m：integer；|18|21|25|9|24
function fib(n：integer)：integer；|7|21|27|21|25|9|28|25|9|24
  begin |1
    if n=0 then fib:=0 |8|21|38|22|16|21|44|22
      else if n=1 then fib:=1 |5|8|21|38|22|16|21|44|22
          else fib:=fib(n-1)+fib(n-2)|5|21|44|21|27|21|35|22|28
                                      |34|21|27|21|35|22|28
    end；|6|24
  begin |1
   read(m)；|14|27|21|28|24
   write（fib(m)）|20|27|21|27|21|28|28
  end.  |6|26
```

三、实验二 语法分析

语法分析是检查用 EL 语言编写的源程序是否满足 EL 语言的语法定义,它是编译程序的核心部分。当进行语法分析时,调用词法分析程序取回单词的类号,判别这些单词是否可组成正确的语句:如果正确,则语法分析通过,并将它转换成中间代码(这是下一阶段的任务);否则,报告出错的性质及出错的行号。

语法分析分自上而下和自下而上两种方式,限于时间我们仅选择用递归下降方法进行语法分析。前面给出的 EL 语言文法是用扩充的 BNF 式描述,原则上可以直接用作编写不带回溯的递归下降子程序。但是为了下一实验的翻译需要,部分文法作如下改写:

〈程序〉::=program〈标识符〉〈分程序〉.
〈分程序〉::=[(〈标识符表〉:integer):integer];[〈常量定义〉]
　　　　　　[〈变量说明〉]{〈函数说明〉}〈复合语句〉
〈函数说明〉::=function〈标识符〉〈分程序〉;
〈语句〉::=read(〈标识符〉{,〈标识符〉})|…
〈因子〉::=〈标识符〉[(〈表达式〉{,〈表达式〉})]|…

〈标识符表〉的定义有两处用到:一处在说明语句,一处在 read 语句,它们在翻译时的语义动作不同。为此,在 read 语句中没有使用〈标识符表〉定义。同样地,〈表达式表〉的定义也有两处用到:一处在 write 语句,一处在因子,在因子中没有使用〈表达式表〉的定义。此外,算符的定义不另写产生式,结合具体环境直接分析更好些。

语法分析的主程序可在原 Lexical 基础上进行改写,并改名为 syntax:

```
program syntax;
    flag:boolean;
    scanner(a,b);
    if a=13 then scanner(a,b);
    if a=21 then scanner(a,b);
    if a=24 then scanner(a,b);
    BLK;      {调分程序}
    if a< >26 then error(14);
    writeln('This syntax has been completed!');
    if flag  then  writeln('This grammar of source program is regular.')
    else writeln('This grammar of source program is wrong!');
end of syntax.
```

其中 flag 为作标志,开始置 true,当遇到错误而调 error 时将它置为 false。

```
proc. BLK;
    if a='(' then
    begin scanner(a,b);      {处理形参}
          IDT;      {调标识符表}
          if a=':' then scanner(a,b)
          if a='integer' then scanner(a,b)
```

```
                    if a< >')'then error(0)else scanner(a,b)
        end；
          if a='；'then scanner(a,b)；
          if a='integer'then scanner(a,b)；
          if a='；'then scanner(a,b)else error(13)；
          if a='const'then constant；    〔调常量定义〕
          if a='var'then vary；    〔调变量说明〕
          if a='function'then funcpro；    〔调函数说明〕
             while a='function'do funcpro；
          if a< >'begin'then error(6)
             else CS    〔调复合语句〕
          if a< >'；'or a< >'.'then error(13)
        end of BLK
```

为了在编程时各子程序取名一致，现作如下约定：

〈程序〉	取名	P	〈分程序〉	取名	BLK
〈常量定义〉	取名	constant	〈变量说明〉	取名	vary
〈函数说明〉	取名	funcpro	〈复合语句〉	取名	CS
〈标识符表〉	取名	IDT	〈语句〉	取名	sentence
〈表达式表〉	取名	ET	〈条件表达式〉	取名	CE
〈表达式〉	取名	E	〈项〉	取名	T
〈因子〉	取名	F			

　　语法分析结果仅指出源程序是否正确。若有错误应该指出出错的性质和出错的行号。下面列出 EL 语言语法分析出错序号与出错性质的对照表，读者可增添。

出错序号	出 错 性 质	出错序号	出 错 性 质
0	期望")"	10	期望"="
1	期望因子	11	期望":"
2	期望":="	12	缺 integer 说明
3	期望"then"	13	期望";"
4	期望"do"	14	缺"·"
5	期望")"	15	不认识字符
6	期望"begin"	16	标识符重定义
7	期望"end"	17	整数越界
8	期望标识符	18	标识符未定义
9	期望常量	19	……

出错处理程序：

```
proc,error (x:int);
  begin
    write(lineno,'line!');
    Case x of
    0:writeln('expected")"');
        …
    end;
    flag:=false
  end;
```

现仍以例1的源程序作为语法分析的源程序，分析结果应能指出它是正确的。然后，人为地在源程序中设置错误，那么语法分析程序应能指出出错的性质和出错的行号。由用户改错后继续分析，直至正确为止。若学生上机的时间有富余，请学生分析 EL 语言扩充部分，其文法见附录 C。但是基本部分必须调试成功，因为下一个实验要用到它。

四、实验三　不含函数说明和函数调用语句的源程序的翻译

因为包含函数说明和调用语句的翻译涉及运行时数据区的分配与回收、符号表的分配与回收等操作，比较复杂，由下一实验进一步完成。

翻译时强调语法制导，即在语法分析的基础上执行相应的语义动作，将源程序翻译成一组四元式中间代码序列。

四元式格式如下：

(OP,arg1,arg2,result)

其中，OP 为操作码，或为运算符，或为指令；arg1 存放第一运算量；arg2 存放第二运算量；result 存放结果的符号表入口地址、常量表入口地址或临时变量序号。具体操作码包括：

运算符：$+,-,*,/,@,:=$；

跳步指令：j,jeq,jgt,jlt,jge,jle,jne；

输入输出指令：in,out

此外，还有几条与函数调用有关的指令：

prt——建立当前运行数据区的栈顶指针，实际上它是 top+1；

jsr——转子指令；

ret——由子程序返回指令。

为了区分四元式中的变量、常量（包括符号常量）和临时变量，变量直接用符号表入口地址表示，常量用常量表入口地址+1000 表示，临时变量从 2000 号开始编排。在翻译时符号表组织与词法分析时符号表组织不相同，需重新构造。在说明语句部分是为变量填写符号表（包括检查变量的重定义），在语句部分是查变量在符号表的入口地址。常量表无重重新构造，可直接使用词法分析时构造的常量表。

四元式存于记录数组中，其数据描述是：

```
quad:array[0..100] of
        record
```

274

OP:string;

arg1,arg2,result:int;

end;

符号表结构也是记录数组,其数据描述如下:

table:array[0..40]of

record

name:string;

cat,val,level,addr:int;

end;

在翻译时,源程序的说明语句不生成代码,其主要的任务是查填符号表等工作,而语句部分是译成四元式中间代码序列。任何语句翻译结果皆留待填语句链,等到遇上";"或"end"时,用 nextq 进行回填。为了实现翻译还得编制下列语义过程(或函数)以供调用:

(1) gen(OP,arg1,arg2,result),生成一条四元式并记入 quad 序列;

(2) backpatch(p,t),回填过程;

(3) merg(p_1,p_2),并链函数;

(4) newtemp,取下一个临时变量序号;

(5) fill(id,k),将标识符填入符号表的过程;

(6) entry(id),查标识符在符号表中登记的地址(入口地址)。

其中 fill(id,k)与 entry(id)的算法如下:

proc. fill(id,k);{根据标识符的说明环境,k 分三类属性:变量,符号常量和函数名}

for i:=tp_0+1 to tp do{tp_0+1,tp 为当前函数的符号表首、尾指针}

查当前函数中 id 是否有重定义错;

tp:=tp+1;

with table[tp]do   {无错则在表中增添一行}

{name:=id;cat:=k;leval:=lev;   {leval 填层次,主程序 lev 为 0 层}

case k of

变量:addr:=分配的数据区地址;   {数据区从 5 号单元开始分配}

符号常量:val:=nun 的常量表入口地址;

函数名:addr:=nextq

end of case}

end of fill;

注意:数据区即指运行时的活动记录,0 号单元存该函数运行结果,1 号存静态链 SL,2 号存动态链 DL,3 号存返回地址 RA,4 号空(见附图 2),所以从 5 号单元开始分配给局部区的形参或变量。数据区的建立与撤除由解释程序完成。

proc. entry(id);

i:=tp;

table[0] • name:=id;

while table[i] • name<>id do i:=i-1;

return(i)

end of entry；

〔**例 2**〕 将不含函数说明的如下 EL 语言源程序译成四元式代码序列。

```
program samecage；      ｛鸡兔同笼｝
  const z＝0；
  var head,foot,cock,rabbit,n:integer；
  begin
    n:＝z；      ｛n 用作标志｝
  read(head,foot)；
  cock:＝1；
  while cock＜＝head do
      begin
        rabbit:＝head－cock；
        if cock＊2 ＋ rabbit＊4＝foot then
          begin
          write(cock,rabbit)；
          n:＝n＋1
          end；
      cock:＝cock＋1
    end；
  if n＝0 then write(0,0)
  end.
```

构造的符号表与常量表如附表 1 与附表 2 所示。

<table>
<tr><td colspan="6" align="center">附表 1　例 2 符号表</td></tr>
<tr><th></th><th>name</th><th>cat</th><th>value</th><th>leval</th><th>addr</th></tr>
<tr><td>$tp_0＋1→$</td><td>Z</td><td>const</td><td>0</td><td></td><td></td></tr>
<tr><td></td><td>head</td><td>var</td><td></td><td>0</td><td>5</td></tr>
<tr><td></td><td>foot</td><td>var</td><td></td><td>0</td><td>6</td></tr>
<tr><td></td><td>cock</td><td>var</td><td></td><td>0</td><td>7</td></tr>
<tr><td></td><td>rabbit</td><td>var</td><td></td><td>0</td><td>8</td></tr>
<tr><td>$tp→$</td><td>n</td><td>var</td><td></td><td>10</td><td>9</td></tr>
<tr><td></td><td></td><td></td><td></td><td></td><td></td></tr>
</table>

<table>
<tr><td colspan="2" align="center">附表 2　常量表</td></tr>
<tr><th>addr</th><th>value</th></tr>
<tr><td>1000</td><td>0</td></tr>
<tr><td>1001</td><td>1</td></tr>
<tr><td>1002</td><td>2</td></tr>
<tr><td>1003</td><td>4</td></tr>
<tr><td></td><td></td></tr>
</table>

生成的四元式代码序列为：

(1) (j,－,－,2)

(2) (prt,－,－,10)

(3) (:＝,1000,－,9)

(4) (in,－,－,5)

(5) (in,－,－,6)

(15) (j,－,－,20)

(16) (out,－,－,7)

(17) (out,－,－,8)

(18) (＋,9,1001,2005)

(19) (:＝,2005,－,9)

$(6)\ (:=,1001,-,7)$　　　　$(20)\ (+,7,1001,2006)$

$(7)\ (jle,7,5,9)$　　　　　$(21)\ (:=,2006,-,7)$

$(8)\ (j,-,-,23)$　　　　　$(22)\ (j,-,-,7)$

$(9)\ (-,5,7,2001)$　　　　$(23)\ (jeq,9,1000,25)$

$(10)\ (:=,2001,-,8)$　　　$(24)\ (j,-,-,27)$

$(11)\ (*,7,1002,2002)$　　$(25)\ (out,-,-,1000)$

$(12)\ (*,8,1003,2003)$　　$(26)\ (out,-,-,1000)$

$(13)\ (+,2002,2003,2004)$　$(27)\ (ret,-,-,-)$

$(14)\ (jeq,2004,6,16)$

解释执行,并产生结果:

would you run the program? y/n y

input one number,please!

100　　〔输入 100 只〕

input one number

250　　〔输入 250 个足〕

75　25 end　　〔运行结果有 75 只鸡和 25 只兔子〕

其中(1),(2)和(27)条四元式是考虑到有函数说明而产生的(见下一实验),对于本实验,因无函数说明,可不生成这些四元式。

对于生成的四元式,可用解释程序解释执行,并得运行结果。解释程序见附录 C。

五、实验四　含函数说明和函数调用语句的源程序的翻译

EL 语言允许函数嵌套定义和递归调用,每个函数的定义总是包含说明部分和语句部分。说明部分仍然是填写符号表并为变量分配存储单元。但必须注意,每次调用而进入一个函数时要求重新建立一个数据区(在原数据区的栈顶再垒筑一个数据区),并从该区的 5 号单元开始分配变量地址。而且每嵌套定义一个函数,其层次加 1,符号表不另行构造,仅在原符号表上添加,用指针加以区分。当对该函数的定义处理结束时,函数内的语句已翻译完毕,因此层次可减 1,回到外层,符号表所占的空间也应退回至外层的位置。上述的构造方式是为了遵守"标识符的最小作用域"原则,以及"不同函数内允许使用同名标识符,而被看作不同名字"这一目的。

为了处理上述过程,最简便的办法是在为处理〈分程序〉而调用 BLK 时,将层次和符号表的可用域开始指针 tp 作为实参传递至过程 BLK 并在 BLK 过程内完成对函数的各种处理任务。因此,当对函数定义处理结束,退出 BLK 并回到施调程序时,也就自动地回到调用过程的层次和符号表的指针。

调用 BLK 语句与 BLK 过程的大致格式如下:

```
    call BLK (lev,tp);      〔lev,tp 为调用程序的层次和符号表的指针〕
    proc. BLK(1ev,tp);
      proc. fill(id,k);      〔填写符号表〕
      func. entry(id);      〔查变量的符号表入口地址〕
      lev:=lev+1;tp0:=tp;cp0:=nextq;
      gen('j',-,-,0);
```

277

　　　　处理常量定义和变量说明；

　　　　处理函数说明；

　　　　backpatch(cp0, nextq);

　　　　gen('prt', −, −, dp);　　　{dp 为数据区栈顶的空单元指针}

　　　　翻译复合语句；

　　　　backpatch(s·chain, nextq);

　　　　gen('ret', −, −, 0);

　　end of BLK;

其中,语义过程 fill 和语义函数 entry 必须置于 BLK 之中,因为它们用到 tp 指针。其余的语义过程可置于任意位置。

其中三条生成四元式的指令是每调用一个〈分程序〉所必须做的:

第一条生成(j, −, −, 0)指令是为了跳过函数说明语句部分生成的四元式语句序列;

第二条生成(prt, −, −, dp)指令是为了设置该函数数据区的栈顶指针(指向栈顶空单元),目的是在调用(包括递归调用)函数时在栈顶垒筑新数据区,该单元即用作存放函数的返回值;

第三条(let, −, −, 0)指令用于表明函数调用已结束,返回。

转子指令(jsr, −, arg2, addr)和后两条指令在解释执行时用作建立和撤销该函数的数据区(详见解释程序)。

由于允许函数嵌套,因此当前函数除了允许使用本函数说明的变量外还允许使用其直系外层说明的变量。所以变量地址除了应指出相对地址外,还应加上层次的概念。当前层层次取 0,直接外层的层次取 1……变量地址必须用三位数字表示,最高位表示相对的层号,后两位表示层内的相对地址。例如,"007"表示当前层的 7 号单元;"107"表示直接外层中的 7 号单元。常量不存在此问题,因此常量表在整个程序中只设置一个,没有层次概念。常量表带到运行时使用。

在 EL 语言中,函数的调用作为因子使用。函数调用包括计算实参表达式,传递实际参数和转子指令。等到从函数返回,就从数据区的栈顶空单元取回函数值(函数值存在该数据区的 0 号单元正好是施调数据区的栈顶空单元)作为因子的值使用。

例如,遇上因子 S(a+b, c, 5)应译成如下中间代码序列:

　　　　(+, a.addr, b.addr, t1)

　　　　(:=,　t1, −, dp+5)　　　{传递实参到形参单元}

　　　　(:=, c.addr, −, dp+6)

　　　　(:=, 5.addr, −, dp+7)

　　　　(jsr, −, f, S.addr)　　　{f 为相对层次,调同层取 0,调直接外层取 1,例如,递归调用
　　　　　　　　　　　　　　　　自身函数取 1}

　　　　(:=, dp, −, t2)　　　{函数返回取函数值到 t2,作为因子}

编译程序对函数调用的处理过程大致是:

　　　　−−−−−−;

　　　　i:=entry(id);

```
if table[i].cat='func.'then
begin scanner(a,b);
    if a='('then      {如果有实参,则传递实参的值至形参单元}
      begin scanner(a,b);q:=1;
        E(k);queue(q):=k;
        while a=','do begin scanner(a,b);q:=q+1;E(k);queue(q):=k end;
        if a=')'then scanner(a,b);
        for i:=1 to q do gen(':=',queue[i],-,dp+4+i)
      end;
    q:=lev-level;gen('jsr',-,q,addr);
    temp:=newtemp;gen(':=',dp,-,temp);
    fact:=temp
end;
```

〔例3〕 将如下含函数说明语句的 EL 源程序翻译成四元式代码序列。

```
program factorial;      {计算 num! 和 num * 2 exp num}
  var num,facto:integer;
  function f(n:integer):integer;
    begin
      if n>0 then f:=f(n-1) * n else f:=1;
      num:=num * 2
    end;
  begin
    read(num);
    facto:=f(num);
    write(facto,num/2)
  end.
```

构造的符号表和常量表如附表 3 与附表 4 所示。

附表 3   符号表

name	cat	value	leval	addr
num	var		0	5
facto	var		0	6
f	func		0	3*
n	var		1	5

附表 4   常量表

addr	value
1000	0
1001	1
1002	2

注:"*"表示函数 f 的四元式入口序号。

运行时动态存储结构如附图2所示。

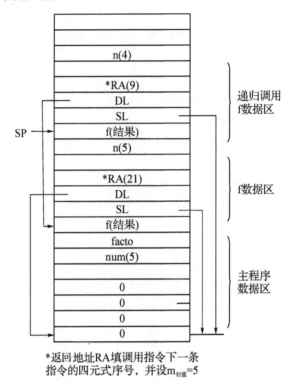

*返回地址RA填调用指令下一条
指令的四元式序号，并设$m_{初值}=5$

附图2　运行时部分栈式存储分配

生成的四元式中间代码序列为：

(1) (j,－,－,17)

(2) (j,－,－,3)

(3) (prt,－,－,6)

(4) (jgt,5,1000,6)

(5) (j,－,－,13)

(6) (－,5,1001,2001)

(7) (:=,2001,－,11)

(8) (jsr,－,1,2)

(9) (:=,6,0,2002)

(10) (＊,2002,5,2003)

(11) (:=,2003,－,0)

(12) (j,－,－,14)

(13) (:=,1001,－,0)

(14) (＊,105,1002,2004)

(15) (:=,2004,－,105)

(16) (ret,－,－,－)

(17) (prt,－,－,7)

(18) (in,－,－,5)

(19) (:=,5,－,12)

(20) (jsr,－,－,2)

(21) (:=,7,－,2005)

(22) (:=,2005,0,6)

(23) (out,－,－,6)

(24) (/,5,1002,2006)

(25) (out,－,－,2006)

(26) (ret,－,－,－)

解释执行，并产生结果：

　　would you run the program? y/n　　y

　　input one number，please！

　　5

　　120　　160　　end

注:本例子除说明函数递归调用外,还说明全局量引用方式。其中 num 是全局量,在函数中引用了它,因此回到主程序时其值发生了变化。

C. 扩充的 EL 语言文法与中间代码的解释执行程序

一、扩充的 EL 语言文法定义

〈程序〉::＝program〈标识符〉;〈分程序〉.

〈分程序〉::＝〈说明部分〉〈复合语句〉

〈说明部分〉::＝[〈常量定义〉][〈变量说明〉]{〈函数说明〉|〈过程说明〉}

〈常量定义〉::＝const〈标识符〉:＝〈无符号数〉;{〈标识符〉＝〈无符号数〉;}

〈变量说明〉::＝〈标识符表〉:〈类型〉;{〈标识符表〉:〈类型〉;}

〈函数说明〉::＝function〈标识符〉[(〈标识符表〉:〈类型〉)]:〈类型〉;

　　　　　　〈分程序〉

〈过程说明〉::＝procedure〈标识符〉[(〈标识符表〉:〈类型〉)]〈分程序〉

〈类型〉::＝〈标准类型〉

　　　　　| array[〈无符号整数〉..〈无符号整数〉]of〈标准类型〉

〈标准类型〉::＝integer | real

〈复合语句〉::＝begin〈语句〉{;〈语句〉}end

〈标识符表〉::＝〈标识符〉{,〈标识符〉}

〈语句〉::＝〈标识符〉:＝〈表达式〉

　　　| 〈复合语句〉

　　　| if〈条件表达式〉then〈语句〉[else〈语句〉]

　　　| while〈条件表达式〉do〈语句〉

　　　| 〈过程语句〉

　　　| read(〈标识符表〉)

　　　| write(〈表达式表〉)

　　　| ε

〈过程语句〉::＝〈标识符〉[(〈表达式表〉)]

〈表达式表〉::＝〈表达式〉{,〈表达式〉}

〈条件表达式〉::＝〈表达式〉〈关系运算符〉〈表达式〉

〈表达式〉::＝[＋|－]〈项〉{〈低阶运算符〉〈项〉}

〈项〉::＝〈因子〉{〈高阶运算符〉〈因子〉}

〈因子〉::＝〈标识符〉[(〈表达式表〉)]

　　　　　|(〈表达式〉)|〈无符号整数〉| not〈因子〉

〈关系运算符〉::＝＞ | ＞＝|＝| ＜ | ＜＝|＜＞

〈低阶运算符〉::＝＋ | － | or

〈高阶运算符〉::＝ * |/| div | and

说明：

(1) 标识符为由字母打头的字母数字串,一般不超过 8 个字符;

(2) 保留字由小写字母组成,保留字表应增加 array,of 等;

(3) 除法符号"/"等价于 div,表示整除;圆括号"("和")"是终结符而不是元语言符号;

(4) 过程或函数调用只考虑传值。

二、解释执行程序

```
procedure interpret
var m:recod
        op:string;
        arg1,arg2,result:integer
      end;
    s:array[0..200]of integer;      {运行时栈式数据区}
tpp:array[0..10]of integer;       {临时变量栈区}
p,t,b,t1:integer;
    term1,term2,term3,order:integer;
    f1,f2:boolean;
function base(n:integer):integer;      {寻找直系外层数据区首址}
    var b1:integer;
    begin
      b1:=b;
      while n>0 do      {沿静态链查找}
        begin b1:=s[b1+1];n:=n-1 end
      base:=b1
    end;
procedure opd(k:integer;var opd1:integer;var flag:boolean);
    {区分操作数类型,并取出相应的值由 opd1 送回}
var k0,k1:integer;
begin flag:=false;
  if k<1000 then      {变量}
    begin k1:=k div 100;k0:=k mod 100;
          opd1:=s[base(k1)+k0]
    end
    else if k>2000 then      {临时变量}
    begin opd1:=tpp[t1];t1:=t1-1;flag:=true end
  else opd1:=numtab[k-1000];      {常量}
    end;
begin
t:=0;b:=0;p:=1;t1:=1;
  s[0]:=0;s[1]:=0;s[2]:=0;s[3]:=0;s[4]:=0;
```

282

```pascal
repeat
m:=quad[p];p:=p+1;f1:=false;f2:=false;
with m do
begin
  if op ='j'then p:=result;
  if op='prt'then t:=t+result;
  if(op=':=')or(op='@')then
        begin opd(arg1,term1,f1);
            if op='@'then term1:=-term1;
            if result<1000 then
            s[base(result div 100)+result mod 100]:=terml
            else begin t1:=t1+1;tpp[t1]:=terml end;
        end;
  if(op='+')or(op='-')or(op=' * ')or(op='/')then
      begin
        opd(arg1,term1,f1);
        opd(arg2,term2,f2);
        if(f1=true)and(f2=true)then
          begin term3:=term1;term1:=term2;term2:=term3 end;
        if op='+'then term3:=term1+term2
        else if op='-'then term3:=term1-term2
        else if op=' * 'then term3:=term1 * term2
        else term3:=term1 div term2;
        if result<1000 then
        s[base(result div 100)+result mod 100]:=term3
        else begin t1:=t1+1;tpp[t1]:=term3 end
      end;
  if(op='jeq')or(op='jgt')or(op='jlt')or(op='jge')or
    (op:'jle')or(op='jne')then
      begin
        opd(arg1,term1,f1);
        opd(arg2,term2,f2);
        if(f1=true)and(f2=true)then
          begin term3:=term1;term1:=term2;term2:=term3 end;
        if op='jgt'then
          begin if ord(term1>term2)=1 then p:=result end
        else if op='jeq'then
          begin if ord(term1=term2)=1 then p:=result end
        else if op='jlt'then
```

```
        begin if ord(term1<term2)=1 then p:=result end
      else if op='jge'then
        begin if ord(term1>=term2)=1 then p:=result end
      else if op='jle'then
        begin if ord(term1<=term2)=1 then p:=result end
      else if ord(term1<>term2)=1 then p:=result
    end;
    if op ='in'then
      begin writeln('input one number!');
          readln(s[base(result div 100)+(result mod 100)])
      end;
    if op ='out'then
      begin
          opd(result,term1,f1);
          write(term1,'  ');
      end;
    if of ='jsr'then
      begin
      s[t+1]:=base(arg2);s[t+2]:=b;s[t+3]:=p;
      b:=t;p:=result
      end;
    if op='ret'then begin t:=b;p:=s[t+3];b:=s[t+2] end
  end;
  until p=0;
  writeln('end')
end;
```

附录 2

经典习题解析

第 2 章

2-1. 解：(1) $26 * 26 = 676$

    (2) $26 * 10 = 260$

2-2. 解：abcd 前缀：ε,a,ab,abc 及 abcd

   abcd 后缀：ε,d,cd,bcd 及 abcd

   abcd 子串：ε,a,b,c,d,ab,bc,cd,abc,bcd 及 abcd

   abcd 子序列：a,b,c,d,ab,ac,ad,bc,bd,cd,abc,abd,acd,bcd,abcd

   abcd 真前缀：ε,a,ab,abc

   abcd 真后缀：ε,d,cd,bcd

   abcd 真子串：a,b,c,d,ab,bc,cd,abc,bcd

2-3. 解：(1) 最左推导：

N→ND	N→ND
→NDD	→NDD
→DDD	→DDD
→2DD	→0DD
→23D	→02D
→235	→025

   最右推导：

N→ND	N→ND
→N5	→N5
→ND5	→ND5
→N35	→N25
→D35	→D25
→235	→025

  (2) 若选 N→ND,它是递归定义,利用 N→D 作为出口规则以终止递归,则可以产生的语言是 $\{(0|1|2|3|4|5|6|7|8|9)^i|i \geqslant 1\}$。

2-4. 解：(1) $V_N = \{E,T,F\}$，$V_T = \{+,-,*,/,(,),i\}$，元语言符号集：$\{|,\rightarrow\}$。

  (2) 最左推导：

E→E+T	E→T
→T+T	→T*F
→F+T	→F*F
→i+T	→i*F
→i+T*F	→i*(E)
→i+F*F	→i*(E−T)

$$\rightarrow i+i*F \qquad \rightarrow i*(T-T)$$
$$\rightarrow i+i*i \qquad \rightarrow i*(F-T)$$
$$\rightarrow i*(i-T)$$
$$\rightarrow i*(i-F)$$
$$\rightarrow i*(i-i)$$

最右推导：$E\rightarrow E+T \qquad\qquad E\rightarrow T$

$$\rightarrow E+T*F \qquad\qquad \rightarrow T*F$$
$$\rightarrow E+T*i \qquad\qquad \rightarrow T*(E)$$
$$\rightarrow E+F*i \qquad\qquad \rightarrow T*(E-T)$$
$$\rightarrow E+i*i \qquad\qquad \rightarrow T*(E-F)$$
$$\rightarrow T+i*i \qquad\qquad \rightarrow T*(E-i)$$
$$\rightarrow F+i*i \qquad\qquad \rightarrow T*(T-i)$$
$$\rightarrow i+i*i \qquad\qquad \rightarrow T*(F-i)$$
$$\rightarrow T*(i-i)$$
$$\rightarrow F*(i-i)$$
$$\rightarrow i*(i-i)$$

（3）

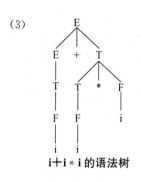

i＋i＊i 的语法树

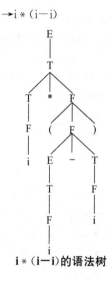

i＊(i－i)的语法树

（4）$E\rightarrow E+T$

$$\rightarrow E-T+T$$
$$\rightarrow T-T+T$$
$$\rightarrow F-T+T$$
$$\rightarrow i-T+T$$
$$\rightarrow i-F+T$$
$$\rightarrow i-i+T$$
$$\rightarrow i-i+F$$
$$\rightarrow i-i+i$$

对应的语法树为：

286

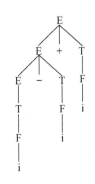

"—"优先于"+"

由上图可知,先做减法再做加法,减法运算符优先。

2-5. 解:最左推导:S→(T)→(T,S)→(S,S)→((T),S)

    →((T,S),S)

    →((T,S,S),S)

    →((S,S,S),S)

    →(((T),S,S),S)

    →(((T,S),S,S),S)

    →(((S,S),S,S),S)

    →(((a,S),S,S),S)

    →(((a,a),S,S),S)

    →(((a,a),∧,S),S)

    →(((a,a),∧,(T)),S)

    →(((a,a),∧,(S)),S)

    →(((a,a),∧,(a)),S)

    →(((a,a),∧,(a)),a)

    最右推导:S→(T)

    →(T,S)

    →(T,a)

    →(S,a)

    →((T),a) →((T,S),a)

    →((T,(T)),a) →((T,(S)),a)

    →((T,(a)),a) →((T,S,(a)),a)

    →((S,S,(a)),a)

    →((S,∧,(a)),a)

    →(((T),∧,(a)),a)

    →(((S),∧,(a)),a)

    →(((T,S),∧,(a)),a)

    →(((T,a),∧,(a)),a)

    →(((S,a),∧,(a)),a)

    →(((a,a),∧,(a)),a)

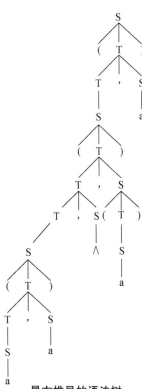

最右推导的语法树

2-6. 解:(1) aaabbbcc 的最左推导过程:

S→AB→aAB→aaAB→aaaAB

　→aaaB→aaabBc→aaabbBcc

　→aaabbbBccc→aaabbbccc

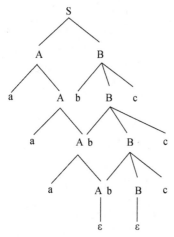

aaabbbcc 的语法树

(2) aabbBcc 的推导过程:

S→AB→aAB→aaAB→aaB→aabBc→aabbBcc

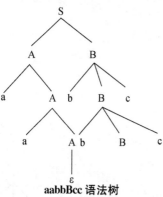

aabbBcc 语法树

语言 $L(G_6)=\{a^n (bc)^m (ab)^n c^m$,其中 $n\geqslant 0,m\geqslant 0\}$。

2-12. 解:$E+T*F*i+i$ 对应的语法树为:

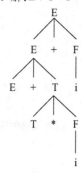

此树的末端符从左往右连成的串即为 E+T*F*i+i,因此,E+T*F*i+i 是文法的一个句柄。

短语:i,T*F,T*F*i,E+T*F*i,E+T*F*i+i

直接短语:i,T*F

句柄:T*F

第 3 章

3-3. 解:构造等价 DFA M=({S,A,B,T},{a,b},f,S,{T})

  f: f(S,b)=A

   f(A,b)=B

   f(A,a)=A

   f(A,b)=T

   f(B,a)=T

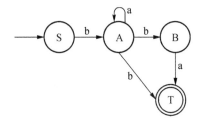

NFA 状态转换图

	a	b
S	$\varnothing$	A
A	A	B,T
B	T	$\varnothing$
T	$\varnothing$	$\varnothing$

NFA 矩阵

	a	b
{S}	$\varnothing$	{A}
{A}	{A}	{B,T}
{B,T}	{T}	$\varnothing$
{T}	$\varnothing$	$\varnothing$

DFA 矩阵

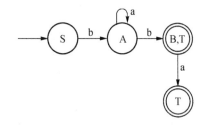

DFA 状态转换图

3-7. 解:构建一个等价的 DFA $M'=(Q,\Sigma,\delta,I_0,F)$,相应的状态转换矩阵如下:

	a	b
$I_0=\{q_0\}$	$\{q_1,q_2\}$	$\{q_0\}$
$I_1=\{q_1,q_2\}$	$\{q_0,q_1,q_2\}$	$\{q_1\}$
$I_2=\{q_0,q_1,q_2\}$	$\{q_0,q_1,q_2\}$	$\{q_0,q_1\}$
$I_3=\{q_1\}$	$\{q_0,q_1\}$	$\varnothing$
$I_4=\{q_0,q_1\}$	$\{q_0,q_1,q_2\}$	$\{q_0\}$

识别动作如下:

$$(I_0, bababab)$$
$$\vdash(I_0, ababab)$$
$$\vdash(I_1, babab)$$
$$\vdash(I_3, abab)$$
$$\vdash(I_4, bab)$$
$$\vdash(I_0, ab)$$
$$\vdash(I_1, b)$$
$$\vdash(I_3, \varepsilon)$$

$$(I_0, ababbb)$$
$$\vdash(I_1, bababb)$$
$$\vdash(I_3, ababb)$$
$$\vdash(I_4, babb)$$
$$\vdash(I_0, abb)$$
$$\vdash(I_1, bb)$$
$$\vdash(I_3, b)$$

所以它能接受 bababab,不能接受 ababbb。

3-8. 解:(1) ① 将正规式转化为 NFA M。

使用替换规则逐步进行分裂,整个替换过程如下:

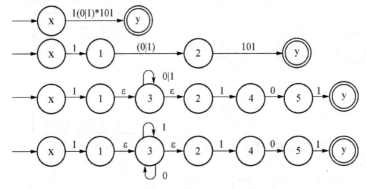

② 将以上 NFA M 通过表格法形式进行确定化,见下表:

I	0	1
0={x}	ε	1={1,3,2}
1={1,3,2}	2={3,2}	3={3,2,4}
2={3,2}	2={3,2}	3={3,2,4}
3={3,2,4}	4={3,2,5}	3={3,2,4}
4={3,2,5}	2={3,2}	5={3,2,4,y}
5={3,2,4,y}	4={3,2,5}	3={3,2,4}

画出 DFA 的状态转换图:

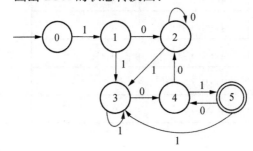

③ 将以上转换图最小化:

$\Pi_0 = \{\{0,1,2,3,4\},\{5\}\}$

$\Pi_1 = \{\{0,1,2,3\},\{4\},\{5\}\}$

$\Pi_2 = \{0,1,2\},\{3\},\{4\},\{5\}\}$

$\Pi_3 = \{0,1\},\{2\},\{3\},\{4\},\{5\}\}$

在等价状态子集{1,2}中遇状态 2 为代表,消去状态 1,得简化后的 DFA:

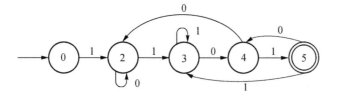

3-9. 解:将 NFA 用表格法确定化:

ε \ Q	a	b
$I_0 = \{0\}$	$\{0,1\}$	$\{1\}$
$I_1 = \{0,1\}$	$\{0,1\}$	$\{1\}$
$I_2 = \{1\}$	$\{0\}$	ε

画出 DFA 的状态转换图:

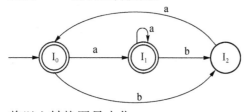

将以上转换图最小化:

$\Pi_0 = \{\{I_0, I_1\},\{I_2\}\}$

此时不可再分,选状态 I_0 为代表,消去状态 I_1,得化简后的 DFA:

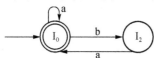

它能识别的语言为:a*(ba)*。

3-10. 解:(a|b)*((aa(a|b)*)|(bb(a|b)*))

S→aS|bS|aA|bB

A→aZ_1

Z_1→aZ_1|bZ_1|ε

B→bZ_2

Z_2→bZ_2|aZ_2|ε

3－11. 解：(1) 设 $M = (\{S, B, C, D, E, T\}, \{a, b, c, d\}, f, S, \{S, T\})$

$f : f(S, a) = B \qquad f(C, c) = T$

$f(B, b) = C \qquad f(E, c) = B$

$f(B, b) = D \qquad f(E, c) = T$

$f(B, b) = E \qquad f(D, d) = T$

$f(C, c) = B$

所以 NFA 的状态转换图为：

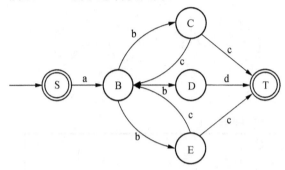

(2) 用子集法将 NFA 确定化，设确定后的 DFA $M = (Q, \Sigma, f, I_0, H)$

Σ ＼ Q	a	b	c	d
$I_0 = \{S\}$	$\{B\}$	ε	ε	ε
$I_1 = \{B\}$	ε	$\{C, D, E\}$	ε	ε
$I_2 = \{C, D, E\}$	ε	ε	$\{B, T\}$	$\{T\}$
$I_3 = \{B, T\}$	ε	$\{C, D, E\}$	ε	ε
$I_4 = \{T\}$	ε	ε	ε	ε

得 DFA 的状态转换图如下：

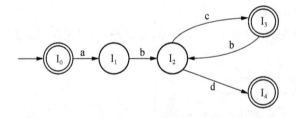

(3) 将 DFA 的状态分为终结符与非终结符两大类：

$\Pi_0 = \{\{I_1, I_2\}, \{I_0, I_3, I_4\}\}$

因为 $f(\{I_1, I_2\}, a) = \varnothing$

$\qquad f(\{I_1, I_2\}, b) = \{I_2, I_3\}$

$\qquad f(\{I_1, I_2\}, c) = \{I_3\}$

$\qquad f(\{I_1, I_2\}, d) = \{I_4\}$

所以 $\Pi_1 = \{\{I_1\}, \{I_2\}, \{I_0, I_3, I_4\}\}$

因为 $f(\{I_0, I_3, I_4\}, a) = \{I_1\}$

$f(\{I_0, I_3, I_4\}, b) = \{I_2\}$

$f(\{I_0, I_3, I_4\}, c) = \varnothing$

$f(\{I_0, I_3, I_4\}, d) = \varnothing$

所以 Π_1 不可再分。

I_0, I_3, I_4 合并为 I_0,得简化的 DFA 如下:

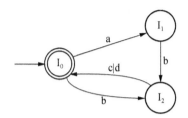

$$L(M) = (b(c|d)|ab(c|d)) *$$

3-12. 解:G_{12}: S→Be B→Af A→Ae|e 为左线性文法。

(1) 构造相应状态转换图:

DFA M=$(\{S, A, B, q_0\}, \{e, f\}, f, q_0, \{S\})$

$f(B, e) = S$

$f(A, f) = B$

$f(A, e) = A$

$f(q_0, e) = A$

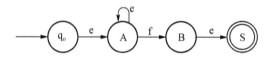

① 识别 ffe 不是该文法的句子(q_0, ffe)。

② $(q_0, efe) \vdash_e (A, fe)$ $\vdash_f (B, e)$ $\vdash_e (S, \varepsilon)$ 即 efe 是该文法的句子。

③ $(q_0, efee) \vdash_e (A, fee) \vdash_f (B, ee) \vdash_e (B, e)$ 无法推出(S, ε)。

所以 efee 不是该文法的句子。

(2) 构造右线性文法

$f(q_0, e) = A$

$f(A, e) = A$

$f(A, f) = B$

$f(B, e) = S$

即 q_0→eA

A→eA

A→fB

B→eS

B→e

第 4 章

4-1. 解:

	栈内符号	输入带尚未分析串	输出带	动作
初态	♯E	i+i♯		
1	♯E+T	i+i♯	1	推导
2	♯E+F	i+i♯	1,4	推导
3	♯E+i	i+i♯	1,4,5	推导
4	♯E+	+i♯	1,4,5	匹配
5	♯E	i♯	1,4,5	匹配
6	♯T	i♯	1,4,5,2	推导
7	♯F	i♯	1,4,5,2,4	推导
8	♯i	i♯	1,4,5,2,4,5	推导
9	♯	♯	1,4,5,2,4,5	匹配
10	识别成功			

4-2. 解:(1) S→M|U

(2) M→iEtMeM|b

(3) U→iEtS|iEtMeU

(4) E→a

此文法形成语言:

S→M→iEtMeM

→iat(iEtMeM)eM

→(iat)^{2}MeMeM

→(iat)^{3}MeMeMeM

→(iat)^{n}be*(iat)*b

4-3. 解:$G_{3.1}$ S→SA|Ab|b|c

A→Bc|a

B→Sb|b

该文法有间接左递归

消除文法中的 B

A →Bc|a

→Sbc|bc|a

消除文法中的 A

S→SA→SSbc|Sbc|Sa

S→Ab→Sbcb|bcb|ab

S→b

S→c

消除左递归：

S′→SbcS′|bcS′|aS′|ε

S′→bcbS′

S→bcbS′|abS′|bS′|cS′

G3.3   S—V₁

$V_1 \rightarrow V_2 | V_1 i V_2$ ……(1)

$V_2 \rightarrow V_3 | V_2 + V_3$ ……(2)

$V_3 \rightarrow V_1 * | ($

消除左递归：

$V_1' \rightarrow i V_2 \ V' | \varepsilon$

$V_1 \rightarrow V_2 \ V'$

$V_2' \rightarrow + \ V_3 \ V_2' | \varepsilon$

$V_2 \rightarrow V_3 \ V_2'$

4-4. 解：$G_{4.2}$ First(A)＝{a,b,c,d,g}

First(B)＝{b,ε}

First(C)＝{a,c,d}

First(D)＝{d,ε}

First(E)＝{g,c}

Follow(A)＝{f,♯}

Follow(B)＝First(Cc)－{ε}＋Follow(A)＋Follow(C)

＝{a,c,d,f,g,♯}

Follow(C)＝{c}＋First(DE)－{ε}＋ First(E) －{ε}＝{c,d,g}

Follow(D)＝First(B)－{ε} ＋First(E) －{ε}＋Follow(A)＝ {a,b,c,f,g,♯}

Follow(E)＝Follow(B)＝{a,c,d,f,g,♯}

4-5. 解：$G_{5.2}$文法本身无左递归,也不需要提公因子,适当变形得：

A→aAbc|BCf|c|ε

B→Cd|c

C→df|ε

写出每个非终结符的首符集和随符集：

First(A)＝{a}＋First(B)＋{c}＋{ε}

＝{a}＋First(C)＋{c}＋{ε}

＝{a,c,d,ε}

同理得：First(B)＝{c,d}

First(C)＝{d,ε}

Follow(A)＝{b,♯}

Follow(B)＝{d,f}

Follow(C)＝{d,f}

因为 First(BCf)∩First(c)≠∅

所以该文法不是 LL(1)文法。

4-6. 解:(1) 消除左递归后的文法为:

S→a|∧|(T)

T→ST′

T′→,ST′|ε

S→a|∧|(T)的递归子程序如下:

PROCEDURE S;

BEGIN

 IF SYM='a' OR SYM='∧' THEN ADVANCE;

ELSE

 IF SYM='(' THEN

 BEGIN

  ADVANCE;

  T;

  IF SYM=')' THEN ADVANCE;

  ELSE ERROR

  END

 ELSE ERROR

END;

T→ST′的递归子程序如下:

PROCEDURE T;

BEGIN

 S;T′

END

T′→,ST′|ε的递归子程序如下:

PROCEDURE T′;

BEGIN

 IF SYM=',' THEN

 BEGIN

  ADVANCE;

  S,;T′

  END

END;

(2) First(S)={a,∧,(}

First(T)={a,∧,(}

First(T′)={,,ε}

Follow(S)={,,>,♯}

Follow(T)={)}

Follow(T′)={)}

因为 First(a)∩First(∧)=∅ First(a)∩First((T))=∅

First(∧)∩First((T))=∅ First(,ST′)∩First(ε)=∅

且 First(,ST′)∩Follow(ε)=∅

所以经改写后的文法是 LL(1)。

预测分析表为:

	a	∧	(	)	,	♯
S	s→a	s→∧	s→(T)			
T	T→ST′	T→ST′	T→ST′			
T′				T′→ε	T′→,ST′	

4-8. 解:(1) First(E)={(,a,∧}

First(T)={(,a,∧}

First(T′)={(,a,∧,ε}

First(E′)={+,ε}

First(F)={(,a,∧}

First(F′)={ * ,ε}

First(P)={(,a,∧}

Follow(E)={),♯}= Follow(E′)

Follow(T)= Follow(T′)={+,♯}

Follow(F)= Follow(F′)={ (,) ,a,∧,+,♯}

Follow(P)={(,a,∧,+,),*,♯}

(2) 检查文法产生式,该文法不含左递归,该文法中每个非终结符首符集不相交,且 E′,T′,F′ 都有 ε 产生式,且

First(E′)∩Follow(E′)=∅

First(T′)∩Follow(T′)=∅

First(F′)∩Follow(F′)=∅

所以经改写后的文法是 LL(1)。

(3) 预测分析表为:

	a	∧	(	)	*	+	♯
E	E→TE′	E→TE′	E→TE′				
T	T→FT′	T→FT′	T→FT′				
T′	T′→T	T′→T	T′→T	T′→ε		T′→ε	T′→ε
E′				E′→ε		E′→+E	E′→ε
F	F→PF′	F→PF′	F→PF′				
F′	F′→ε	F′→ε	F′→ε	F′→ε	F′→*F′	F′→ε	F′→ε
P	P→a	P→∧	P→(E)				

第 5 章

5-5. 解:首终结符集合 FIRSTVT(P)={a| P $\xrightarrow{+}$ a⋯或 P $\xrightarrow{+}$ Q_a⋯,a∈V_T,P、Q∈V_N}

FIRSTVT(A)={(,i,)}   LASTVT(A)={(,i,)}

FIRSTVT(B)={i}   LASTVT(B)={i}

FIRSTVT(Z)={(}   LASTVT(Z)={)}

算符优先表

右＼左	(	)	i
(	＞	＝	＞
)	＞		＞
i	＞	＞	＞

优先函数略。

5－6. 解:画出语法树

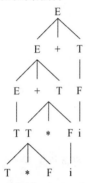

短语有:T,T＊F,i,T＊F＊i,T＋T＊F＊i,T＋T＊F＊i+i

素短语有:T＊F,i

5－7. 解:(1) FIRSTVT(S)＝{a,∧,C}

　　　　　FIRSTVT(T)＝{,,a,∧,C}

　　　　　LASTVT(S)＝{a,∧,)}

　　　　　LASTVT(T)＝{,,a,∧,)}

(2) 算符优先表

右＼左	a	∧	(	)	,	♯
a				＞	＞	＞
∧				＞	＞	＞
(	＜	＜	＜	＝	＜	
)				＞	＞	＞
,	＜	＜	＜	＞	＞	
♯	＜	＜	＜			＝

(3) 优先函数表

θ	a	∧	(	)	,
f(θ)	4	4	2	4	4
g(θ)	5	5	5	2	3

(4) 按通用算符优先分析法分析语句((a,a),∧)♯的过程如下：

步骤	下推栈	输入串	动作
0	♯	((a,a),∧)♯	
1	♯(	(a,a),∧)♯	移进
2	♯((	a,a),∧)♯	移进
3	♯((a	,a),∧)♯	移进
4	♯((S	,a),∧)♯	S→a 归纳
5	♯((T	,a),∧)♯	T→S 归纳
6	♯((T,	a),∧)♯	移进
7	♯((T,a	),∧)♯	移进
8	♯((T,S	),∧)♯	S→a 归纳
9	♯((T	),∧)♯	T→T,S 归纳
10	♯((T)	,∧)♯	移进
11	♯(S	,∧)♯	S→(T) 归纳
12*	♯(T	,∧)♯	T→S 归纳
13	♯(T,	∧)♯	移进
14	♯(T,∧	)♯	移进
15	♯(T,S	)♯	S→∧ 归纳
16	♯(T	)♯	T→T,S 归纳
17	♯(T)	♯	移进
18	♯S	♯	S→(T) 归纳

* 这是规范规约,在这里可以省略,也可以用强调符号标注,以对应语法树。

该算符优先归纳的过程语法树为：

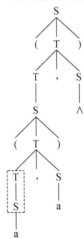

第 6 章

6-1. 解:文法:1. S′→S 2. S→AS 3. S→b 4. A→SA 5. A→a

LR(0)项目

0. S′→ · S

1. S′→S ·

2. S→ · AS

3. S→A · S

4. S→AS ·

5. S→ · b

6. S→b ·

7. A→ · SA

8. A→S · A

9. A→SA ·

10. A→ · a

11. A→a ·

子集法确定转化 NFA 为

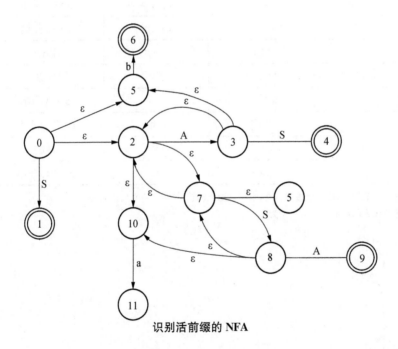

识别活前缀的 NFA

转化 DFA

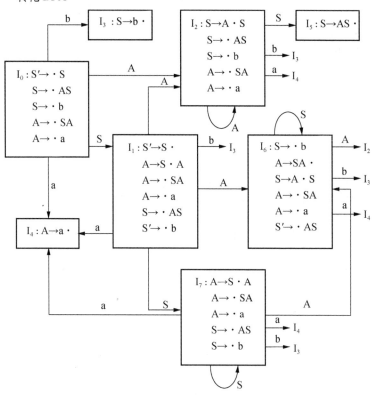

识别活前缀的 DFA

LR(0)分析表

状态	ACTION			GOTO	
	a	b	#	S	A
0	S_4	S_3		1	2
1	$S_4(r_1)$	$S_3(r_1)$	acc	7	2
2	S_4	S_3		5	2
3	r_2	r_2	r_2		
4	r_4	r_4	r_4		
5	r_2	r_2	r_2		
6	S_4	S_3		6	2
7	S_4	S_3		7	6

在状态1识别 a 和识别 b 时有移进和归约的冲突,所以这文法有二义性。

6-2. 解:(1) G_2 的拓广文法为:

1. $S' \to S$　2. $S \to (A)$　3. $A \to ABB$　4. $A \to B$　5. $B \to b$

该文法的项目集 I 为:

1. $S' \to \cdot S$

2. $S' \to S \cdot$

3. $S \to \cdot (A)$

4. $S \to (\cdot A)$

5. $S \rightarrow (A \cdot)$

6. $S \rightarrow (A) \cdot$

7. $A \rightarrow \cdot ABB$

8. $A \rightarrow A \cdot BB$

9. $A \rightarrow AB \cdot B$

10. $A \rightarrow ABB \cdot$

11. $A \rightarrow \cdot B$

12. $A \rightarrow B \cdot$

13. $B \rightarrow \cdot b$

14. $B \rightarrow b \cdot$

（2）该文法是 SLR 文法，不存在移进—归纳冲突，SLR 分析表为：

状态	ACTION				GOTO		
	(	)	b	#	S	A	B
0	S_2				1		
1				acc			
2			S_4			5	3
3		r_4	r_4				
4		r_5	r_5				
5		S_6	S_4				7
6				r_2			
7			S_4				8
8		r_3	r_3				

6-3. 解：（1）

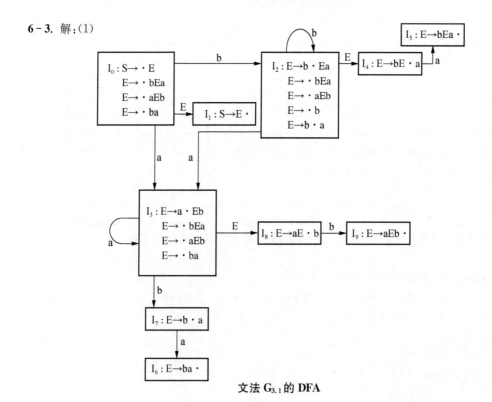

文法 $G_{3.1}$ 的 DFA

302

Follow(S)＝Follow(E)＝{a,b,♯}

文法 $G_{3.1}$ 的 LR(0)分析表

状态	ACTION			GOTO	
	a	b	♯	S	E
0	S_3	S_2			1
1			acc		
2	S_3	S_2			4
3	S_3	S_7			8
4	S_5				
5	r_2	r_2	r_2		
6	r_4				
7	S_6				
8		S_9			
9	r_3	r_3	r_3		

（2）

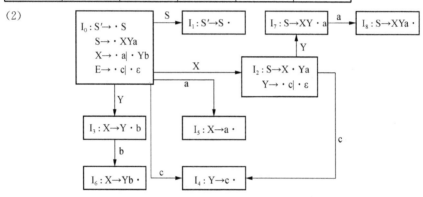

文法 $G_{3.2}$ 的 DFA

文法 $G_{3.2}$ 的 LR(0)分析表

状态	ACTION				GOTO		
	a	b	c	♯	S	X	Y
0	S_5		S_4		1	2	3
1				acc			
2			S_4				7
3		S_6					
4	r_4	r_4					
5	r_2		r_2				
6	r_3		r_4				
7							
8	S_8			r_1			

Follow(Y)＝{a,b}

Follow(X)＝{a,c}

303

Follow(S){#}

综合分析,$G_{3.1}$和$G_{3.2}$均为SLR文法。

6-4. 解:(1) LR(1)分析表为:

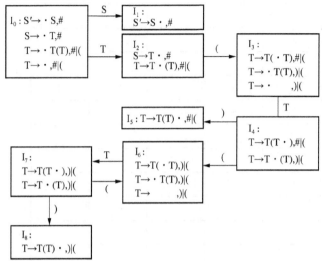

文法 G_4 的 DFA

LR(1)分析表

状态	ACTION			GOTO	
	(	)	#	S	T
0	r_3		r_3	1	2
1			acc		
2	S_3		r_1		
3	r_3				4
4	S_6	S_5			
5	r_2		r_2		
6	r_3	r_3			7
7	S_6	S_8			
8	r_2	r_2			

Follow(S)={#}

Follow(T)={),#}

(2) 分析过程

步骤	状态栈	符号栈	输入串	动作
0	0	#	(())#	
1	02	#T	(())#	T→ε 归约
2	023	#T(	())#	移进(
3	0234	#T(T	())#	T→ε 归约
4	02346	#T(T(	))#	移进(
5	023467	#T(T(T	))#	T→ε 归约
6	0234678	#T(T(T)	)#	移进)

304

步骤	状态栈	符号栈	输入串	动作
7	0234	♯T(T	)♯	T→T(T)归约
8	02345	♯T(T)	♯	移进)
9	02	♯T	♯	T→T(T)归约
10	01	♯S	♯	S→T 归约
11	acc			

6-5. 解:分析 LR(0)、SLR(1)、LR(1)、LALR 有何特征? 本质区别是什么?

它们的共同特征:用规范归约的方法寻找句柄,即 LR 分析器的每一步工作都是由栈顶状态和现行输入符号所唯一决定的。

LR(0):无论输入符号是什么,都认为栈顶的符号串为句柄而进行归约;

SLR(1):对现行输入符号加了一些限制,即该输入符号必须属于允许跟在句柄之后的字符范围内,才认为栈顶的符号串为句柄而进行归约;

LR(1):对现行输入符号的限制则更加严格,它在该输入符号跟在栈顶的这个符号串为句柄,从而进行归约;

LALR 与 LR(1)相同,只不过它把那些栈顶符号串相同但现行输入符号不同的判断合一。

0. $S' \to S$

1. $S \to AaAb$

2. $S \to BbBa$

3. $A \to \varepsilon$

4. $B \to \varepsilon$

Follow$(S) = \{ ♯ \}$

Follow$(A) = \{a, b\}$

Follow$(B) = \{a, b\}$

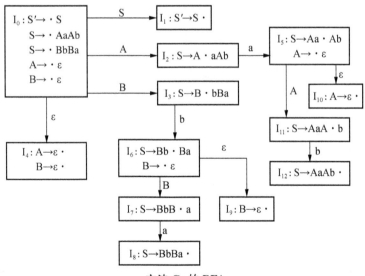

文法 G_5 的 DFA

非 SLR 表

状态	action				goto		
	a	b	#	ε	S	A	B
0				$S_4/r_3/r_4$	1	2	3
1			acc				
2	S_5						
3		S_6					
4							
5				S_{10}		11	
6				S_9			7
7	S_8						
8			r_2				
9	r_4	r_4					
10	r_3	r_3					
11		S_{12}					
12	r_1	r_1	r_1				

6-6. 解：(1) $P' \rightarrow P$

$P \rightarrow bD; Se$

$D \rightarrow d \mid D; d$

$S \rightarrow s \mid S; s$

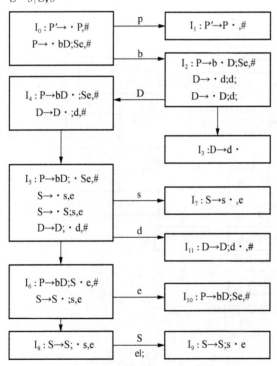

文法 G_6 的 LR(1)DFA 图

(3)　　　　　　　　　　　　分析过程

步骤	状态栈	符号栈	输入串
0	0	＃	bd;S;Se＃
1	02	＃b	d;S;Se＃
2	023	＃bd	;S;Se＃
3	024	＃bD	;S;Se＃
4	0245	＃bD;	S;Se＃
5	02457	＃bD;S	;Se＃
6	02456	＃bD;S	;Se＃
7	024568	＃bD;S;	;Se＃
8	024568	＃bD;S;	Se＃
9	024569	＃bD;S;S	e＃
10	02456810	＃bD;Se	＃
11	01	＃P	＃
12	0	＃	＃
识别成功			

第 7 章

7 - 3. 解：

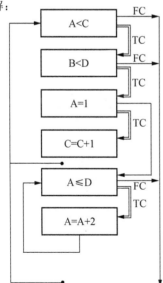

　(1) (1) (j<,A,C,(3))

　　(2) (j,_,_,(16))

　　(3) (j<,B,D,(5))

(4) $(j,\_,\_,(16))$

(5) $(j,A,\_,(7))$

(6) $(j,\_,\_,(10))$

(7) $(+,C,1,T_1)$

(8) $(:=,T_1,\_,C)$

(9) $(j,\_,\_,(1))$

(10) $(j<=,A,D,(12))$

(11) $(j,\_,\_,(1))$

(12) $(+,A,2,T_2)$

(13) $(:=,T_2,\_,A)$

(14) $(j,\_,\_,(10))$

(15) $(j,\_,\_,(1))$

(2) (1) $(j<,w,1,(3))$

(2) $(j,\_,\_,(7))$

(3) $(*,B,C,T_1)$

(4) $(+,T_1,D,T_2)$

(5) $(:=,T_2,\_,A)$

(6) $(j,\_,\_,(11))$

(7) $(\_,A,1,T_3)$

(8) $(:=,T_3,\_,A)$

(9) $(j<,A,0,(11))$

(10) $(j,\_,\_,(7))$

第 9 章

9-8. 解:(1) $D(1)=\{1\}$

$D(2)=D(1)\cap\{2\}=\{1,2\}$

$D(3)=D(1)\cap D(2)\cap D(4)\cap D(8)\cup\{3\}=\{1,3\}$

$D(4)=D(3)\cap D(7)\cup\{4\}=\{1,3,4\}$

$D(5)=D(4)\cup\{5\}=\{1,3,4,5\}$

$D(6)=D(4)\cap\{6\}=\{1,3,4,6\}$

$D(7)=D(5)\cap D(6)\cap D(10)\cup\{7\}=\{1,3,4,7\}$

$D(8)=D(7)\cup\{8\}=\{1,3,4,7,8\}$

$D(9)=D(8)\cup\{9\}=\{1,3,4,7,8,9\}$

$D(10)=D(8)\cup\{10\}=\{1,3,4,7,8,10\}$

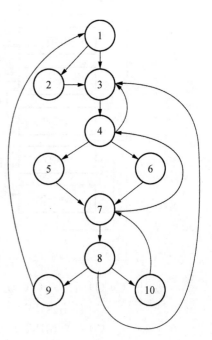

(2) 流图中的回边有:①4→3 ②7→4 ③10→7
④8→3 ⑤9→1

(3) 流图中的循环有:①$\{4,3,7,5,6,10,8\}$ ②$\{7,4,$
$5,6,10,8\}$ ③$\{8,3,7,5,6,10,4\}$ ④$\{9,1,8,7,5,6,$
$10,4,3,2,1\}$ ⑤$\{10,7,8\}$

9-9. 解:程序流图为:

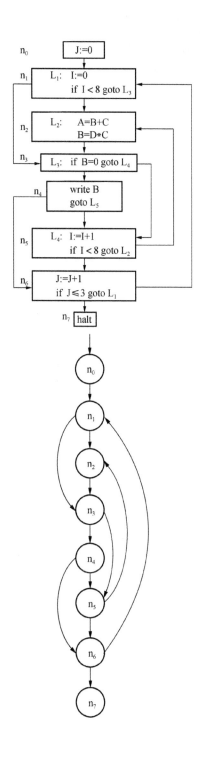

(1) $D(0)=\{0\}$

$D(1)=\{0,1\}$

$D(2)=\{0,1,2\}$

$D(3)=\{0,1,3\}$

$D(4)=\{0,1,3,4\}$

$D(5)=\{0,1,3,5\}$

D(6)＝{0,1,3,6}

D(7)＝{0,1,3,6,7}

（2）流图中的回边和相应的循环为：

6→2　　循环＝{6,2,5,4,3}

9-11. 解：对以上程序进行标号分块，得

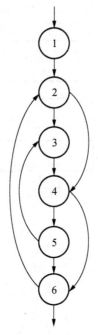

∴循环＝{B₃,B₂}

优化后的代码为：

                read J,K

                A：＝0

                B：＝0

                R：＝100 * K

L：   if A＞R　goto L₁

                A：＝A+K

                B：＝B+J

                C：＝A * C

                write　C

                goto L

L₁：   halt

第 10 章

10-1. 解：生成的目标代码

MOV R0,B

SUB R0,C

```
MOV R1,A
MUL R1,R0
MOV R0,D    /* 此时 R0 中 T1 已无引用点,R0 为闲置 */
ADD R1,"1"
MOV T2,R1
MOV R1,E
SUB R1,F
MUL R0,R1    /* R0 存放 T5 的结果,R0 中 T3 结果已冲掉 */
MOV R1,T2    /* 此时 R1 中 T4 已无引用,且 T4 非活跃,故 R1 是闲置 */
DIV R1,R0
MOV W,R1
```

10 - 2. 解:优化后的四元式序列

T3＝D＋E
T1＝A＋B
T2＝T1－C
T3＝T2＋T3
T4＝T1＋T3
T5＝T3－E
F＝T4 * T5

10 - 4. 解:根据 DAG 内部节点次序,重排后的四元式序列

（a）

T3＝D＋E
T1＝A－B
T2＝T/C
T4＝T2 * T3
T5＝T4－E
T6＝T1＋T4
F＝T6/T5

（b）

F＝C－D
E＝A＋B
H＝E－F
G＝E * F
K＝H＋F
J＝G/H
I＝E－G
M＝J－K
L＝I * J
N＝L＋M

参 考 文 献

[1] D. 格里斯. 数字计算机的编译程序构造[M]. 曹东启, 仲萃豪, 姚兆炜, 译. 北京: 科学出版社, 1976.

[2] 陈火旺, 钱家骅, 孙永强. 编译原理[M]. 北京: 国防工业出版社, 1980.

[3] AHO A V, ULLMAN J D. Principles of Compiler Design. Techniques and Tools [M]. Addison-Wesley, 1977.

[4] AHO A V, SETHI R, ULLMAN J D. Compilers: Principles, Techniques and Tools [M]. Addison-Wesley, 1986.

[5] 高仲仪, 金茂忠. 编译原理及编译程序构造[M]. 北京: 北京航空航天大学出版社, 1990.

[6] 何炎祥. 编译程序构造[M]. 武汉: 武汉大学出版社, 1988.

[7] 郑国梁, 等. 计算机的编译方法[M]. 北京: 人民邮电出版社, 1982.

[8] 张幸儿. 计算机编译理论[M]. 南京: 南京大学出版社, 1989.

[9] 肖军模. 程序设计语言编译方法[M]. 大连: 大连理工大学出版社, 1988.

[10] 金成植. 编译方法[M]. 北京: 高等教育出版社, 1984.

[11] J. E. 霍普克罗夫特, J. D. 厄尔曼. 形式语言及其与自动机的关系[M]. 莫绍揆, 段祥, 顾秀芬, 译. 北京: 科学出版社, 1979.

[12] P. M. 刘易斯, D. J. 罗森克兰茨, R. E. 斯特恩斯. 编译程序设计理论[M]. 张文典, 等译. 北京: 科学出版社, 1984.

[13] 赵雄芳, 等. 编译原理例解析疑[M]. 长沙: 湖南科学技术出版社, 1986.

[14] 清华大学计算数学教研组. 程序自动化基础[M]. 北京: 科学出版社, 1975.